湛庐 CHEERS

与最聪明的人共同进化

HERE COMES EVERYBODY

U0101941

第七感

MINDSIGHT: THE NEW SCIENCE OF PERSONAL TRANSFORMATION

[美]丹尼尔·西格尔（Daniel J. Siegel）著　　黄珏苹　王友富　译

浙江科学技术出版社

测一测

你会潜入心灵的深海吗？

扫码加入书架
领取阅读激励

扫码获取全部
测试题及答案，
一起了解如何培养
"第七感"技能

- 关于"第七感"技能的培养，以下错误的是：（　）

  A. 通过行之有效的步骤可以培养"第七感"

  B. 通过反思训练可以培养"第七感"

  C. 培养"第七感"技能可以改变心理运作方式

  D. 在培养"第七感"技能的过程中，生活往往变得杂乱无章或死板僵化

- 反思是"第七感"的核心，要想拥有反思的力量，我们应该：（　）

  A. 开放、忍让、客观

  B. 专注、观察、客观

  C. 开放、观察、客观

  D. 开放、观察、主观

- 小Z参加了一个聚会，当有人迅速举手想强调一个观点的时候，小Z立即有一种被攻击的恐惧，这很可能因为：（　）

  A. 小Z的洞察力异乎常人

  B. 小Z有严重的精神分裂症

  C. 小Z在童年遭受过身体虐待

  D. 小Z有社交恐惧症

扫描左侧二维码查看本书更多测试题

Daniel J. Siegel

融合心理学、脑科学与网络科学的先锋

丹尼尔·西格尔

他，创造了一个概念；　　他，创立了一个学科；
他，信奉"整合是王道"；　他，以传播科学教养观为己任。

备受谷歌、微软推崇的人际神经生物学创立者

丹尼尔·西格尔毕业于哈佛大学医学院,是加州大学洛杉矶分校精神病学临床教授。他历时 25 年,通过对数千个案例的研究,创立了一门新的学科——人际神经生物学(interpersonal neurobiology),这门学科的研究重点是人际关系与大脑的密切关系。

西格尔不仅是一位专业的学者,也是一位多产的作家,更是一位备受赞誉的教育家。他在人际神经生物学领域出版了多本专著,还受邀四处演讲。他的研究成果被美国司法部、微软和谷歌等世界各地的机构及企业所采用。近年来,西格尔也将自己最新的研究理念传播给大众,他的畅销书《第七感》向读者展现了经过整合的大脑的强大力量。他还将"整合"概念引入教养领域,其著作《由内而外的教养》和《全脑教养法》使更多父母认识到"整合的大脑"在教养中的积极作用。

丹尼尔·西格尔（Daniel J.Siegel）对话婚姻专家约翰·戈特曼（John Gottman）和朱莉·戈特曼（Julie Gottman）（从左至右）

"情商之父"给予盛赞的脑科学家

西格尔是正念觉知研究中心（Mindful Awareness Research Center）联席主任，也是第七感①研究所的（Mindsight Institute）创始人。第七感研究所是一个教育组织，提供在线教育课程，帮助个人、家庭和组织通过评估人际关系来提升第七感。

第七感是发展情商的最基本技巧，分为洞察（insight）、共情（empathy）、整合（integration）三个部分。第七感能让我们体会到和分享自己内在的心理能量及信息流动，也有助于我们感知自己的思想、情绪和记忆，并帮助我们产生强大的心理力量来改变

这种流动，从而摆脱根深蒂固的行为以及习惯性的反应，远离可能会导致自己陷入其中的消极情绪循环。形成第七感的过程就叫整合。

西格尔独创的里程碑式概念"第七感"备受"情商之父"丹尼尔·戈尔曼（Daniel Goleman）推崇。戈尔曼不但将第七感理论誉为"情商与社交商的基础"，还赋予了它更高的地位："第七感堪与弗洛伊德的潜意识理论、达尔文的进化论齐名。在身、心与大脑整合方面，西格尔成果卓著，无人能出其右。"

---

① "第七感"是丹尼尔·西格尔自创的概念，它是指对自己和他人心智的感知和理解。——编者注

帮助父母实现圆满自我的"全脑教养专家"

家庭教育是西格尔的理论得以完美应用的一个重要领域。西格尔认为，想做好父母，必须先认识自己，认识到自己生命和生活的意义，深入了解自己的经历；尤其是童年时与养育者之间的互动，才能与孩子建立安全的依恋关系。这就是"由内而外的教养"，这个观点也贯穿于他所写的每一本与教养有关的书中。

西格尔基于对大脑结构及其运作机制的研究，提出了实用性极强的"全脑教养法"——针对各年龄段孩子提出全脑教养实践指南，以帮助父母破解种种育儿难题。他将第七感所涉

及的整合理念运用到了解和帮助青少年成长的教育实践中，这非常值得家有青少年的父母借鉴和学习。

西格尔全脑教养系列

情商与社交商的基础

丹尼尔·戈尔曼
（"情商与社交商之父"）

心理学的巨大飞跃来自解释人类经验的原创性见解，这些见解往往角度新颖，让人豁然开朗，且能揭示事物之间隐藏的联系。弗洛伊德的潜意识理论、达尔文的进化论对于我们理解有关人类行为的最新研究发现，以及日常生活的奥秘一直发挥着引导作用。而丹尼尔·西格尔的第七感理论，即有关大脑的洞察及共情能力的理论，同样让我们茅塞顿开、惊叹不已。他让我们看到了时而令人发狂、时而杂乱无章的情绪中隐含的意义。

理解自己的心理以及感知他人内心世界的能力也许是人类特有的能力，它是培养健康心理的关键所在。在对情商与社交商的研究中，我也曾探索过这个领域。自我意识、共情、自我掌控以及社交技能，是在生活中获得成功必不可少的能力。

若能在这些方面达到卓越，便可有助于人们在人际关系、家庭生活、婚姻以及工作和领导力方面获得蓬勃的发展。

在这四种关键技能中，自我意识奠定了其他三种的基础。如果我们缺乏监控自己情绪的能力，便无法很好地管理情绪或从情绪中学习。如果不能与自己的某些感受调整为相同的频率，与别人的同类感受就会更加格格不入。有效的互动依赖于自我意识、自我掌控及共情的顺畅融合，西格尔博士从一个崭新的角度探讨了这个问题，将这些因素归结为一个突破性观念——第七感，并用非常有说服力的证据说明了第七感对我们生活的重要作用。

这本《第七感》详尽地解读了第七感。第七感是"人际神经生物学"（interpersonal neurobiology）中的核心概念，西格尔博士无疑是这个领域的先驱。从人际的视角看待大脑的运作方式，将有助于我们理解神经如何影响日常的互动，日常互动又如何塑造了神经通路。在心理、大脑以及人际关系三者的关系中，第七感发挥着整合作用。当能量及信息在这些人类体验端之间流动时，塑造人际关系、心理与大脑这三者的模式就会显现出来（这里所说的"大脑"，包括遍布全身的神经系统）。这是对真正意义上的"第七感"的整体性理解，包括我们的全部身心。具有了第七感，我们便能更好地了解并管理至关重要的生物流。

西格尔博士毕业于哈佛大学，是加州大学洛杉矶分校的精神病学临床教授，也是正专念觉知研究中心的联席主任，还创办了第七感研究所（Mindsight Institute）。西格尔博士不仅是一位很有才华、观察力很敏锐的临床医生，还非常善于融合神经科学、儿童发展心理学中的研究成果，帮助我们更好地生活。这些年来，他为专业人士开办的研讨班炙手可热，他在大脑、心理治疗和儿童教养领域，不断有开创性的作品问世。我在此也真诚地向父母们推荐西格尔博士所著的另外两部著作：《全脑教养法》，以及他与玛丽·哈策尔（Mary Hartzell）合著的《由内而外的教养》。

m**i**nds**i**ght 中文版序

心理、大脑与人际关系

能够向中国的读者朋友们介绍人际神经生物学在日常生活及养育孩子方面的应用，我深感荣幸。无论你有怎样的背景和经历，只要对人一生的发展以及如何培养健康的心理感兴趣，这个领域对你来说便是很有价值的。人际神经生物学融合了各个学科的知识，以独特的视角解释了什么是心理以及如何培养健康的心理。根据人际神经生物学的观点，心理既存在于我们的身体和大脑中，也存在于我们的人际关系中。在《人际关系与大脑的奥秘》（*The Developing Mind*）一书中，我总结了这种观点。

我的三部作品提供了人际神经生物学非常实际的运用。《第七感》展示了如何运用整合的概念提升人际关系。书中描述了一些个人的生活故事，还给出了集中注意力的有效方法。集中注意力的方式能改变大脑的运作方式甚至构造。通过整合注意力，便能在大脑、健康和生活方面创造更多的整合。故事中的人年龄各异，人生遭遇也千差万别，但这些故事都揭示了如何运用整合创造更健康的生活。

在我与玛丽·哈策尔合著的《由内而外的教养》中，我们指导读者如何理解自己的生活。科学研究发现，通过观察一个人如何反思自己的童年以及成年后如何看待这些经历，能够很好地预测这个人的孩子能否健康成长。基于这一发现，我们在这本书中为读者提供了切实可行的方案，帮助读者检验自己的记忆体系及情绪运作方式，并且理解讲述故事的过程如何塑造了人生。阅读这本书能够让父母们加深对自己的了解，从而营造安全可靠的亲子关系，帮助孩子茁壮成长。

我与蒂娜·佩恩·布赖森合著的《全脑教养法》，展示了《第七感》中揭示的科学知识与整合步骤。而在与玛丽·哈策尔合著的《由内而外的教养》中，倡导的自我理解能够帮助孩子发展整合的生活。整合包括联结左脑和右脑，以及联结上层大脑和下层大脑，还包括我们如何理解自己的经历，并通过给孩子讲述我们的人生故事来传递这种理解等内容。另外，自我有很多"部分"，整合这些部分意味着我们知道它们是什么，并能够将它们联系起来。例如，书中有"觉知之轮"的练习，能够让孩子学会检视自己的心理运作方式，让它更灵活地运作。这是发展第七感的基础，即看到并整合自我及他人心理的基础。

关于如何培养内在的幸福以及健康的人际关系，这三本书都提供了可行的方法。这些方法是以人际神经生物学为基础的，能够让个人和家庭保持活力与健康。享受它们吧!

丹尼尔·西格尔

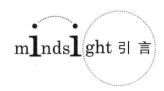

潜入心灵的深海

人内在的心理世界，如同一片深海。那是一个奇妙而丰富的世界，充满了想法、感情、记忆、梦想、希望和心愿。当然，它也是混沌动荡的，我们能在那里体验到所有积极情绪的黑暗面——恐惧、懊悔、担心、遗憾、梦魇。当这片内心的深海似乎要淹没我们，即将把我们拉入黑暗的深渊时，我们会觉得好像就快溺死了。

有谁会从来没有过这种感觉？我们常常被来自内心深处的感受搞得不知所措，这些情绪有时会一掠而过，比如某天工作很不顺心，与爱人争吵，被不得不参加的考试或不得不做的产品展示搞得精神紧张，或者只是一两天莫名的情绪低落。然而，它们有时似乎很难对付，仿佛成了我们最根本的组成部分，无法加以改变。我称之为"第七感"的技能就来自这里。掌握了第七感，便拥有了一种蜕变工具。第七感具有将我们从某些心理模式中解放出来的潜力，那些心理模式会阻碍我们拥有最圆满、幸福的生活。

﹒﹒﹒﹒﹒ 什么是第七感 ﹒﹒﹒﹒﹒

第七感是发展情商和社交商的重要基础，它是一种专注的注意力，使我们能看到自己的心理活动。它有助于我们感知自己的心理过程，又不会被这些过程侵袭；它使我们能够摆脱根深蒂固的行为以及习惯性的反应，远离可能会陷入其中的被动的情绪循环。它使我们能够正确理解并驯服自己的情绪，不被这些情绪压垮。想一想"我是悲伤的"与"我觉得悲伤"这两种说法之间的区别，这两种陈述也许看起来很相似，但它们之间其实存在着深刻的差异。"我觉得悲伤"暗示着能够意识到并承认这种情绪，不被这种情绪所损害。专注的技能是第七感的一部分，它使我们有可能看到内在有什么，接纳它，并在接纳中放下，最后转化它。

你也可以把第七感想象成一种非常特殊的镜头，透过它，我们能够比以前更清楚地感知自己的心理。这是每个人都能拥有的镜头，一旦拥有，我们便能深深地潜入内心的那片海，探索自己以及他人的内心世界。作为人类特有的能力，第七感使我们能够密切地、细致地、深入地检视自己思考、感受和行为的过程，重新塑造、重新定向内在的经验，从而使我们对日常行为拥有更多的选择自由，对未来拥有更大的创造力量，使我们成为自己人生故事的创作者。

非常有趣的是，基于神经科学的研究，我们现在已经知道，通过培养第七感的技能，我们能创造心理与情绪的改变，这些改变涉及大脑的物质层面。通过发展将注意力集中在内心世界的能力，我们便拥有了重新塑造神经通路的"手术刀"，从而促进了对心理健康至关重要的脑区的生长。在接下来的章节中，我将详细阐释这方面的内容，因为我相信，对大脑机制的基本了解能帮助人们认识到改变的潜力有多大。

然而，改变永远不会就那么发生，我们必须为此付出努力。尽管在内心的大海中航行的能力，即第七感，是我们与生俱来的潜能，但有些人可能在日后才会更明晰，或者有些人比其他人拥有更多这方面的能力。这种能力不会自动出现，就像我们天生拥有肌肉，却需要锻炼才能成为运动员一样。科学现实告诉我们，要发展这种必要的能力，我们需要某些经验。以我之见，父母或其他照顾者为我们提供了在内心大海中游泳的启蒙课。如果我们很幸运，在生命的早期拥有父母的爱，有安全的依恋关系，我们便具有了发展第七感的基础。[①] 不过，即使缺乏早期的支持关系，在整个生命历程中，一些特定的行为和经验也能够培养出第七感。正如你将看到的，无论你拥有什么样的早期经历，第七感是一种每个人都能通过磨炼获得的技能。

在我刚开始研究心理的本质时，日常的语言中没有一个专门的词语能准确传达我们理解自己的想法、情绪、感觉、记忆、信念、态度、梦想及幻想的方式。当然，这些心理活动充斥着我们日常的生活，我们不需要为了体验它们而学习一项技能。那么，我们是如何发展出理解一个想法，而不只是拥有这个想法的能力的呢？我们是如何知道它只是一个心理活动，从而不受它的控制呢？我们如何能接纳心理的丰富性，而不只是对它的映像做出反应呢？我们如何能引导自己的想法和情绪，而不被它们驱使呢？我们如何能知道他人的心理，从而真正地理解它们来自哪里，并做出更有效、更富有同情心的回应呢？

当我还是位年轻的医生时，没有一个现成的科学或临床的术语能用来形容这种能力。为了帮助我的病人，我杜撰了"第七感"这个概念[②]，这样我们就能够一起探讨这种重要能力了，它使我们能够看到并塑造心理的内在活动。

五种感官使我们得以感知外部世界，听到小鸟的歌唱或毒蛇的"咝咝"声；还让我们能在繁忙的街道中穿梭，闻到春天转暖时土地的味道。所谓的"第六感"[③]

---

① 第七感的概念及其临床意义目前已经得到了来自有关类似研究过程的实验支持。这些类似的过程被称为心理理论、思维语（mentalese）、心灵感应、心理感受性、将心比心（mind-mindedness）、反思功能及心理化（mentalization）。有研究者发现，心理化对依恋模式以及人格异常具有一定影响。如果一个人的安全依恋关系受到了损伤，就会缺乏"心理化"，不过这项能力可通过后天学习而得到补偿。

② 在《人际关系与大脑的奥秘》中，我第一次使用了这个概念。

③ 我们用第六感（sixth sense）来指内在的知觉（五感让我们感知外部世界），包括平衡与本体感受，知道自己的空间方位，感觉到饥渴，感觉到来自肌肉、牙齿的内在信号以及皮肤的痛觉，甚至触摸等。第六感还包括拥有内脏感觉，即来自心肺、肠道等内脏器官的感觉，称为"内感受"（enteroception）。将这些汇总在一起就是对内心世界的了解，被称为"内感作用"（interoception）。

可以使我们感知身体的内在状态，比如表示恐惧或兴奋的心脏狂跳，心里七上八下的感觉，以及引起我们注意的疼痛。第七感是我们向内看，感知心理的能力，它反映了我们的感受，是获得幸福所必需的能力。

正如我想在这本书中向你展示的，这种必要的技能能够帮助我们提高社交商及情商，将混乱的生活变成幸福的生活，创造令人满意的人际关系。商业领袖及政府领导人曾对我说，理解心理在团队中如何发挥作用使他们变得更有效率，也提高了组织的生产力。医学及心理健康领域的临床医生告诉我，第七感改变了他们对待病人的方式，将心理置于治疗工作的中心，帮助他们创造出新颖的、有实用价值的干预方法。了解第七感的老师学会了在教学时考虑到大脑，并以一种更深入、更持久的方式教导学生。

在个人生活中，第七感为我们提供了探索自我的主观本质的机会，并创造了一种具有更深刻意义的生活。在这种生活中，我们的内心世界更丰富、更容易理解。一旦拥有了第七感，我们便能够更好地平衡情绪，获得内心的平静，从而应对生活中大大小小的压力。通过集中注意力，第七感也有助于身体与大脑之间实现内稳态。内在的平衡、协调与适应构成了健康的核心。最后，第七感能够改善我们与朋友、同事、配偶及孩子的关系，甚至还能改善我们与自我的关系。

> 第七感不仅使我们关注自己的内心，也使我们体悟他人的感受，从而在彼此间建立情感联结。

······ **如何培养第七感** ······

第七感的培养，基于以下三条基本原理。

第一条原理是，我们可以通过行之有效的步骤来培养第七感。这意味着，在心理生活中，在亲密的人际关系中，甚至在我们的身体中，创造幸福感是一种可以习得的技能。本书的各章将按照从基础到高级的顺序，探索这些在内心大海中航行的技巧。

第二条原理就像我在前面提到的那样，在发展第七感的技能时，实际上是改变了大脑的物质结构，获得了能使我们将心理看得更清楚的镜头，刺激大脑生长出重要的新连接。这一新发现的基础是近20年来最令人兴奋的科学研究成果，即集中注意力的方式能塑造我们的大脑结构。神经科学已经证实，发展第七感的反思技能可以激活产生复原力与幸福感的神经回路，这些神经回路也是共情与同情的基础。神经科学还明确地显示，在一生中，我们都可以发展这些新的连接，而不只是在童年期。本书附录中的"大脑剖析"就像是旅行手册，可以引导读者进入这个新领域。

第三条原理是，当我们在生活中创建了联结，学会用第七感来帮助大脑实现并保持整合（即相互分离的部分被联结成一个有效的整体的过程）时，幸福感就出现了。这也是我作为心理治疗师、教育工作者以及科学家的工作的核心。我知道这乍听起来显得既陌生又很玄妙，但我希望你很快就会发现，这是思考生活的自然而有益的方式。例如，整合是我们以健康的方式彼此联结的核心，我们应该尊重彼此的差异，同时保持沟通通道的开放。当左右脑共同发挥作用时，人们会表现出创造力，而联结彼此分离的独立个体，即整合，对于释放这种创造力也是非常重要的。整合使我们变得灵活而自由，缺乏这种联结的生活要么是刻板僵化的，要么是杂乱无章的；要么是停滞不前、没有活力的，要么是突然爆发、不可预测的。一旦拥有整合的联结自由，我们便会感到充满了生机，幸福而从容。如果没有整合，我们的行为便无法摆脱成规与惯例，往往会出现焦虑、抑郁、贪婪、痴迷或成瘾。

获得了第七感技能后，我们便能改变心理运作的方式，让生活变得更加整合，远离杂乱无章或死板僵化。第七感使我们能够以整合大脑的方式关注自己的心理，使心理更健康，更具复原力。

······ 对第七感的误解 ······

常有治疗者发来邮件告诉我："我对现实的看法完全改变了。"收到这样的邮件让我感觉非常棒。然而,并不是每一个刚接触第七感的人都能马上领悟它的真谛。有些人担心这只是另一种让人变得更自恋的方法,它会令人目光短浅,过于沉浸在"反思"中,而不能充分地感受生活。

也许你读过最近的一些研究(或古老的智慧),它们告诉你,幸福的秘诀是"从自我中解脱出来"。第七感会让我们远离这种超脱自身的幸福吗? 自恋的确会降低幸福感,但第七感其实会使你变得更不自恋,而不是更加自恋。当想法或情绪没有让我们不知所措时,我们能够更清醒地面对自己的内心世界,同时也能更容易接纳他人的内心世界。科学研究支持了这一观点,并表明具有更多第七感技能的人对他人更有兴趣,共情能力更强。研究结果还清楚地显示出,第七感不仅有助于内在的以及人际的幸福感,还能提高学习与工作的成绩和效率。

曾有位教师提出了另一个关于第七感的担忧,问题很尖锐:"你怎么能叫我们让孩子去反思他们的心理呢? 那不就像是打开了潘多拉的盒子吗? "传说当潘多拉的盒子被打开时,人类所有的灾祸与不幸都跑了出来。这就是我们对自己内心世界或孩子内心世界的想象吗?

从我自己的经验来看,当我们充满好奇与尊重,而不是满怀恐惧与逃避地观察我们的心理时,伟大的蜕变就此开始。对想法和情绪的感知与了解会让我们从中有所领悟,而不会被它们所控制。我们能够平复这些情绪和想法,而不是忽略它们;我们能够聆听它们的智慧,而不被它们的尖叫声吓到。正如你将在本书的一些故事中看到的,哪怕是很小的小孩,只要他们能够认识到自己的冲动,便能发展出让自己暂停下来、选择如何做出反应的能力。

·····**获得幸福的新方法**·····

第七感不是一种全有或全无的能力。作为一种能力,只要你付出努力,投入时间,并刻苦练习,便能培养第七感。

绝大多数人的大脑天生具有第七感的潜能，但相关的神经回路需要一些经验，以获得适当的发展。对于有些人，比如对患有自闭症和其他相关的神经疾病的人来说，即使得到了最好的照料，他们第七感的神经回路可能仍会发育不好。[①]然而，对于大多数孩子来说，观察心理的能力是通过与他人的日常互动发展出来的，特别是与父母及照顾者之间充满关怀的沟通。当成人与孩子之间的频率一致，且能准确地反映出孩子内心世界的图景时，孩子便会逐渐清晰地感知自己的心理。这就是第七感的基础。神经科学家目前正在确定参与这种亲密互动的神经回路，并在探究照顾者对孩子内心世界的调适如何刺激了这些神经回路的发展。

如果父母的回应是迟钝、疏远或令人困惑的，亲子之间的不合拍就意味着父母不能准确地将孩子内心世界的图景反映给他们。研究者认为，在这种情况下，孩子的第七感镜头可能会变得模糊或扭曲。他们也许只能看到内心大海的一部分或看得很模糊。另一种可能是，孩子的心理镜头很清晰，但很脆弱，压力和强烈的情绪会对其造成破坏。

好消息是，无论我们的早期经历是怎样的，刺激使第七感得到充分发展的神经纤维的生长永远都不嫌晚。你将在第 6 章看到一位 92 岁的老人，他战胜了痛苦、扭曲的童年经历，成了第七感的专家。这个例子鲜活地证明了另一个现代神经科学中令人振奋的发现：大脑永远不会停止生长，它会根据个人经历的不同而不断发展。有着幸福童年的人也是如此。即使在早期我们与父母或照顾者之间有着积极的关系，即使我们写了相关主题的书，只要我们不断发展第七感，不断促进联结与整合，我们的大脑就能够不停地生长。

我们的旅程将从第一部分开始。在第一部分中，我将探讨一些缺乏第七感的关键技能的情境。这些故事展示了能够清楚地认识心理、改变心理的运作方式，是获得幸福的重要因素。这部分是本书中比较理论化的部分，我会解释一些脑科学的基本概念。在第二部分中，我将深入阐述我在实践中经历的一些故事，这些

---

① 请牢记，遗传性的障碍可能会损害第七感，而且一些意外事件也有可能阻碍第七感的发展。

故事说明了发展第七感技巧的步骤。这部分中的知识和实用技能将有助于人们理解如何塑造自己的健康心理。第三部分则是关于如何拓展自我，创造意义感和幸福感。这部分内容旨在提升第七感，有助于人们获得持续的幸福。

我对第七感的探究始于一个家庭的故事，这个故事改变了我的生活，也彻底改变了我的心理治疗方法。为了寻找帮助这家人的方法，我开始探寻有关"如果失去第七感将会发生什么"这个问题的新解答。同时，它也引导我去探寻能够使我们找回或重新创造自己的、孩子的第七感的技术。

我希望你能与我一起完成这次潜入内心大海的旅程。在大海深处，有一个充满可能性的广阔世界在等着你。

mindsight

第一部分

认识第七感

第七感与身体
丢失了灵魂的妈妈

如果 7 岁的琳恩没有在学校里变得沉默寡言，芭芭拉一家可能永远都不会来做治疗。琳恩是芭芭拉的第二个孩子。最大的是艾米，14 岁；最小的是汤米，3 岁。在知道妈妈遭遇几乎致命的车祸时，孩子们都感到很难接受。然而，琳恩是在芭芭拉从医院和康复中心回到家后，才变得"有选择地沉默"的。现在，她拒绝与家人以外的任何人说话，包括我。

第一周的治疗是在沉默中度过的，我们玩游戏、用木偶演哑剧、画画，就这样待在一起。琳恩那一头乌黑的头发胡乱地扎成了马尾。每当我直视她的时候，她那双满是悲伤的棕色眼睛都会迅速躲闪开。我们的治疗好像停滞不前，她的悲伤没有获得改善，我们玩着重复的游戏。然而有一天，当我们玩接球游戏时，球滚到了沙发的边上，琳恩因此发现了我的录像播放机和屏幕。她什么也没说，但她突然变得警觉的表情告诉我，她想起了什么事。

接下来的那周，琳恩带来了一盘录像带，她把录像带放进播放机。我在录像中看到，她妈妈轻柔地把小琳恩一次又一次地举到空中，然后将她紧紧地拥入怀中，她和妈妈笑得花枝乱颤。琳恩微笑着看着录像，她的笑容照亮了整个房间。琳恩的爸爸本用录像记录了这段亲子之间充满爱意的互动。通过给予和接收与我们有从内而外的联系的信号，我们与他人建立起了联结。这是一种充满欢乐的方式，通过这种方式，我们逐渐实现了心灵互通。

随后，母女俩在草地上转圈，用脚踢着秋日里明黄的、艳橙的落叶。之后，母女一起靠近摄像机，撅起嘴，对着镜头飞吻，然后大笑起来。5岁的琳恩用最大的声音喊道："爸爸，生日快乐！"你可以看到，摄像机在抖动，因为她爸爸也在和她们一起欢笑着。背景中，琳恩的弟弟汤米正在婴儿车里睡觉，他舒服地蜷在毯子下面，周围放着一些绒毛玩具。琳恩的姐姐艾米正全神贯注地在旁边看书。

"那是我妈妈过去的样子，当时我们住在波士顿。"琳恩突然说道，笑容从她的脸上消失了。这是她第一次直接跟我说话，但感觉更像是我在无意中听到了她的自言自语。为什么琳恩不再说话？

当时，距录像中的生日庆祝活动已经过去了两年，他们家搬到洛杉矶已经有18个月了，而距离芭芭拉遭遇车祸，脑部严重受损也已经有12个月了。那天晚上，芭芭拉开着他们那辆旧野马车去当地一家商店给孩子们买牛奶，没有系安全带。一个喝醉酒的司机开车猛地撞向她开的车，她的前额撞在了方向盘上。事故发生后的几周里，芭芭拉一直处于昏迷状态。

当她醒过来时，好像变了个人。在录像中，我看到的芭芭拉很热情，对人充满关爱，愿意与人交流。但是现在，本告诉我，她"不再是同一个芭芭拉了"。虽然她的身体回到了家，但是他们所认识的芭芭拉不见了。

在琳恩下一次接受治疗时，我要求单独和她的父母待一会儿。很明显，芭芭拉和本过去那种亲密的关系现在变得非常紧张且疏远。本对芭芭拉很耐心、很体贴，看得出对她非常关切，但我也能感觉到本的绝望。在我们交谈时，芭芭拉只是把眼睛望向别处，几乎和我们没有眼神接触，好像对谈话不感兴趣。经过整形，芭芭拉破损的前额已经得到了修复，虽然她丧失了某些动作技能，多少显得有点儿缓慢而笨拙，但从外表上看，她和录像中的形象基本相同。然而，某些内在的事物发生了巨大的改变。

我很想知道她是如何感受自己新的存在方式的，于是便问芭芭拉，她觉得有什么不同。我永远也无法忘记她的回答："嗯，如果一定要用语言描述，我想应该说我丢失了灵魂。"

我和本坐在那里，目瞪口呆。过了一会儿，我回过神来，问芭芭拉，丢失了灵魂是什么感觉。

"我不知道自己是否能说出更多，"她冷漠地说道，"我认为感觉很好，没什么不同。我的意思是，事情就是这样，就是这样空空洞洞。一切都挺好。"

接下来，我们谈了一些有关照料孩子的实际问题。那次治疗就结束了。

······ 受损的大脑 ······

当时我还不清楚芭芭拉究竟能够恢复多少，因为事故刚刚过去一年，很多神经还有可能修复。受到损伤之后，大脑能够重新获得一些原有的功能，甚至长出新的神经元，产生新的神经连接。如果受损部分较多，那么依赖于这些受损的神经结构的复杂能力及人格特征可能就很难恢复了。

神经可塑性（neuroplasticity）指的是大脑作为对经验的反应，产生新的神经连接以及新的神经元的能力。我们不仅在年轻的时候具有神经可塑性，目前科学已经证实，神经可塑性会伴随我们终生。芭芭拉的康复需要利用神经可塑性的力量，生成能够重建原有心理功能的新的神经连接。时间的治愈作用以及康复努力的效果要过一段才能显现，到那时，我们就能看到有多少神经功能是有可能恢复的。

神经可塑性

指的是大脑作为对经验的反应，产生新的神经连接以及新的神经元的能力。

我最紧要的任务是帮助琳恩和她的家人明白，虽然一个人活着，而且看起来和以前一样，但她的心理机能已经发生了根本性的改变。本之前曾告诉我，他不知道如何帮助孩子们应对芭芭拉的改变。他说，连他自己都不知道如何应对。他肩负着双重职责，要工作、安排孩子们的日程，还要去做芭芭拉不再有能力做的事情——当一个开心地制作万圣节服装和情人节纸杯蛋糕的妈妈。现在，芭芭拉每天大部分时间都花在看电视或者在社区闲逛上。她可以走到杂货店，但即使拿着购物清单，也依然会两手空空地回家。艾米和琳恩并不太介意她反复做一些非常简单的饭菜。但是，当芭芭拉忘记了她们的特殊要求，比如她们喜欢的东西或需要带到学校的东西时，她们就会很难过。这就好像她们对她说过的话，在她的脑子中没有留下什么印象。

在治疗中，芭芭拉通常只是安静地坐着，甚至当她与我独自在一起的时候也是如此，尽管她的语言功能并没有受损。有时她会因为本的一句毫无恶意的评论而突然变得焦躁，或是因为汤米的坐立不安、琳恩用手指卷弄马尾辫而大喊大叫。

甚至在一阵静默之后，她也会情绪爆发，就好像有某种内在的力量在驱使着她。不过，绝大多数时候，她的表情好像凝固了。与其说那是悲伤的表情，不如说是一片空虚，她总是一副事不关己的样子。我注意到，她从没有自发地去触摸她的丈夫或孩子。有一次，当三岁的汤米爬到她腿上时，她只是把手随意地放在汤米的腿上，就好像在重复以前的某种行为方式，但其中的温暖感已不复存在。

当妈妈不在场的时候，孩子们告诉了我他们的感受。琳恩说："她不像以前那样关心我们了，她对我们的任何事情都不闻不问。"艾米悲伤而苦恼地补充道："她就是自私，不想跟任何人说话。"汤米没有说话，他耷拉着脸，紧挨着爸爸坐着。

失去所爱的人的感觉无法用语言充分地表达。我们努力应对丧失，与断绝感、绝望感苦苦抗争，内心充满了痛苦。处理身体疼痛的脑区，与记录社会关系断裂和拒绝的神经中枢是重合的。

只有当你开始接纳自己目前所拥有的东西时，你才能放下已经失去的东西。由于我们在心理上会紧抓着熟悉的事物、既定的期望，因此我们会陷入失望、困惑与愤怒中，这些情绪造成了令人痛苦的内心世界。本和他的孩子们要放下的是什么呢？芭芭拉能恢复过去那种与人相互联结的方式吗？这个家庭如何能学着与一个身体还活着，但她的人格与灵魂（至少是他们所知道的她的灵魂）已不在的人生活在一起？

······破碎的"第七感地图"······

我过去所接受的训练，无论是医学院、儿科或精神病学的训练，都无法让我很好地应对诊室内的状况。我曾上过大脑解剖课，也上过有关大脑与行为的课程，但当我在 20 世纪 90 年代看到芭芭拉一家时，却几乎不知道如何将这类科目中学到的知识应用到心理治疗的临床实践中。为了找到某种方法来向这家人解释芭芭拉的情况，我钻进了医学图书馆，查看与芭芭拉受损的脑区相关的临床与科研文献。

芭芭拉大脑扫描的结果显示，前额后面的脑区受到了严重的损伤。病变发生在沿着大脑方向盘上方曲线的位置。我发现这个区域对人格功能具有非常重要的作用。它同样联系着彼此分离的脑区，是大脑中充分整合的区域。

前额后面的脑区包括一部分前额叶皮层，这是大脑最靠外的部分。前额叶关系到大部分复杂的思维与计划。这部分脑区的活动促使神经元放电，形成神经表征（neural representation），即有关周遭世界各个方面的"地图"。这些神经元活动汇集成的"地图"创造了我们心理内部的图景。例如，当我们的眼睛接收到停在树上的小鸟反射的光线时，眼睛会给大脑传送一个信号，那里的神经元以某种形式放电，使我们看到了小鸟。

虽然神经元放电的方式还有待去发现，但它的物理特性有助于产生主观体验，例如想法、情绪，以及看到小鸟而引发的联想。看到小鸟可能会引发我们的某些情绪，想起它的叫声，甚至将它的叫声与某些想法联系起来，比如大自然、希望、自由、和平。越抽象、越具象征性的表征产生于越高层次的神经系统，在皮层中的位置越靠前。

前额叶皮层，即芭芭拉大脑的前额叶最主要的受损部分，能产生复杂的表征，使我们形成当下的观念，思考过去的经历，计划并设想未来。前额叶皮层还能产生使我们认识自己心理的神经表征。我将这些心理世界的表征称为"第七感地图"，并确定了几种由大脑产生的第七感地图。

大脑产生了能够让我们对自己更加了解的"我的地图"，以及能够让我们对他人更加了解的"你的地图"。我们似乎还创造了"我们的地图"，它是人际关系的表征。没有这类地图，我们就不能感知自己或他人的心理。例如，如果没有"我的地图"，我们可能就会被自己的想法或情绪所淹没。如果没有"你的地图"，我们就只能看到其他人的行为、现实世界的物质层面，而看不到主观的内核以及他们的内心大海。正是"你的地图"使我们拥有了共情能力。

第七感地图 —————————————

- "我的地图"能让我们对自己更加了解，洞察自己的想法和情绪。
- "你的地图"能让我们了解他人，看到他人的内心世界。

从本质上说，芭芭拉的大脑损伤造成了一个没有第七感的世界。她有情绪、有想法，但不能用它们来表征自己的心理活动。即使当她说自己好像丢失了灵魂时，她的陈述也是平淡的、就事论事的，更像是科学观察，而不是对个人同一性发自内心深处的表达。（我一直对观察与情绪之间的脱节感到困惑，从最近的研究中我才了解到，产生心理地图的脑区与能够使我们对自己的特点，比如害羞或焦虑，或者芭芭拉所说的丧失灵魂的特征，进行观察与评价的脑区是不同的。）

我在图书馆研究芭芭拉的大脑扫描图之后的几年中，科学工作者对前额叶皮层相互联系的功能有了更多的发现。例如，这一侧的脑区对我们集中注意力的方式非常关键，它使我们能够把某些事情放到"心理的首要位置"，始终让它们处于觉知之中。前额叶的中心部分，也就是芭芭拉受损的部分，具有 9 项基本功能，其中包括调节机体、协调沟通、平衡情绪、灵活回应、平复恐惧，以及产生共情、洞察能力、道德意识和直觉。在与家人的互动中，芭芭拉再也不能恢复这些技能了。

在探讨第七感的过程中，我会涉及并扩展前额叶中部的这 9 项功能。但即使乍看起来，你也能发现，这些功能——从调节诸如心脏的身体过程到诸如共情、道德推理的社会功能——是幸福的必要成分。

芭芭拉从昏迷中醒来之后，那次损伤似乎使她形成了一种新的人格。她的一些习惯，比如喜欢吃的东西、刷牙的方式，还和以前一样。大脑安排这些基本行为功能的方式没有发生显著的改变。然而，她的思考方式、感觉方式、行为方式以及与他人互动的方式彻底改变了。这种改变影响到日常生活的每一个细节，比如琳恩扭曲不平的马尾辫。芭芭拉依然有帮女儿扎辫子的必要的行为举止，但她不再在意扎得是不是够好。

总之，芭芭拉似乎失去了制作某种地图的能力，这种能力使她能够尊重现实，尊重自己及他人主观的内在生活的重要性。目前，混乱的前额叶中部的神经回路不再能使芭芭拉形成第七感地图。前额叶中部的损伤还破坏了芭芭拉与家人之间的沟通，她既不能发出联结信号，也不能接受这样的信号，这使她无法感受自己最爱的人的内心世界。

本是这样总结这一变化的："她走了，和我们生活在一起的人不是芭芭拉。"

·······幸福三角形：心理、大脑和人际关系·······

本的生日录像记录了芭芭拉与琳恩之间充满活力的交流之舞。但是现在，没有了交流之舞，也没有了伴随着两颗心灌注到"我们"的意识中的音乐旋律。当你将自己的内心与他人的内心保持相同的频率，对方也与你保持相同的频率时，两个人的世界就融为一体。

尽管面部表情、语调、手势和动作转瞬即逝，只有在慢速播放的录像中，才能捕捉到它们，但我们却会与其他人逐渐产生共鸣。我们共同创造的整体确实比我们个人的同一性更宏大。我们觉得这种共鸣就像是触手可及的联结感，并且充满了活力。当我们心灵碰撞时，便会产生这种共鸣。

我的一位来访者曾将这种充满活力的联结描述为"被其他人感觉的感觉"。我们觉得在与他人共享自己的内心世界时，我们的心理便在对方的身体中。琳恩再也不会有"被妈妈感觉的感觉"了。

芭芭拉对家人的行为方式让我想起了一个经典的实验——"静止脸"（still-face），这个实验被用来研究婴儿与父母之间的交流与依恋。对被试和观看者来说，这个实验都是令人痛苦的。

第七感 研究

m】nds】ght

实验人员要求妈妈面对着自己 4 个月大的宝宝坐着，得到指示后，妈妈便不再与宝宝互动。在这个"静止"阶段，妈妈不会与宝宝分享任何语言的或非语言的信号，这是令人非常痛苦的。持续到三分钟时，宝宝会试着与当前没有反应的妈妈产生互动。一开始，宝宝通常会增加自己的信号，更多地微笑，更多地发出"咕咕"声，更多地进行眼神交流。但是如果持续得不到反应，宝宝就会变得烦躁而苦恼，有条理地建立联结的尝试会转化成痛苦和愤怒的动作。接下来，他也许会通过把自己的手放在妈妈的手里或拉扯妈妈的衣服来安慰自己。

有时研究人员或父母会在此时停止实验，但有时实验会继续，直到宝宝退缩回来，放弃尝试，陷入某种类似忧郁型抑郁症的沮丧的崩溃状态。从抗议、自我安慰到绝望的各个阶段显示了孩子有多么依赖父母协调性的回应，以保持自己内心世界的平静。

我们出生时，大脑就被设定好是要与他人建立联结的。之后，根据孩子与照顾者之间亲密互动的情况，大脑形成了相应的神经回路，这是自我感的基础。在生命早期，这种人际间的调适对生存非常重要。在一生中，我们不断需要这种联结，以获得生机感、幸福感。

琳恩曾有一位与她相互协调的妈妈。芭芭拉早期的存在方式已经印刻在琳恩能创造第七感地图的大脑结构中。但是，芭芭拉如今再也无法描绘琳恩的心理，无法在内心感受到自己的孩子，因此她不能让孩子们觉得被感觉。这个内在悲剧的外在表现是，她对孩子们缺乏兴趣，对他们的情感和需要显然漠不关心，不再给予他们过去曾经体会过的爱。

对芭芭拉一家人的治疗使我明白，心理、大脑和人际关系不是生活中彼此分离的要素，它们是幸福三角形（参见图 1-1）中相互联结、必不可少的方面。7 岁的琳恩用沉默不语应对妈妈的冷漠，她们的幸福三角形被破坏了。

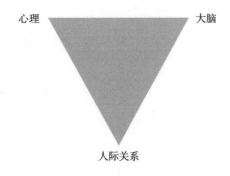

图 1-1　幸福三角形

幸福三角形————————————

- 幸福三角形揭示了生活的三个面向：人际关系、心理与大脑。
- 这三个面向构成了幸福三角形中相互影响的三个点。

我和琳恩、艾米、汤米以及本见了很多次，以便让他们有机会对我、对彼此敞开心扉，谈一谈自从芭芭拉发生车祸后，他们的生活发生了什么样的改变。

有一天，我带着芭芭拉的大脑扫描图走进房间，给他们指出她受损的部位。我在白板上画了一个大脑的草图，以便他们能够想象出前额叶皮层中各种各样的连接。我告诉他们，芭芭拉的改变几乎完全是源于这个关键区域的损伤。我这样做非常有必要，因为当家里有不幸的事情发生时，孩子通常会觉得很内疚。现在有确凿的证据表明，妈妈的易怒、烦躁、缺乏热情并不是因为他们做了什么而造成的，也不会因为他们变得更乖就会彻底改观。我希望他们不要在自责或困惑中变得麻痹无力，而是能理解这种改变，直接面对丧失的痛苦。

孩子们和本都听得很专注，甚至连汤米都明白了妈妈有一个"坏掉的脑子"。会面时，琳恩已经变得健谈多了，她问了我很多有关为什么妈妈的爱需要大脑才能"活过来"的问题。"我原以为爱是从心里来的。"她说。她是对的，心脏周围以及全身的神经细胞构成的网络直接与负责社会交往的脑区沟通，它们将挚爱的感觉向上传送到前额叶的中部。我告诉琳恩，除非她妈妈的大脑能够正常运转，否则她仍学不会那些仍埋在心底的爱的信号。这种解释似乎能够给予琳恩安慰，因为她后来一次又一次地提起，这让她对妈妈的疏远与烦躁有了新的认识与宽容。当看到她对芭芭拉静静地做出一些温柔的举动时，我很受感动。在学校里，琳恩又开始说话了，她和朋友们重新建立了联结，也从老师那儿得到了安慰。老师在得知琳恩家里发生的情况后，也给予了她更多的关注。

我单独与本会面，鼓励他更开放地表达自己的情感。这对他来说不是很自然，他曾努力操持以维持家庭生活尽可能"正常"。然而，他们的生活当然是不正常的，孩子们需要看到的并不只是他们觉得悲伤，他们可以表达自己的恐惧、担忧和不确定。本和我也探讨了汤米的特殊需求。从本质上说，汤米在两岁的时候就失去了妈妈，他的前额叶区还没开始充分发展，完整表达情感的神经回路还没有形成，因此汤米特别需要不断的帮助，以理解家里发生的事情。现在汤米三岁，他的悲伤、焦虑和困惑几乎无法用语言形容。

艾米继续与对母亲的愤怒抗争。她很生气芭芭拉那天没有系安全带，也对自己曾尊敬的母亲现在"不见了"而感到灰心丧气。另外，每当她开始脱离家人，在朋友中找到自己的同一性时，爸爸却期望她能照顾琳恩和汤米。我理解到她的灰心失望，并帮助本认识到艾米的需要，除了期望她担起家庭的重任之外，她还需要有自己的时间。渐渐地，她开始能够更温柔地对待母亲了，尽管芭芭拉无法回馈她同样的温柔。这就是他们必须面对的新现实。

随着时间的过去，芭芭拉的动作协调性多少有了一些改善，但由于她大脑前部的损伤太严重了，并没有什么迹象表明她能恢复以往亲切的样子。不过，琳恩和她的家人不断加强着彼此之间的联结。第七感使他们能够理解自己的感受，并以健康的方式来表达悲痛。芭芭拉失去了第七感，这家人正需要用第七感来哀悼"逝去"的芭芭拉，并接纳"新"的芭芭拉。

我发现，了解大脑的不同功能，能在一定程度上使人们与被破坏的或是有害的关系保持足够的距离，这样他们便能对自己、对其他人有更多的同情与理解。正如你将在这本书中看到的，这条经验一直指引着我的心理治疗工作。关于芭芭拉大脑损伤的更多分析，可参见附录中"大脑剖析 1"中的"用手做个大脑模型"。

第七感与人际关系

愤怒的可丽饼

那是一个温暖的春日，我和 9 岁的女儿走在宽敞的人行道上去找她的哥哥。我和她刚刚看完一部滑稽有趣的电影，她在人行道上蹦蹦跳跳，我则张望着繁忙的街道。我儿子 13 岁，长得瘦瘦高高，他刚和同学去了另一家电影院。这时他看到我们了，向我们挥手，并走了过来。在回去取车的路上，我们经过一家可丽饼店，他问我能不能停下来吃点儿东西。时间还早，于是我们走进那家小店。

我们坐下来，我儿子给自己点了一小块可丽饼，女儿说她不饿，不想吃。可丽饼上来后，香气慢慢散开。儿子用叉子叉了一口吃。这时，女儿问能不能让她尝一点儿。儿子看着那块小小的可丽饼说他很饿，妹妹要是想吃可以自己点一份。我觉得这个建议很合理，于是打算给她点一块，但她坚持说她只想咬一小口，尝尝味道怎么样。这听起来也很合理，于是我建议儿子和妹妹分享一小块。

如果你有不止一个孩子，或者你是和兄弟姐妹一起长大的，那么你也许会非常熟悉兄弟姐妹之间的竞争，还有那种为了维护权利的策略性的互动与随时反击的动作，以获得父母的认可与赞扬。不过，有关可丽饼的争执其实不能算手足竞争，我只要花一点儿钱再买一块可丽饼就可以简单地避免接下来你可能会猜到要发生的事情。相反，我没有去买可丽饼，而是犯了做父母的大忌——支持其中的一方。我坚决地要求儿子和妹妹分享可丽饼。如果之前不能算作手足竞争，那么我参与进来之后，他们的互动便成了手足竞争。

"为什么你就不能分给妹妹一小块,让她尝尝味道如何呢?"我催促着问道。

他看看我,又看看可丽饼,叹了口气,让步了。虽然已经进入了青春期,但他还是会听我的话。接下来,他像用手术刀那样,用餐刀切下来你可以想象得到的最小的一块可丽饼,恨不得用镊子才能拿起来。如果换作其他场合,我会哈哈大笑,把这看成是很有创意的手足竞争策略。

女儿拿起"标本",把它放在餐巾上,说"这也太小了"——这是另一个高招。

儿子头也没抬,不到一秒钟就做出了回应,说她"不应该那么挑剔"。竞争进入了白热化阶段,而我却没有看出来。

尽管我知道青春期的孩子和他们的弟弟妹妹通常不能和睦相处,经常会或明或暗地进行各种具有创意的竞争,但儿子与女儿的过招还是惹火了我。

我开始发火:"你就不能给她一块大一点儿的吗,至少能用肉眼看到?"他又切了一块稍大一点儿的可丽饼,我松了口气。

接着,女儿抱怨这块烤焦了。确实,儿子把可丽饼烤焦的那个角切了下来,它在嘴里会碎成毫无味道的渣子。兄妹俩各出奇招。

旁观者可能看不出我们这桌有什么不寻常的地方。只不过是一位父亲和他的两个充满活力的孩子在外面吃东西。但作为当事人,我几乎要爆发了。挑衅还在继续,我内在的某些东西发生了改变。我开始觉得天旋地转,但我告诉自己要保持冷静和理性。我能感到自己的脸紧绷着,握紧了拳头,心跳开始加速,但我尽量不去理会这些信号。我觉得已经受够了,觉得再也受不了这种荒唐的对阵了。于是,我站了起来,拉着女儿的手,来到饼店门前的人行道上等着我儿子吃完。几分钟后,他出来了,问我们为什么要走开。我怒气冲冲地去取车,女儿被我一路拖着走,儿子在后面急忙跟着。我告诉他们,他们应该学会跟对方分享食物。儿子一本正经地指出,他确实分给了妹妹一块,但那时我已经失望透顶了,没有什么东西能让我消消气。我们上了车,我气呼呼地打起火,开车往家走。他们看上去像是刚刚看完电影、吃完点心的正常兄妹,而我则变成了气得发疯的父亲。

我就是无法释怀。儿子坐在副驾驶的座位上,不论我说什么,他都像任何一个青春期的孩子那样,用合理的、有分寸的话来回应我。事实上,在应对此刻不讲理的父亲时,他看起来很能保持冷静。此时此刻,我变得更加怒不可遏,甚至为他没有做过的事而批评他。

·······情绪就这样失控了·······

当我们的心理运转良好，大脑整合发挥作用时，人际关系就会很融洽。然而，我们有时会失去理智，做出并非出于自身意愿的行为。我与你分享的这个故事，显示了第七感受损的教训，并提醒我们，无论如何努力，我们也只是凡人，心理依然充满了脆弱与粗糙之处。

我并不是满怀自豪地给你讲这件事，但我觉得既然这种火冒三丈的情况很普遍，那么认识到它的存在，并帮助人们理解第七感如何能减少它对人际关系以及生活的消极影响便是非常有必要的了。因为羞愧，我们经常拒绝承认自己曾情绪失控。然而，如果我们真实地面对发生的事情，就不仅能开始修复它对我们自己以及他人造成的损害，还能减少这类事情发生的频率以及情绪的强度。

让我们回顾我情绪失控的经过，看看我的心理是如何随着大脑中神经放电的过程而起伏的。一种可能的解释是，我经历了类似我在第1章中描述的暂时的大脑功能失调，就像芭芭拉在车祸后会经历突然的不理智的情绪爆发一样。在这种功能失调的情况下，比如在可丽饼事件中，前额叶中部的下方，大脑皮层以下炽热的情绪中心喷发出"边缘系统熔岩"，由此造成了失控的行为。很多因素都能引发这种情绪失控，比如缺乏睡眠、饥饿，在可丽饼事件中，我正好又困又饿。

此外，某个事件的特定意义也能引起情绪失控。前额叶皮层的中部是平复较低层的边缘系统及脑干的情绪反应的区域，但它当时已经无法调节被激起的能量，因此大脑的协调与平衡被破坏了。这就是我对当我们情绪失控，直接顺从了边缘系统的冲动说话做事时发生了什么的理解。当情绪失控时，我们会偏离前额叶的"正途"，一改灵活、接纳的态度，而变得顽固、被动。

如果没有前额叶皮层创造"你的地图"的能力，我就不能把儿子和女儿的行为看成是为了争取认可和权力的手足竞争策略。如果我看到了行为背后的心理，便不会认为那有什么不正常。如果没有"我的地图"，我就不能看出兄妹互动对于我创造象征的心理的意义，正如我们即将看到的，它也是对过去的仿效。如果没有"我们的地图"，我就不能看出我在对青春期的孩子和青春期前的孩子的兄妹关系的协商进行了不恰当的干预。这种干预其实加剧了争执的挑衅性，而且我的情绪化的反应也会对此推波助澜。我在不经意间参与了也许只是兄妹之间无意的竞争游戏。

····· 情绪失控的机体原因 ·····

前额叶皮层中部是大脑中高度整合的区域，包括位于前额后面的前额叶的特定部分（包括前扣带回、眼窝前额皮层、内侧前额叶皮层和腹侧前额叶皮层）。前额叶的整合纤维连接着整个大脑皮层、边缘系统、脑干、躯体神经，甚至还连接着另一个社交系统。

前额叶共有 9 项功能，分别为：①调节机体；②协调沟通；③平衡情绪；④灵活回应；⑤平复恐惧；⑥产生共情；⑦洞察能力；⑧道德意识；⑨直觉。这 9 项功能涵盖了很多研究者和治疗师所罗列的情绪健康的要素。在我失去理智时，正是这 9 项功能不起作用。

> 前 8 项功能的完好是充满爱的安全型亲子关系的保障。

◇ 调节机体

前额叶中部调节着一部分神经系统的活动，这些神经系统负责控制诸如心率、呼吸、消化等身体功能。其分为两大分支：一是交感神经系统，常被类比为汽车的油门；二是副交感神经系统，常被类比为刹车。保持两者的平衡能够使我们平稳地驾驶身体这辆汽车，当我们踩油门的时候，就松开刹车；反之亦然。如果缺乏这种调节，在我们想减速的时候反而踩油门，身体的汽车就会烧坏。

情绪失控时，我的心脏不受控制地狂跳，胃肠也在翻搅，就像面对现实的威胁一样。

◇ 协调沟通

当与他人保持协调时，我们的内心世界会发生改变，以与他人的内心世界产生共鸣。这种共鸣是亲密关系中感到被感觉的核心。孩子需要协调以获得安全感以及良好的发展，我们终生都需要协调，以获得亲密感和联结感。当我失去理智时，便不再能与孩子保持相同的频率，也不再能使自己的内心世界与他们的内心世界保持协调。

◇ 平衡情绪

当情绪平衡时，我们会觉得充满了活力，而且舒适自在。情绪的唤醒程度能让我们感到生活充满意义和活力，又不至于觉得被淹没或失去控制。如果缺乏平衡，我们要么是被过度唤醒的，处于一种混乱的状态；要么是被唤醒不足，处于刻板或抑郁的状态。无论哪个极端都会耗尽我们的活力。在面对生活中的挑战时，即使是心理最健康的人也会暂时失去平衡，但前额叶中部能发挥作用，让我们恢复平静。这是一种基于大脑的平静，是在面对身体外部和内部的风暴时，保持清醒、注意力集中的能力。

在分享可丽饼的对阵中，在第三和第四个回合之间，我丧失了这种平衡。

◇ 灵活回应

前额叶中部能够在输入与行动之间留下一点儿缓冲的空间。这种在行动前暂停一下的能力是情商与社交商中很重要的部分。它使我们能够充分地认识到正在发生什么事情，控制冲动，直到我们考虑周全各种回应的选择。我们努力教导并塑造孩子的这种能力，我们自己也可以在一生中不断加强这种能力。

在可丽饼事件的早期阶段，我觉得一切还好。然而到了后来，我意识到自己内在的某些东西发生了改变，混乱躁动的状态很快出现，使我变得无法灵活应对。受困于自己不断上涨的怒气，我在说话或行动前无法暂时停下。

◇ 平复恐惧

在经历了令人恐惧的事件后，面对类似的情境也许会令我们感到害怕。然而，前额叶中部可以直接连接边缘系统，使我们抑制并调节产生恐惧的杏仁核的神经元放电。研究显示，我们能够有意识地利用这些连接来克服恐惧，利用大脑皮层来平复边缘系统的躁动不安。

我在治疗中与病人探讨了大脑的作用后，一位年轻的病人宣称："我会努力让我的前额叶皮层往杏仁核上喷伽马氨基丁酸黏液。"伽马氨基丁酸是一种神经递质（neurotransmitter），在抑制皮层下放电方面起到了重要的作用。她把伽马氨基丁酸想象成了一种黏液，可以用来缓和边缘系统的爆发。

后来我意识到，我之所以会对可丽饼事件感到烦躁，甚至怒不可遏，其实是受到了我过去的恐惧的驱使。我曾努力理解并掌控这种恐惧（等我重提这个故事时，会详细说明）。不过，之前所有的努力都暂时失效了，伽马氨基丁酸黏液不再受我的控制，它被我炙热的怒火烤干了。

◇ 产生共情

共情是创造其他人心理的第七感图像的能力。这些"你的地图"使我们得以感知其他人的心理状态，而不只是与他们的心理合拍、协调。协调很重要，但前额叶皮层中部同样能使我们从共鸣发展出感到自己有从其他人的视角去观察的更为复杂的知觉能力。我们感知到其他人的意图，并设想一个事件在他们内心中的意义。

◇ 洞察能力

洞察能力使我们创造出"我的地图"，从而感知自己的心理。它产生了一位研究者所说的"心理时间旅行"。在这种旅行中，我们将过去与现在联系起来，并对未来产生预期。前额叶皮层中部在这种心理时间旅行中发挥着重要的作用，它允许我们作为主观重力的中心来体验自我，成为自己还未展开的人生故事的作者。

在我情绪失控时，共情与洞察能力都受到了损害。我失去了对自己心理的洞察，也无法把自己放在儿子或女儿的位置上，甚至不去思考他们有什么样的想法和感受。正如我们看到的，没有这些地图，我便失去了对行为背后的心理的洞察。

◇ **道德意识**

在此所说的"道德意识"指的是，我们能够为社会公益思考和行动。已经有证据表明，这需要未受损伤的前额叶皮层中部的参与。功能性核磁共振成像扫描显示，当我们想象为社会公益采取行动时，这个区域会变得非常活跃。还有研究结果表明，当前额叶皮层中部受损时，我们会变得没有道德意识。道德推理似乎需要这个脑区的整合能力，使我们既能感知到当前挑战的情绪意义，又能为了产生回应这些挑战的道德行为而抑制冲动。前额叶皮层中部产生的"我们的地图"就是通过这种方式，使我们超越当下个人的生存需求，甚至超越当下人际关系地图，而设想出一个更宏大并相互联结的整体。

从道德的视角看，我的情绪失控包括对儿子的不公平，对儿子进行不合理的，甚至是荒唐的批评，这与"更宏大的利益"毫无关系。驱使我的是个人情绪和反应，而不是对错或公平与否的判断。

◇ **直觉**

直觉可以被看成是前额叶皮层中部使我们获得身体智慧的方式。这个区域从整个身体内部接收信息[①]，包括内脏（比如心脏和肠子），并用这些输入给予我们一种"心底的感觉"或"本能的感觉"，让我们知道该做什么以及什么才是正确的选择。这种整合功能说明，过去我们以为"纯粹逻辑"的思考事实上也依赖于身体的非理性过程。这种直觉帮助我们做出明智的决定，而不只是符合逻辑的决定。

---

① 人类对于基本内在感知活动的元表征是在右脑的前岛叶产生的，而这些元表征似乎提供了让我们在主观上将自我想象成一种感受的实体，即拥有情绪认知的实体的基础。

然而，当我的边缘系统处于火花四溅时，我无法获得直觉——身体的智慧，无法更深切地感知到什么是真实的，什么是正在发生的事情。不过矛盾的是，我可能会觉得自己正在做的事情是合理的，"我的内心深处"觉得这是对的。这些陈述是受我不断增加的怒气驱使而产生的合理化说法，它与我膨胀的愤怒、提高的声音是一致的。

尽管我对可丽饼事件感到很难为情，但经常会拿它作为证据，证明任何人都有可能出现这种不理智的情绪崩溃。关键在于认识到它们何时发生，并尽快结束它们，将它们引起的伤害降到最低，然后再进行修复。我们需要重新获得丧失的第七感，用第七感与自我以及与我们深切关心的他人重新建立联结。

在发生可丽饼事件的那天，我们回到家后，我仍对儿子的行为感到愤怒。我走进另一个房间，独自一个人待在那儿，做了个深呼吸，伸展了一下身体，试图平静下来。我知道修复是非常重要的，但我的生理信号还处于极度的被唤醒状态，我必须让它们恢复平衡，才能去做其他的事情。

我知道，在户外做一些身体活动会有所帮助，于是我和女儿去社区滑轮滑。从她6岁起，我们就一起滑轮滑，这是我们最喜欢的活动。我们手拉着手滑，没有说话。我能感觉到我们一起运动的节奏，以及当我们沿着街道飞驰时，风拂过我身体的感觉。我渐渐恢复了理智。

过了一会儿，女儿问我为什么只因一块可丽饼就对哥哥大喊大叫。这真是一个好问题。我告诉她，我认为分享非常重要（我知道这是一个站不住脚的借口，但那就是我当时的想法）。

在那一刻，我感到一连串的联想从心底升起，就像翻看童年的相册，里面的照片闪现在我的眼前。我渐渐意识到发生了什么，我将女儿看成了童年时的我的象征，而儿子则是当时处在青春期的我哥哥的象征。我回想着当我和哥哥都很小的时候一起玩耍的情景，还有我们都在上小学时，他如何保护我不受其他孩子的欺负。然而在他进入青春期后，我们的关系不再融洽，也很少一起共度时光了。尽管我们成年后关系很亲密，会笑谈过去的日子，但我在当时还是觉得很痛苦的。在和女儿一起滑轮滑时，我告诉她，我曾下定决心，如果我有了孩子，一定要让他们和睦相处。

接下来，女儿充满洞见地指出，是我有问题，而不是她或哥哥。她甚至说，我应该自己解决我的问题，而不是通过他们去解决。

当然，她是对的。在我们一起滑轮滑时，我的内心平静了，前额叶又开始发挥作用。我开始反思发生的事情，我能从自我内部去观察刚刚爆发的情绪，也能看出是什么问题造成了我的情绪失控。

在滑轮滑期间发生了什么事情让我重新获得了第七感？

·······第七感核心：反思三脚架·······

失去理智后，为了重新获得对心理的控制，我们需要反思的力量，它是第七感的核心。当我们与自己或他人沟通时，第七感就会出现，帮助我们反思真实的自我，以及内部发生了什么。在此，我将探讨反思的三个非常明确的组成：开放、观察和客观。

我喜欢把这三个基本组成比喻成三脚架的三条腿，它们使我们的第七感镜头保持平稳。没有这个三脚架，心理在我们看来可能只是一堆模糊、忙乱的活动，其中的细节遗失在了跳跃的想法以及稍纵即逝的情绪中。如果第七感照相机的镜头是平稳的，细节就会落在焦点上，从而变得清晰，我们可以进行更深入、更精确的观察。从这种平稳性中，我们获得了敏锐的所有好处：灵敏、洞见、感知，并最终获得智慧。

开放意味着我们要对进入意识的任何事物保持接纳的态度，不执著于"事情应该如何"的先入之见。我们放下预期，接受事物本来的样子，而不要去试图使它们成为我们想让它们成为的样子。开放的态度使我们能更清楚地感知事物。它给予我们识别出限制性判断的力量，将我们的心理从桎梏中解放出来。

观察是指在我们经历一个事件时感知自我的能力。它使我们置身于一个更宏大的框架中，每时每刻都在拓展我们的视野。换一种说法就是，自我观察使我们能够看到更完整的背景，而我们正是生活在这个背景中。观察为我们提供了一种强有力的方法，以摆脱自动化的行为和习惯性的反应。我们能够感知到自己在这些模式中的作用，并寻找方法去改变它们。

客观让我们拥有自己的想法或情绪，却不被它们淹没。它汇集心理的能力，意识到当前的心理活动，比如想法、情绪、记忆、信仰及意图等，都是暂时的。而且，它们并不完全代表我们是谁。它们不是我们本身。客观使我们发展出有时被称为"洞察力"的能力。一旦拥有了洞察力，我们就能看到，想法或情感只是心理活动，并非绝对现实。在本书后面的章节中，我会详细探讨这一能力，但在此我想提及的是，洞察力的一部分是感知到我们正在如何感知的能力，它与失去了注意力的目标正相反。**"元认知"**（meta-awareness）是一种非常有力的技能，它将我们从自动化反应的囚牢里解放出来。

元认知

即对认知的认知（awareness of awareness），指的是关于个人自己认知过程的知识和调节这些过程的能力：对思维和学习活动的知识和控制。

因此，反思的本质是，我们对自己内心世界及他人内心世界发生的事情保持开放、留意和客观。一旦这个三脚架缺了任何一条腿，第七感就会变得不稳定，使我们能够清楚地观察自我及他人心理的能力也会受到损害。

当我因为可丽饼而情绪失控时，我其实是在被动地反应，而不是接纳。如果保持开放与反思的态度，我也许本可以将我们的互动变成一次大家学习的机会。相反，强烈的情绪冲昏了我的头脑，情绪淹没了我的意识，大脑皮层下的风暴使前额叶无法整合，我的行为冲动进入了自动驾驶的状态。

现在让我们来看另一个比较中性的例子：听音乐。听音乐时，我们有时会很自然地迷失在其中，在旋律中"随波逐流"。我们完全沉浸在里面，自我意识消失，自我与我们注意力的焦点——音乐之间的边界渐渐消失。**心流**（flow）体验，妙不可言。不过，我们有时更需要的是反思，而不是心流。

从很多方面来看，我当时在对儿子的愤怒中"随波逐流"，丧失了自我意识，与狂怒融为了一体。对于将自己从可丽饼的消极事件中或从愤怒的体验中拉出来，反思是至关重要的，当然，它对于后来的修复也是非常重要的。如果我们试图在没有反思的情况下重新建立联结，或者，如果我们只是回顾发生了什么，那么我们实际上会引发相同的反应，再次陷入情绪失控的状态。

心流

也称"沉浸体验"，由米哈里·希斯赞特米哈伊（Mihaly Csikszentmihalyi）提出。指的是当人将精神全部投注在某种活动上时，产生的一种顺畅、享受其中的状态。

然而，如果有了反思，我们便能开放、客观地观察自己。我们可以将失去控制的情绪洪水看成是代表"我们是谁"的故事的一部分。由此我们获得了应对强烈的情绪从而不迷失于其中的关键能力。爆发与表达，差异就在这里。

毫无疑问，当我们情绪失控时，是很难运用自己的反思技能的。然而，一旦我们摆脱了那种失去联结、情绪爆发的状态，反思同样能帮助我们回顾并洞悉刚才发生的事情。如果意识到心理事件并不完全代表我们是谁，我们便获得了反思，以及为自己的行为和情绪负责的自由。我们能够观察自己的自动化行为，获得更深刻的理解，从而在未来以不同的方式行事。

········ **反思与重建联结** ········

可丽饼事件过后，我和女儿在滑轮滑的过程中重新建立了联结，并进行了沟通。我因为自己当时的心烦意乱向她道歉。接下来，需要做的是与儿子重建联结。

当双方满腔怒火时，不会期望对方能感同身受地说"哦，告诉我你到底有多生气"。愤怒制造愤怒，在启动修复程序前，我们必须让愤怒冷却下来。即使是短时间的停顿也能使事情彻底改变。如果你珍惜彼此的关系，那么采取主动、努力重建联结便是至关重要的。对于父母来说，尤为如此。父母通常被认为更明智、更宽容、更成熟，即使情况并非总是如此，但这至少是父母们努力的目标。

从另一个角度来说，不过分斥责自己是克服暂时失去理智后所感受到的羞愧和内疚的关键。对自己宽容，其实有助于我们修复和重建联结，也有助于应对最初的拒绝。在我们刚开始尝试修复时，通常会被对方拒绝。如果没有这些准备工作，我们也许会很快再次进入整合瓦解的状态，反而使我们希望重建的联结再次断裂。

在与他人重建联结之前，我们需要确保已与自己建立了联结。为了与自己重建联结，我需要检查心理生活的必要组成，反思内在的感觉、影像、情绪和想法。这种反思就像离开家之前要检查一遍清单一样：你有没有带钱包、钥匙、记事本和手机？在忙碌的日常生活中，我们常常忽视了对内心世界的关注。

回顾可丽饼事件，我问自己：我身体内的感觉是什么？内心的眼睛看到了什么影像？头脑中到处飘浮着的是什么情绪？当时产生了什么想法，我现在还有这些想法吗？在情绪失控时，我有什么样的感受？我感到身体紧张、心脏狂跳；想象着孩子们争吵的情景；充满了愤怒与失望的情绪；想到的是儿子应该怎么做。现在，我可以从较远的距离，用我当时丧失掉的开放、观察和客观来反思这些经验了。我还可以看到在记忆中回响着的更深层的问题，它导致了我情绪失控。

斥责自己可能很容易这么想："丹，你发什么神经？你写过这方面的书，思考这个问题很多年了……你为什么不能保持理智？"不过，反思需要与宽容的、支持性的自我保持协调一致，而不是摆出一副质问和贬低的姿态。反思是一种同情的心理状态。

从很多方面来看，我意识到自己丧失了前额叶的 9 项功能。我的情绪失控很可能源于前额叶中部的暂时关闭。我的大脑不再处于整合的状态，失去了它的平衡与协调。当更理性、更有共情能力、更灵活的大脑皮层不发挥作用时，处于低层的边缘系统、脑干以及身体的神经系统就处在了支配地位。

一旦我想清楚当自己情绪失控时究竟发生了什么事，以及是什么触发并维持了我的愤怒，我便能反思自己的心理，意识到我什么时候才能稳定地站在整合的基础上，相信自己能够与儿子进行对话。随着前额叶皮层恢复工作，共情能力回来了，我开始聚焦于修复破坏的联系的重要性，以及我需要为此做些什么。

◇ 让"可丽饼"不再愤怒

在交谈、滑轮滑和反思之后，我终于冷静了下来，来到儿子的房间，问他我们是否能聊一聊。我说我觉得自己刚才情绪太激动了，探讨一下发生的事情对我们会有帮助。他告诉我，他觉得我对妹妹太过袒护了。

他确确实实是对的。尽管失去理性的尴尬使我有为自己辩护的冲动，但我只是保持静默（观察）。我能够分辨这种冲动，伴随而来的感觉只是心理的活动，而不能完全代表我是谁（客观）。我不必因为有冲动就一定要说话。儿子继续对我说，我的烦躁恼火是不必要的，因为他真没做错任何事情。他是对的。我再一次感到我产生了想要为自己辩护的冲动，想给他上一次有关分享的课。不过我提醒自己要保持反省，关注儿子的感受，而不是我的感受。此时，关键的姿态不是判断谁对谁错，而是接纳他（开放）。当然，你可以想到这一切都需要第七感。我很感激自己的前额叶皮层又恢复了工作。

带着女儿的问题，我已经对自己认为内心世界发生了什么进行了探索。我渐渐意识到，我因被过去遗留的问题所淹没，而不能清晰地看待当下的问题。现在我不需要指引也能倾听他继续解释自己的观点。后来我跟他说，在可丽饼这件事上，我确实偏袒了他妹妹，而他对此一定觉得很不公平。我的发作似乎是不合理的，事实上也是如此。作为一种解释，而非借口，我让他了解我内心发生的事情，比如将他看成是我哥哥的象征，这样我们俩便都能理解整个事件了。尽管在他这个少年的眼中，我看起来也许是尴尬且笨拙的，但我可以看出，他知道我很在乎我们的关系，而且我为修复关系而做的努力是真诚的。我的第七感又回来了，我们的内心又联结在了一起，我们的关系又回归到了正轨。

我与儿子进行反省性对话的关键是保持三个重要组成：开放、观察和客观。无论是其中的哪个组成，都能在关系遭到破坏后带来强大的治愈力量，也能帮助我们以后继续宽容地对待彼此。

如今再回想那天的事件，我再一次意识到我们的大脑包含了多少个意义层，以及旧的、也许是被遗忘的记忆会多么快速地显现并影响我们的行为。这些联系会使我们进入自动驾驶的状态。在愤怒的可丽饼事件中，童年时我与哥哥失去联结的感觉好像一个"热键"，快速启动了我人生中遗留的情绪问题。这件事也让我意识到，我需要对这个遗留的问题进行更深入的反思。有了第七感，我就能够利用这次冲突所引发的反思，更清楚地洞悉自己童年的经验。通过这种方式，人生中最具挑战性的时刻就可以成为加深自我理解以及我们与他人之间联结的机会。

正如我的教授曾经说过的，"在生命终止前，对记忆及意义的发掘永远不会终止。"他说得太对了。即使有了知识上的理解以及反思的洞见，我们仍旧是会犯错的凡人，仍要不断精进我们的第七感技能。如今，那个有关可丽饼、大喊大叫、滑轮滑以及洞察内心的一天，已经成了我们家共享的故事。我在那场混乱之后所做的努力修复，不仅修复了关系，也让我们对彼此有了更深入的理解。在没有第七感时，我们的行为标准是诚实与谦逊；有了第七感之后，我们不再追求完美无缺、无比坚强等错误的理想。

第七感与心理

哈佛医学生的心是木头做的

一个阴冷的冬日，我第一次来到哈佛医学院。在一个来自南加州的年轻人看来，阴冷的天气只会使那座巨大的石头建筑倍增权威感。严格、高要求、充满挑战，哈佛就像一座险峻的高山，我要爬到这座山的巅峰。

然而，在头两年里，我却因为自己的一项特殊兴趣而反复受到严厉的训斥。我喜欢花时间去了解病人的人生故事，在与病人的面谈中询问他们的感受。我记得我曾给临床主管提交过一份报告，描述了一个 16 岁非裔美国男孩的病情。镰状细胞贫血症的诊断似乎让他陷入了严重的抑郁。我在聊天中发现，4 年前，在经历了长时间极度痛苦的身体衰退后，他的哥哥就死于这种疾病。不知为什么，没人告诉他，他的预后会好得多，因为他比他哥哥更早诊断出得了这种疾病，而且治疗手段改进了。在交谈中，我请他试着用语言来表达他藏在心底的有关哥哥的可怕经历，然后我们一起对于他可能要面临的情形创建了更加充满希望的前景。

我的主管是一位消化道方面的专家。"丹尼尔，"她边说边将头偏向了一边，似乎认为我迷失了或犯糊涂了，"你想成为一位精神科医生吗？"

"不，"我答道，"我刚上二年级，我不知道自己想做什么。"事实上，我当时想着主修儿科，因为我喜欢和孩子们在一起，但我不想跟她提及此事。

"丹尼尔，"她将头又偏向了另一边，"你父亲是精神科医生吗？"

"不，"我告诉她，"他是一位工程师。"

然而，这似乎还不能令她满意，她继续说："你知道吗，你询问病人感受以及有关他们生活的问题，是社会工作者的工作，而不是医生的工作。如果你想问这些，为什么不干脆去做社会工作者呢？如果你想成为一名真正的医生，你就要坚持专注于身体层面。"

主管告诉我，她只需要身体检查的结果，但事实上，她正在向我传达一种世界观。并非只有她一个人如此，当时的医疗体系几乎只关注数据和疾病。也许这就是我的老师在每天面对疾病与死亡时，应对势不可当的、有时是无助的、无能为力的或无法控制的感觉的方法。不过在我看来，他们的教育更像是一种误导。病人的情绪、思想、希望、梦想、恐惧以及他们的人生故事对我来说，就像他们的肾脏、肝脏或心脏一样真实而重要。然而，当时没有一个人，也没有一种科学向我展示不同的应对方式。

为了在早年的医疗教育体系中生存下来，我只能继续学下去。我当时很年轻，很想讨好老师，因此尽量适应这个系统。我确定一定有其他学生和教授不支持这种缺乏第七感的世界观，但我找不到他们。我当时甚至想加入医学院女学生的组织，因为我太需要充满人性关怀的榜样了。但是我被告知，男性的加入会改变房间内的气氛，因此我被很有礼貌地坚决拒绝了。

大二时，我在麻省总医院临床见习。我和班上一些同学坐在阶梯教室里。100 多年前，就是在这里，麻醉学被引入了现代医学。我记得我仰望着大厅之上的穹顶，茫然地望着上方的空间，然后目光向下，落在远处的墙上。那儿挂着一幅画，主题是现代医学史上首例使用乙醚麻醉的外科手术。教室里的所有学生都能清楚地看到那幅画。画中的病人躺在冰冷的手术台上，对自己内在的感觉是麻木的，对围绕在自己身边的身穿黑色外衣的人也毫不在意。这里就是著名的乙醚穹顶教室[①]，我觉得自己好像也被乙醚麻醉了，与我的内心世界失去了联结，与自我充满生机的部分断绝开来，很快就要失去意识了，我的身体也变得麻木。我记得后来冲了个澡，也是毫无知觉。我不再在每周三晚上去参加在河对岸的教堂里举行的"自由舞蹈"之夜。那是一个充满生机的活动，我曾非常喜欢参加。我感到失去了联系，迷失了方向，仿佛行尸走肉。

---

① Ether Dome。牙医莫顿于1846年10月16日在麻省总医院施行全身麻醉手术的圆顶讲堂。这次麻醉，是现代医学史上的首例全身麻醉手术。此后，麻省总医院将该讲堂称为乙醚穹顶教室，以纪念这次伟大的手术。

虽然不太理解自己幻灭的原因，但我还是打电话给学务长，告诉她我想退学。她和善地聆听着，当她问我为什么想退学时，我告诉她我也不确定是为什么。我告诉自己，我必须离开以"寻找我的方向感"，实际上就是寻找我的心灵。学务长劝我先休学一年，她指导我如何写"研究申请"，以作为我休学的理由。我写的研究主题是：研究我是谁。幸运的是，我的研究主题通过了。

我的"研究"让我周游了北美大陆，从新英格兰到英属哥伦比亚，再到南加州。我尝试过一些职业，包括专业舞者及编舞、木匠，甚至还差点儿去捕捞鲑鱼——我曾在大学研究过鲑鱼如何利用分子机制使自己适应从淡水到海水的环境转换。我现在认为，这也许是我的深层兴趣的象征，我的兴趣在于研究人们如何发展与改变。

在英属哥伦比亚西海岸的温哥华岛上，面对着野性难驯的太平洋，我遇到了一个在船上捕鱼的人。他告诉我捕鱼的感受：每天早上三点起床，在冰冷的船边弯着腰，一弯就是好几个小时，后背疼得要死。把鱼钩扔出去，等到拉回鱼钩的时候，手都不听使唤了。然后他说他打算不干了，要重新回去读心理学的研究生。

这次经历让我返回了家乡，重新与朋友、家人建立了联结，并在祖父生病和去世期间帮忙照料祖母。后来，我在纪录片制作人那儿找了一份工作，他们当时正在加州大学洛杉矶分校录制表演艺术节目。他们还请我协助有关大脑左右半球的研究项目。就是它了！我不停地思索心理、生活，以及什么使我们成为我们。这是我应该选择的道路。我终究会成为一名精神科医生。我觉得我已经准备好重返哈佛了，并决定要像我休学的那一年一样，保持跟自己、跟他人的联结。

现在回顾那段经历，我的感受是，没有第七感，生活会变得麻木，毫无活力。如果处于缺乏第七感的文化中，便有可能深陷于物质环境中，无视位于生活核心位置的内在现实。如果这种文化的领袖人物本身就缺乏第七感，那么生活在这种文化中的年轻人就会像生活在盲人领导盲人的世界里。

······ 没有时间哭泣 ······

在医学院第三年，我最重要的工作是在内科实习。实习期间的表现会决定职业未来。当主管我的住院医生（也是我的学姐）走进教室时，我正在上课。她的眼中含着眼泪，低声对我说，奎恩先生，一个我照顾的病人，刚刚去世。我站起来，跟她来到奎恩先生的床边。我们在那儿站了很长时间。他曾是一位商船船员，精力充沛、争强好胜。他的脸由于长期出海而变得很粗糙。以前，在医院忙碌了一天后，我常会坐在他的床边，听他讲他的故事，以及他对迫近的死亡的感觉。他知道自己70年的生命即将走到尽头，他的冒险生涯也临近结束。现在，他的人生故事写完了。当我和住院医生守在他那曾经历过大风大浪的身体旁边时，我们分享着彼此的反思。

那天下午，我去见主治医生，做实习生进度回顾。他是位很有威严的肿瘤学家，个子高高的，留着黑色的胡子，相貌英俊。他告诉我，除了一件事情外，我在实习期间的表现总的来说还不错。他注意到，那天早上我没有参加完住诊教学。我告诉他奎恩先生的死，以及住院医生和我想在护理员抬走他的遗体前和他待一会儿。主治医生接下来说的话让我终生难忘，他说："丹尼尔，你必须认识到你是来这里学习的。占用学习时间是个大问题。你必须克服这些情感，病人就是会死的。没有时间用来哭泣，你的任务是学习。要成为一名优秀的医生，你必须接受这些事实。"

没有时间用来哭泣。这就是我要学习的医学的艺术吗？

第二天，我来到原先奎恩先生的病房，接收了一位新病人。我发现坐在病床上的，是我最喜欢的一位科学老师。他笑着对我说："看来，无论是谁都会生病的啊！"他得了急性白血病，我被派来为他做骨髓移植前的准备。我的脸紧绷着，泪水在眼眶中打转，但我还是竭力忍住了。随后，心头涌上了恐惧，使我无法克制。不过我下定决心，眼神要像钢铁一般专注。我决心要克服恐惧与悲伤，只注意需要做的细节。

我为我的老师（也是病人）安排了必要的检查，细心地为他做化疗，仔细观察副作用，密切监控他的病情进展。我到实验室收集所有的检查结果，以了解他的白血病的类型、治疗情况及预后。我将这些检查结果以及这个临床病例展示给与我一组的同学、住院医生以及主管的主治医生。在病人的病房里，我们进行住诊教学，我与主治医生、住院医生探讨病例的技术细节，只谈事实，不谈感情。他是病人，我是医生。除此之外，还有什么好谈的？

请让我表明自己的观点：刻意的、暂时的只谈事实的态度在某些时刻是非常有益的，但是其中的关键在于要暂时，而不是一生都采用这种方式。这是一种刻意而为的适应性的方式。某些时刻、某些情境需要我们敏锐而有效地行事。这种区隔方式本身就是一种严酷的心理训练。如果被推进手术室，你肯定希望遇到一位自信、冷静、以任务为导向的外科医生，而不是心烦意乱或泪流满面的医生。即使是作为面对危机的父母，我们也需要保持清醒的头脑，关注眼前的问题。第七感能使我们发现，在这种情况下，心烦意乱或过于认同他人是不恰当的。第七感不仅能帮助我们将注意力引导到需要完成的事情上，让我们与自己的内在生活保持同在，并与他人的内在生活保持协调，还能感知到我们充满感情的心理，以及尽管看不见但很丰富的主观世界。

> 刻意的、暂时的、只谈事实的态度在某些时刻是非常有益的，但是其中的关键在于要暂时，而不是一生都采用这种方式。

实习期结束时，我的记录里多了一个人人都羡慕的"优秀"的成绩，但我的内心却毫无感觉。我像是块木头，一块飘浮的木头，在岸边慢慢腐烂，已经感觉不到拍打岸边的海浪了。乙醚，又回来了。

······ 什么是心理 ······

就在我决定休学的那个星期过后，整整 25 年，我发现自己又回到了乙醚穹顶教室。不过，情况有一点儿不同。我毕竟接受了儿科与精神病学的训练，多年之后，我被邀请回那里，就情绪及故事对健康的重要性发表专题演讲。我 15 岁的儿子与我一起去了那儿，他坐在听众席中，我的心中充满了难以言表的情感，对发生的改变心怀感激、欣赏与安慰。

在过去的 25 年里，科学对生命的本质有了新的见解。我们现在可以确定地说，心理，虽然看不见，但毫无疑问是"真实的"。从那时起，医学也得到了发展。哈佛医学院变了，如今的许多项目对诸如共情和减少压力等理念，以及将病人当作人来看待的重要性至少给予了关注。如果当初医学界有这种关注内在的、全面的课程，那么我成为医生的经历可能会好过得多。

儿科、精神病学以及心理学都是我花时间研究过的领域，每个领域都能使我深深地潜入内心的大海。我获得过一笔研究经费，得以探究依恋、记忆以及讲述方式，以及心理在家庭中的发展，由此成为了心理健康领域的教育工作者。在乙醚穹顶教室，我发表了有关心理的本质及第七感对健康的重要性的演讲。我还问了听众们一个问题，这也是到目前为止我在各种演讲中问过近 8 万名心理健康实践者的问题。他们的专业包括心理学、精神病学、社会工作及职业治疗。

在演讲开始时，我请他们举手回答："在接受训练时，有多少人参加过定义心理或心理健康的课程或讲座？"结果很容易统计。在世界各地的演讲大厅里，同样的统计数字反复出现：在从事这些领域的人中，只有 2% ~ 5% 的人曾在一次演讲中听到过有关他们专业的基础的定义，即心理的定义。

对于他们而言，正如我接受训练时一样，关注点一直是心理疾病、症状分类以及用来消除障碍的治疗技术。这个世界充满了心理痛苦，我们当然要发挥帮助人们减轻痛苦的重要作用。然而，在我们这样做的时候，经常会看不清自己的目标，也不去探索健康的心理应该是怎样的。多奇怪！事实上，我很快发现，其他与心理过程相关的领域在进行着有趣的调查研究时，似乎也没有去定义他们试图研究的心理。

第七感 研究

mIndsIght

目前我对病人和学生使用的对心理的定义是出色合作的结果。1992年，我在加州大学洛杉矶分校组织了一个跨学科小组，专门研究大脑与心理的联系。我招募的科学家来自广泛的领域，包括语言学、计算机科学、基因学、数学、神经科学、社会学，当然还有发展心理学和实验心理学。那时正是"脑的十年"①的开端，我们对解决"有关大脑的物理特性与心理的主观特性有怎样的联系"这样的困难问题感到很兴奋。

然而，我们很快发现，每个领域有它自己看待现实的方式。尽管我们都认同，大脑是由颅骨内的神经元构成的，并与身体的其他部分相互连接，但对于心理，我们则并未持有共同的观点，也没有共通的语言。计算机科学家认为它是"一个操作系统"；神经生物学家说"心理只是大脑的活动"；人类学家的观点是"心理是世代相传的共享的社会过程"；心理学家则认同"心理是我们的思想与情绪"。分歧仍存在着，我开始担心这种分歧所造成的紧张会导致小组的解体。在能够开始探讨我们基础的学术主题之前，我不得不创造一个大家都能接受的、关于心理的工作定义。

以下是我最终提供给小组的定义②，在此基础上，我们展开了共同的探索。定义是这样的：心理是一个由身体与人际关系形成的过程，它调节着能量流与信息流。令人吃惊的是，小组中来自各个领域的每个人都认为，这个定义符合他们自己所在领域的方式。

心理是真实的，忽视它并不会让它消失。定义心理使我们在日常生活及很多职业追求中，包括心理治疗、医学、教育、政策形成及公共宣传中，都有可能采用描述我们生活内在本质的共同语言。以下将从下向上地阐述这个工作定义的成分。

> 心理是一个由身体与人际关系形成的过程，它调节着能量流与信息流。

---

① Decade of the Brain。1989年，美国前总统老布什签署国会联合决议案，宣布1990—2000年为"脑的十年"，拨款数百万美元支持对脑的研究，以提升社会大众对脑研究的了解。——译者注

② 虽然心理至关重要的一个方面是它的调节功能，但我们的心理体验自然会充满内在过程的各个层面，比如我们对生活的主观感觉以及我们的意识体验。从很多方面来看，能量流和信息流的模式让我们能够知道、感知并感觉到何谓"活着"的独特本质。

◇ **心理包含能量流和信息流**

能量是完成行动的能力，无论是挪动四肢还是思考。物理学研究了各种形式的能量，并以多种不同的方式来描述，但其"有能力做什么"的本质是相同的。当坐在阳光下时，我们能感受到辐射的能量；当走在海滩上或去游泳时，我们会利用动能；当思考、谈话、聆听和阅读时，我们会用到神经能量。

信息是象征除它自身以外的事物的任何事物，这是认知神经科学关于信息处理的典型观点。你读到的语句或你听到的话语，都是一些信息包。潦草地写在纸上的内容并不是词语的意义，你听到的话语也只是声波在以某种频率振动空气分子。相反，石头本身并不是信息，它承载着一些数据，包括重量、颜色、质地以及化学成分、形成时的地质年代，还有塑造它的力量。是我们的心理在创造这些信息，除非有人在石头的表面刻上图案或文字，除非我们思考它的历史或与其他人谈论它，否则石头就是石头。与之相反，"石头"这个词是一个信息包。即使有关石头的想法对你有意义，这个意义也是由你创造的，而不是由石头本身创造的。

能量与信息在心理活动中是相辅相成的。我们有时会有直接的体验，例如在饥饿时能意识到胃部的感觉，在心烦意乱时能感知到情绪的洪流。我们也能够在这些充满能量的感觉和情绪的基础上，在更高层的脑区中描绘它们。

了解到心理能够调节能量流和信息流之后，我们便能感知到这两种形式的心理体验的现实性，从而根据它们采取行动，而不是迷失于其中。之所以用"流"来形容能量和信息，是因为它们会随时间而改变。我们能够感觉到从一个时刻到另一个时刻的移动，是一种动态的、流动的运动过程。不过，我们不只能观察它们，还能踏入时间的河流，改变这些模式的展开方式。心理的调节功能创造了能量流与信息流的新模式，使我们得以继续监控并调节它们，这个过程正是主观生活体验的本质。

◇ **心理是监控与调节的过程**

思考一下开车时的动作。为了驾驶或"调节"汽车，你必须知道它的运动和位置，并能影响它的移动。如果你的手放在方向盘上，但眼睛是闭着的（或者专心地看着手机短信），那么你只能让车移动，但不能驾驶，因为驾驶意味着调节汽车的移动，即跨越时间的汽车的流。如果你睁着眼睛，但坐在后座上，那么你能监控汽车的移动（并发表评论），但你自己实际上并不能调节它的移动（无论你多努力）。

你也许想知道心理监控并调节的东西到底是什么，它就是能量与信息在时间上的流动。心理观察着信息流、能量流，然后调节这些流的特征、模式和方向。

每个人都拥有独特的心理，调节着我们内在的能量流与信息流，并同时也让我们与其他心理分享着这些流。我们可以学会调节这些模式，并通过认清心理来改变心理与大脑。

能量流与信息流 ──────────────

│ 第七感得以让我们监控并调节能量流与信息流。
│ 我们通过感知自己的神经系统来监控能量流与信息流，并通过觉知和意图实现对它们的调节。

◇ **心理体现了身体与人际关系**

我们现在来到了定义的开端。当我说心理是身体的体现时，我的意思是，信息流及能量流的调节部分是发生在身体中的。我们通常认为心理活动发生在大脑的神经回路和突触中，其实它同样发生在遍布全身的神经系统中，这些神经系统监控并影响着流经心脏、肠道的信息流和能量流，甚至影响着免疫系统的互动。

最后，心理也是人际关系的过程。能量与信息在人与人之间流动，并通过共享交换被监控与调整。如果我们坐在同一个房间里，彼此间便会交换各种各样的信号，分享各种象征，这种交换与分享可以通过语言的形式，也可以通过眼神交流、面部表情、语调、姿态、手势等非语言的形式来实现。人际关系是我们分享信息流、能量流的通路，而分享也在一定程度上影响了这些流的调节方式。心理是在人际关系中被创造出来的，包括我们与自己的关系。

" 大脑是能量流、信息流流经的物理机制，心理是调控能量流与信息流的过程。 "

现在，请回顾幸福三角形。请注意，幸福三角形并非将我们的生活划分为三个独立的部分，它其实代表了能量流与信息流系统的三个维度。

······ 人际关系与大脑的奥秘 ······

我们的小组持续工作了 4 年，从那时起，一个基于这种心理及心理健康观点的完整的领域形成了，那就是 "人际神经生物学"①。目前，这个领域拥有自己的组织、教育项目以及超过 12 本教科书。处于人际神经生物学核心位置的，是有关第七感使我们能够向着整合的方向引导能量流和信息流的建议。同时，整合被视为幸福的核心，我们将探讨整合在现实世界中的多种应用。

与此同时，有关心理 – 大脑 – 身体之间联系的最新研究显示，我们的内在主观状态直接影响着生理健康。应激激素皮质醇对免疫系统抵抗感染的能力会产生消极影响，甚至会引发癌症。研究发现，童年时遭受过精神虐待的人在日后患生理疾病的风险比较高，这也可能是由于应激对身体抗病能力产生了消极影响。有研究表明，正念觉知练习能够改善免疫系统的响应能力。

不过我要承认的是，将脑科学引入心理治疗、教学和医疗的日常练习并不适合每个人，而且也不是每个人都能做到的。

一位资深的临床医生曾对我说："丹，我从医这么多年从来没见过前额叶皮层，那我现在为什么要考虑它呢？"另一位医生承认："想着大脑让我觉得自己很蠢、没有能力，但我太坚持自己的方式了，没法改变。"我也曾在一些专业会议

---

① interpersonal neurobiology。这个领域要检视独立学科中的类似发现，以找出它们的共同原理。这个过程其实有一个名词，威尔逊（E. O. Wilson）曾在《融合，知识的同一性》（*Consilience—the Unity of Knowledge*）中对其进行过描述。

根据他的观点，学科汇合使我们能够超越各个学术领域各自为政、孤立地试图描述真相的知识边界。人际神经生物学是以一种学科汇合的视角，试图找到数种认知方法，包括科学、艺术、冥想和灵性练习等领域中共有的发现。从这个角度来看，人际神经生物学不是神经科学的分支（例如，它不同于社会神经学）。相反，这个领域是一个开放的论坛，允许各种认知方式的合作，加深并拓展我们对现实、心理以及心理健康的了解。

上听到临床界的同行们对我说，这种方法"很糟糕"。既然我们不了解大脑，那么为什么治疗师应该了解它呢？曾有一位教师说，她认为这是"用脑科学的观点来污染治疗的人际空间"。（我真的不明白这些担忧。为什么不能像我们对人际神经生物学所做的那样，建立一个框架，使这个框架基于坚实的科学，同时又非常尊重人际世界的主观性与重要性呢？）

另一方面，一些神经科学家也不愿接受"心理不只是大脑活动的结果"的理念。大脑是可以测量的实体，它有重量，有体积，有物理特性和位置。只不过，我们在物理空间的什么地方能找到心理？我们如何称它的重量或用数字来表示它的特征？在一次会议上，一位脑科学家宣称："我们永远都不应该问无法量化的问题。"一个学生也不甘示弱，站起来说道："我们永远都不应该思考无法量化的想法。"我的一位人类学家朋友气得脸色铁青，最后他深吸一口气，表达了自己坚决的反对意见。很多人松了一口气，发出一声无法量化的叹息。

精细的大脑扫描允许我们做某些量化。我们能够测量大脑中的血流情况、某个脑区中神经连接的密度，或是某个时刻脑电活动的振幅，也能追踪到与我们最亲密的体验相关的脑活动。然而，内心世界的很多内容还无法用绝对的术语来量化。我们如何测量意义？我们如何给情感或意愿赋予一个数值？我们如何量化与其他人的联结感，或者"被感觉的感觉"，以及被注视时的感觉？

这不只是学术上的探讨，它们对于我们如何定义现实也非常关键。现代科学是在测量的基础上建立起来的，它是建立在可由客观的观察者重复并验证的统计结果和数值分析的基础上的学科。而心理的主观世界主要是通过定性的术语来观察的，它的基础通常是具有相关心理的人的独特的第一人称的解释。如果你坚持玩数字游戏，那么心理很容易消失不见。在面对有时会令人沮丧的学术讨论所带来的挑战时，我禁不住想起了在乙醚穹顶教室中的经历。许多令人尊敬的内科与外科的教职员都把心理当作根本不存在的事物。他们都是理性的人，在自己的领域内才华出众，可是他们为什么就看不到像心理这样真实的东西呢？

心理比大脑更广博，它陶醉于人际关系，孕育着可能性。然而，这个生活体验的主观核心不仅不能被我们握在手里，而且即使是最精密的仪器也拍不出它的影像。如果我们只关注物质领域，就很容易忽视心理。我们会擦掉眼泪，不留下一点儿创造意义、感到被感觉，或者让我们知道自己活着，并充满了痛苦与欢乐的心理的痕迹。

当我们感知心理时，感觉到的不只是我们的或他人的内心世界。我们现在已经有了更精确的第七感的概念，它不只是在本书一开始所描述的"洞察与共情的结合"。这种描述是一个易于理解且很重要的开端，但它只是更完整的故事的前奏。第七感的作用在于，使我们监控并调节信息流、能量流。这个基本定义就是更深刻的真相，更完整的图景。拥有第七感，我们便能感知并理解位于生活中心的调节机制（心理）、分享机制（人际关系），以及起中介作用的神经机制（大脑）。"我们的生活"意味着你的生活和我的生活。第七感去除了分隔我们的表面界限，使我们看到，我们都是相互联结的流的一部分，都是更广阔整体的一部分。

一旦将心理、大脑和人际关系看成现实的三个基本维度，也是信息流、能量流的各个层面，便能以真正全新的眼光来看待人类的体验。

mindsight

获得第七感

整合的8个领域
临时拼凑的合唱团

我常在演讲中请自告奋勇的人唱"复杂性的合唱"。有经验的演唱者通常会打破沉默，积极地走到房间的前面，而性格较为内敛的人则会在几经思忖后加入。无论演讲的听众是父母、教师、治疗师还是科学家，我知道帮助他们获得整合力量的最好方法都是沉浸在直接的经验中。

我对新组建的合唱团成员的第一个要求是，同时唱出相同的音符，只要哼出一致的音调就可以。有些人会唱出中等的音高，然后他们很快会达成一致的声音。大约半分钟后，我举手示意他们停下来，提出另一个要求。我让他们捂上耳朵，这样就听不到别人的声音了。然后，在我的示意下，每个人开始想唱什么就唱什么。他们刚一开口唱，观众通常会大笑起来，不久就显得烦躁不安，于是我再次举手叫停。

最后，我让演唱者选一首大家基本上都会唱的歌，然后一起唱，他们可以按照自己的意愿来保持声音的和谐。他们充其量也只能称为"临时拼凑的合唱团"，但是听一群老师或心理治疗师在一起唱《哦，苏珊娜》《奇异恩典》或者《划船曲》的过程中发生的变化，却是令人难忘的。（令我着迷的是，大多数时候，他们会选择唱《奇异恩典》，在西方文化中，这首歌是最和谐平衡的歌曲。）团队的曲调一旦确定，个别的声音就会相继出现，有的高，有的低，交织在和谐的声音中。在唱出最后一个音符时，他们的声音会凭着直觉而逐渐增强。合唱团成员的脸上洋溢着欢乐，听众也是如此，我们都融入了演唱者们的能量流与活力流中。在那时，人们说，也正如我所感受到的那样，整个房间都生机勃勃。

那一刻，我们所体验到的是最佳的整合状态。合唱团的每一个人都具有自己独特的声音，在同一时间，他们成了一个复杂而和谐的整体。没人确切地知道，合唱团会怎么唱，但这份惊喜更增加了共享一首熟悉的歌曲的快乐。差异与联结之间的平衡正是整合的体现。

前两个练习有什么意义呢？正如你猜测的那样，单一音符的哼唱是缺乏变化的、刻板的，经过一段时间后，会变得沉闷而令人厌烦。自告奋勇的兴奋感会被任务的单调性取代。演唱者们也许彼此联结，但他们无法表达自己的独特性与个性。如果差异化受到阻碍，整合便不会产生。没有朝向整合的努力，整个系统也就远离了复杂性、远离了和谐，只会造成刻板僵化。在第二个练习中，当演唱者堵起耳朵，随心所欲地唱歌时，则会发出刺耳的、杂乱无章的声音，通常会让听的人焦虑烦躁。此时没有联结，只有差异化。一旦整合的过程受到了阻碍，就会与复杂性、和谐疏远。这时，趋近的是混乱，而不是刻板僵化。

演唱者重新坐回座位，我开始总结练习的要点：整合的本质是什么。

······ 寻求整合 ······

什么是健康的心理？没有症状和功能紊乱就是心理健康吗？或者，是否美好的生活中还包含更多的内容？我们如何能够在接受跨文化的行为、性格、价值观以及取向的多样性的基础上，还能提出一个明晰的关于健康的定义？正如有些科学家不愿意定义心理一样，他们认为根本不应该定义心理健康，因为告诉其他人怎样才是健康的是种专制的行为。不过，我们如何解释对幸福的普遍追求呢？如何理解幸福带来的安适被跨文化的人们所认可？积极心理学已经通过识别出幸福的人的特点，比如感恩、慈悲、好奇、胸怀开阔，纠正了以疾病为中心的模式，但这些个人优势的背后是否还有一些未被提及的特性呢？

在过去 20 年里，我逐渐相信，整合是没有疾病、健康幸福背后的关键机制。整合，即系统中不同成分之间的联结，它指明了通往健康的直接道路。通过整合，我们不仅能避免沉闷的生活、令人厌倦的僵化，还能避免极度的混乱。利用我在

第二部分中将探讨的方法，就可以学会如何发现整合的缺乏或不足，从而开发有效的策略来提升差异化，增强联结。蜕变的关键是培养第七感的能力。

通过采用基于人际神经生物学方法的新的干预策略，第七感帮助许多人将生活中的信息流和能量流朝着整合的方向转变。整合是介于混乱与僵化之间的状态，是独立的声音彼此和谐地联结，复杂性与生命力同时达到最大化。为什么整合是如此强有力的蜕变工具？我对这个问题的研究引发了一些令人吃惊但又很实用的领悟。

在刚开始探索整合的理念时，我本能地觉得整合对我们个人的以及人际关系的幸福会非常重要。然而，关于"为什么会如此"的科学解释，我一无所知。

◇ **整合与情绪**

从对情绪及社会功能的研究到对大脑本身的研究的很多领域，都多多少少会提及整合，但是似乎没有哪个领域会给予整合中心地位，也没有哪个领域能解释清楚为什么整合对生活是有益的。拿研究情绪的各种科学领域来说，你也许会惊讶地发现，甚至在情绪研究者之间都没有一个对于情绪的统一定义。为了写我的第一本书，我曾仔细查阅过有关情绪的科学资料，并总结出这样的陈述：情绪是人一生中的基本元素。情绪联结着身体与大脑，联结着人与其他人。这个陈述中的每个观点都表明了一个整合的过程，但并没有直接探讨整合本身。也许作为情绪研究旁观者，这有助于令我看到，有关情绪的千差万别的定义背后隐藏的共同特征，以及这个特征做了什么，它如何在我们的生命历程中证明自己。

> 情绪，是人一生中的基本元素。

整合以及情绪在我们体现身体与人际关系过程的心理定义中，具有怎样的作用？为什么人们用诸如"情绪健康"或"情感亲密"这样的术语来代表健康的心理状态？"情绪崩溃"或"心烦意乱"这样的表达方式又代表什么意思呢？

作为一名心理治疗师，我在工作中经常会接触到处在苦恼中的来访者。在我看来，这种状态的特点可能是刻板，可能是混乱，还可能是二者兼有。人们会陷入抑郁或因恐惧而停滞不前。他们发现自己被疯狂的愤怒或创伤性的记忆所淹没。他们有时会在各种极端之间波动，陷入能量与信息的漩涡，因失控而恐惧不安。不对，为什么会刻板或混乱呢？为什么功能障碍可以归为这两类，或归为二者的结合呢？为什么这些模式一直重演？

这些状态中有一些事物似乎正好与整合状态中的和谐对立。情绪的转变能否反映出整合状态的改变？也许"情绪"这个术语本身就应该被定义为"我们整合状态的转变"。如果是这样，那么无论采用什么方法的情绪研究者就都应该同意，情绪健康的损害就是心理偏离了整合状态。以更深入的视角来看，整合也许是我们所体验的所有层面的健康背后的原理，不仅包括对内心世界的小宇宙的洞察，还包括对人际关系与社会生活的感知。

◇ 健康的心理：复杂性与自组织

我再次深入研究科学文献，最终在无意中发现了一个看似与探索心理无关的领域：专注于复杂系统的一个数学分支。这似乎能看出整合的益处，也就是为什么整合是生活中的一件好事的科学基础的原因。

简言之，复杂性理论检验了有可能变得杂乱无章，并对接收外部输入保持开放的系统。要想用系统的观点来思考，就必须关注构成系统并相互作用的成分之间的关系。云是一个有关复杂系统的经典例子，它是水分子的集合，这些水分子是随意分布的（可能是混乱的）。它们接收光和能，比如来自外部的风与热（它是开放的）。复杂性理论探究了这个开放的、易于变得混乱的系统，随时间发生的自然的运动，以此来解释为什么会出现云，它们的形状为什么会改变，以及为什么会消散等问题。在我看来，人类的生活也符合这个标准——我们是开放的系统，能够产生混乱的行为。

我在科学文献中读到，复杂系统会进行自我调节，这就意味着系统本身具有某种性质，它决定了系统随时间而呈现的发展。这就是自组织过程（self-organizational process），是系统塑造自身呈现的方式，它是由复杂系统的数学运算形成的。这里没有程序员，没有程序，也没有控制系统发展的外部力量。在构成系统的成分的互动中，产生了自组织的过程。如果自组织适用于云，那么它也可能适用于其他会产生混乱的开放系统。人类自然就是如此，有时会变得非常混乱，而且人类对外部的影响，比如遇到的人、过去的经历以及读过的书，是相当开放的。如果这些观点是有关联的，而且是正确的，那么也许我们可以认为，人类也能自组织。在我看来，通过这种术语的解释，似乎有助于更充分地理解幸福的三角形——心理、大脑与人际关系的系统。我们可以运用复杂性与整合的原理，来创造横跨这三个生活层面的健康。

◇ **整合的河流：刻板或混乱 VS 和谐与灵活**

走向复杂性的系统是最稳定、最具有适应性的。[①] 在有关复杂系统的数学文献中，我第一次读到这些内容。我当时想，这是对健康幸福多么清晰的定义啊！我跳了起来，从书架上拿出 886 页的精神科医生的圣经——《精神疾病诊断与统计手册》（*Diagnostic and Statistical Manual of Mental Disorders, DSM*）。我决定随便翻看，结果无论我翻到哪一页，无论是哪种功能失调的哪种症状，都表现出混乱、刻板或两者兼有。心理健康会不会确实是整合的一个功能？[②] 当心理偏离了整合，偏离了和谐，我们是否会生活在混乱或刻板中？

我开始在同事和学生中验证这个假设，尽管他们中的一些人发现这个观点很

---

① 我特别要感谢埃谢尔·本－雅各布（Eshel Ben-Jacob）、弗里乔夫·卡普拉（Fritjof Capra）、尼古拉斯·汉弗莱（Nicholas Humphrey）和斯图尔特·考夫曼（Stuart Kauffman）这几位科学家，他们激发并认同了有关复杂系统中的整合与自我组织的探讨。这些令人深思的对话衍生出的一个领悟是整合的概念，即连接差异化的部分的重要概念在具有适应性的自我组织中是正确的，但它通常不被用于数学或物理学中，因为在这些领域中，整合意味着"求和"（例如 3 和 5 的整合等于 8）。然而在日常的语言中，我们可以使用"整合"这个词来恰当地描述差异化的各个部分的联结，因为联结后创造出来的不只是各部分的总和，而是具有更大的复杂性，以及更有适应能力的自我组织。

② 在寻找与心理健康相关的神经连接方面，我还没有可以参考的已出版的研究，例如用各种大脑成像技术来测量与整合有关的时间与空间的神经同步。如果未来的研究能够运用这些科学技术来评估健康心理的神经特质，那么我们或许了解这些特质是否与心理障碍或心理健康息息相关。我们应该找出神经活动的各种形式，以便一窥运作中的大脑，并证明神经整合、连贯统一的心理以及具有共情能力的人际关系，是否就是幸福三角形中相互支持、相互影响的基本要素。

新鲜、很奇怪，但它似乎与他们作为临床医生的经验吻合。然后，我开始将它应用于我的治疗工作中，探索促进整合的方法，以帮助来访者从疾病走向健康。就这样，新的治疗方法诞生了，其中有些方法起到了引人注目的效果。有关整合的中心作用的理念仍是一个惊人的观点，但它使我和我的同事能够以一种有力的新方法来改善来访者的健康状况。

我是一个首字母缩略词爱好者，总是在寻找方法将一堆相关的东西联系起来，以便更容易将它们教给别人。有一天，我征询学生的建议，问他们如何能方便地记住整合系统的特点。"哦，丹，这很简单，"一位年轻的女士回答，"只要记住萨克斯第五大道（Saks Fifth Avenue）就可以了，它代表稳定（stable）、灵活（flexible）和适应（adaptive）。"我想了一会儿，觉得这种记忆方法可能对我不适用。

我还希望表现出复杂性合唱在处于最和谐的状态时，呈现出的生机勃勃和充满能量的感觉。后来，我突然想到一个首字母缩略词——SAFE，代表稳定、适应、灵活和活力（energized）。几个星期后，在阅读了更多有关"一致性"的数学研究后，我意识到，一致性是整合的第 5 个本质特征。它非常适合我自己的研究领域。在这个领域中，"一致的叙述"（coherent narratives）是我们理解生活，将我们从过去的牢笼中解放出来的方法，也是人际关系健康的重要预测指标。

现在，整合之流的特征刚好可以拼写成一个所有人都觉得好记的单词：FACES（脸）。它代表灵活、适应、一致、活力和稳定。我们可以说，任何健康的复杂系统都包含 FACES 之流。换句话说就是，当系统的自组织活动使复杂性达到最大化时，系统便获得了同时具有灵活性、适应性、一致性、稳定性及活力的和谐之流。这就是你从优美而神奇的复杂性合唱中感受到的感觉。

> 反复爆发的恐惧或愤怒，或是感到无能为力、空虚，都表明处于整合的河流之外。

我喜欢把 FACES 之流想象成一条河（参见图 4-1）。河的主流是不断变化的整合与和谐之流。整合与和谐之流的一条边界是混乱，另一条边界是刻板。这是整合的河流的两岸。

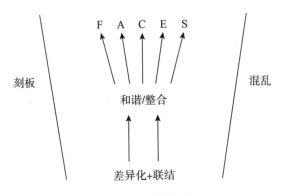

图 4-1 整合的河流

F（flexible）= 灵活；A（adaptive）= 适应；C（coherent）= 一致；
E（energized）= 活力；S（stable）= 稳定。

我们有时会向着刻板的河岸移动，觉得被卡在其中；我们有时又会移向混乱的一边，感觉生活是无法预测的、失去控制的。不过一般来说，当我们健康而从容自得的时候，便会沿着和谐、整合之流的蜿蜒河道移动。我们会有熟悉感，又不会陷入其中。我们生活在未知的边缘，并有勇气进入陌生的新水域。这就是生活在当下，游弋在刻板与混乱之间。这就是 FACES 之流。一位无比睿智的诗人兼哲学家，也是我已经离世的老朋友约翰·奥多诺（John O' Donohue）曾捕捉到了整合的精髓。他说，他非常愿意像一条河流那样生活，随着生活中出乎意料的事情而流淌。

FACES ————————————

如果系统对外界的影响是开放的，并能变得很混乱，那么这个系统便被称为动态的、非线性的、复杂的系统。

当这类系统被整合起来时，它便会朝着最灵活、最具适应性的方向发展。

····· **整合的 8 个领域** ·····

在心理治疗师的实践中，我发现整合的 8 个领域是个人蜕变及幸福的关键。这 8 个领域不一定是以线性的方式展开的。在本部分其余的章节中，你会看到它们有时会结伴出现。我们如何体验"自我的感觉",即有关我们是谁,以及在我们的内心世界中,能量与信息的展开方式的感觉,将会直接受到这些领域整合程度的影响。

整合的 8 个领域分别为觉知力、左右脑、感知力、记忆、童年、自我、人际关系以及不确定性。由于心理是调节能量流与信息流的具体而相关的过程,因此我们能够通过有意识地集中觉知,将大脑和人际关系中的能量流与信息流引导至整合状态。当这些整合领域得到发展时,第 9 个领域——升华整合,便有可能出现,在这种整合状态中,我们会感到自己是更宏大、相互联结的整体的一部分。

每个人都具有不同的心理,因此如果你觉得自己已经掌握了足够多的概念性的一般认识,便可以直接去读本部分的故事。如果不是这样,以下有各个领域的简要介绍,而且后面的故事会对其进一步阐释并扩展。

◇ **觉知力**

集中注意力的关键在于促进大脑中整合性的改变。一旦整合了觉知力,就能建立起稳定注意力的技能,从而驾驭觉知的力量来创造选择和改变。这就是为什么觉知的整合是其他领域整合的基础的原因。形成"觉知之轮"能够使我们感知到令人困扰的状态,又不被这些状态淹没;还能使我们客观开放地看待事物,不被它们应该如何的预期所局限。它同时还彻底打开了我们的感知范围,使我们能够获得来自外部世界、身体状态、人际关系以及心理本身的信息。

我们将探究觉知力的整合如何有助于调节情绪和心情,平息内心的风暴,并培养出更灵活、稳定的心理。本书涉及的现实生活中的所有挑战,都可以运用从保持心理稳定中获得的经验来应对。

◇ **左右脑**

几百万年以来,我们的左右脑便具有各自不同但互相补充的功能。右脑发育得较早，它负责想象、整体性思维、非口头语言、**自传体记忆**（autobiographical memory）以及一些其他功能。左脑发育得较晚，它负责逻辑、口头及书面语言、线性思维、文字思维等。如果左右脑的联系被阻断了，那么一侧大脑会占据支配地位，我们可能会失去左右脑协同工作才能具有的创造力、丰富性及复杂性。利用神经可塑性的力量来整合大脑，可以赋予我们对自己人生故事的一致感，并对自己及他人的非语言世界有更深入的洞悉。

自传体记忆

指对个人复杂生活事件的混合记忆，与记忆的自我体验紧密相关。

第 6 章将介绍一位老人，在近一个世纪的生活中，他都偏重于使用左脑。运用特定的策略，他的右脑得到了开发，这个人逐渐感受到了新的整合生活所带来的生机与活力。

◇ **感知力**

神经系统是纵向分布的，从全身向上，通过脑干、边缘系统，最后到达大脑皮层。对感知力的整合是一种纵向的整合，是从头到脚，再从脚到头，纵向地将各不相同的区域联结成一个能发挥功能的整体。经受过创伤或生活在情感荒芜的环境中，会阻碍感知力的整合。在这种断绝联系的状态中，人们会忽视感官以及身体的感觉带来的启示，过着一种情感不丰富、感知不鲜活的生活。如果让感觉进入意识，那么不仅能使直觉变得活跃，而且有时还能提供救命的信息。

第 7 章将介绍一个焦虑的、失去联结的女人。虽然过了很多年"肩膀以上"的生活，但通过学着对身体的感觉变得开放，她的焦虑最终获得了缓解。除了生活变得更有生机与趣味之外，她还发掘出了感知力整合所带来的直觉与智慧的源泉。

◇ **记忆**

我们在记忆层处理并解读自己的经验。第一层是内隐记忆，它始于子宫中，并主导着生命之初的若干年。从记忆、感知、行动及身体感觉中，我们创造出心理模式，它塑造了我们对世界运行方式的预期。所有这一切都是在我们没有意识、没有付出努力的情况下完成的。内隐的心理模式能够持续影响我们无意识的行为。内隐记忆的拼图后来组合成了外显记忆，这是我们能够意识到的事实性质的、自传式的信息。如果我们能将更多的第七感的光芒照射到随意飘浮着的内隐记忆的拼图上，并让它们变成外显记忆，那么我们便能更大程度地释放自我，在当下活得更彻底、更充分，并拥有如何生活的新选择。

在本部分中，我们会认识很多人，他们的记忆整合受到了损害，这使他们无法实现生活的一致性。有时一个压倒性的事件（比如心理创伤），会让人处于非整合的状态，从而导致刻板或混乱的倾向。将第七感镜头聚焦在这些记忆层上，是治愈创伤、实现大脑记忆功能的整合的必要步骤。

◇ **童年**

如果将左脑的叙述者功能与右脑的自传体记忆存储结合在一起，就创造出了能够使我们理解自己的生活的故事。研究者发现，与孩子之间的安全的依恋关系能够很好地预测我们是否能以一致的方式来叙述自己的童年故事。通过发现对童年的叙述整合的障碍，并采取必要的措施来克服它们，我们便能够解放自我，并最终解放孩子，不再重蹈我们想避免的两代人的关系模式的覆辙。

我们将回顾有关依恋的研究发现与临床经验，借此阐释各种各样的叙述形式，以及促进整合的策略如何将有聚合性但过于局限的人生故事转变成具有一致性和灵活性的故事。当我们能够以深入且整合的方式来理解自己的生活时，连贯一致的生活叙述便形成了。

◇ **自我**

每个人都体验过体现了我们基本驱动力和需求的存在状态：亲密与孤独、自主与独立、照顾与控制等。这些状态也许互相冲突，有时会令人痛苦和困惑。第七感能帮助我们接纳这些自我状态，并将它们视为多层次生活的健康的维度，而不是为了实现内在的稳定性而必须排斥和压抑的自我的一部分。

有了对自我状态的整合，我们可以超越过去那种改头换面及否认的模式，开放地面对自己的需求，并在不同的时间，以不同的方式来满足这些需求。我们将在后面探讨，如何面对我们的多种状态正是分化"多重自我"的必不可少的第一个步骤。状态整合的关键就在于接纳这些差异，而不是试图否认它们的存在。状态整合能帮助我们摆脱会麻痹我们的羞耻和恐惧的模式。我将在一个人的蜕变之旅中展示对自我状态整合的力量。

◇ **人际关系**

人际关系整合就是整合幸福的"我们"。在最理想的情况下，共鸣回路能让我们感觉到他人的内心世界，他们转而也将我们编织在他们的内心世界中，将我们带到他们的身边，即使彼此并不在一起。第七感帮助我们看到，对过去的适应如何限制了当下的人际关系，并使我们能将自己安全地开放给他人。这样，我们在保持自己的认同感与自由的同时，也能与他人建立更亲密的关系。我们能够在不放弃自己的情况下去爱别人，并被别人爱。

在后面的章节中，我们也会看到夫妻如何在混乱与误解中迷失，与僵化的防御模式或混乱的幻灭大爆发作战，以及学着发现脑干驱使的反应状态，并将神经系统调节为接纳性的状态，这种状态是真实且持久的联结所必需的。在了解了早期经历是如何通过突触改变而塑造了当下之后，夫妻便能缓解笼罩在功能不良的夫妻关系上的敌对情绪。我们还会看到，在人们提高了自身以及与他人之间的整合程度后，是如何利用第七感来引导自己回归充满热情与共情的生活的。

◇ **不确定性**

不确定性、无常性、时间与死亡是前额叶皮层呈现给我们的深刻挑战。前额叶皮层给予我们时间感，并能够预测自己及所爱的人的死亡，这使我们明显区别于其他动物。强迫症显示了我们天生的生存驱动力如何寻求控制感，这种驱动力有时会达到麻痹我们、使我们感到恐惧的程度。对不确定性的整合能够让我们活得更从容，在面对不确定性时，也能去发现可以带来安慰的联结。

我们还将探讨，哪怕是年轻人，也会受到因死亡而引起的焦虑以及不确定性的折磨，这种焦虑与不确定性的表现是强迫行为或对于存在的恐惧。这样的年轻人可以想办法将来自大脑前额叶有关时间的困扰整合到他们的生活中，从而变得更坚强。

······第七感与整合······

每个人的内心都天生具有追求健康、追求整合的驱动力。不过，生活有时让我们觉得，整合受到了阻碍。阻碍可能来自联结受损，比如一个未妥善处理的心理创伤。阻碍也可能来自差异化的受损，无论是因为童年被忽视而造成的，还是由于各种学习障碍、发展困境所引发的。还有一种可能是，差异化和联结都受到了损害。

第七感是一种能够引导我们重新回归联结状态的技能。据说米开朗琪罗曾道，作为雕刻家，他的伟大任务是解放石头中的人物。同样，我们的任务是找到妨碍 8 个领域的整合的障碍，解放心理天然的驱动力，以获得治愈，并使幸福三角形中的心理、大脑与人际关系得到整合。

一旦这 8 个领域实现了整合，达到了互相联结的新维度，那么我将开始描述的"升华"或"跨领域的呼吸"就会出现。我在那些练习第七感的来访者身上不断地看到了这种情况的发生。他们的自我认同感获得了扩展，他们开始意识到自己是更宏大整体的一部分。在各种探索幸福与智慧的研究中，互相联结的感觉被看成是有意义、有目的的生活的中心。这就是第七感与整合的光明前景。

乔纳森是一名高中二年级的学生。我第一次见到他的时候，他刚刚 16 岁。他趿拉着鞋走了进来，牛仔裤低低地挂在胯上，像是随时要掉下来。他金黄色的头发遮住了眼睛。他告诉我，过去两个月里，他觉得很糟糕、很郁闷，会无缘无故地哭。在回答我的问题时，他说自己在学校有一群好朋友，虽然在学业上有些吃力，但近期在学业或社交方面都没有发生什么改变，因此他灰暗的心情无从解释。他说与家人的生活也"挺好"，他说这话的时候语气很冷漠，几乎有点儿轻蔑的意味。他的姐姐和弟弟跟平常一样"可悲"，他的父母还是原本那种令人厌烦的样子。对于一个 16 岁的男孩来说，这似乎也没有什么不正常的。

不过，有一点非常不对劲，乔纳森的哭泣与情绪低落是由他无法控制的愤怒大爆发而造成的。一些看上去很平常的事件，比如姐姐来接他的时候迟到了，或者弟弟未经允许就用他的吉他，都会让他愤怒地大叫。他这么容易被激惹，不仅令他父母和我担心，也让他自己忧虑。他羞怯地告诉我，像这样的愤怒大爆发已经持续一段时间了，而且越来越严重。现在，家人都很害怕他。类似的情况在他 13 岁刚上初中时也发生过几次，乔纳森的父母把一切都归因为青春期的情绪不稳定，所以没有把它当回事。当乔纳森告诉他们，有时觉得自己再也活不下去了时，他们才把他领到我这里接受评估与治疗。

·······不可靠的心理·······

是什么塑造了我们内心深海的潮汐？当遭遇险恶的水域时，我们可以做些什么来平息内心的风暴？本章我将探讨如何利用集中的、有意识的注意先去感觉，然后去改变可能会危害我们生活的狂野的信息流和能量流。集中注意力使我们能够运用觉知去创造机会与改变。这就是觉知力整合的领域。

"情绪"一词指的是我们内在状态的整体色调。[①]通过情感、显示情绪的外在信号，以及通过行为与反应，我们表达出情绪的基调。乔纳森仅是坐在我的办公室里，我便能感觉到他的绝望与空虚。正如他自己承认的，他沮丧的心境还包括哭泣、易怒、睡眠困难和食欲减退。他还承认，无助与绝望感有时会引起自杀的念头，但我发现他没有尝试过或计划过自杀，至少在那时，他没有伤害过自己。

在精神病学的教科书中，这些症状也许会被诊断为抑郁症，但作为一名临床医生，我希望能对其他可能的问题保持开放的态度。在乔纳森的家族史中，他的舅舅曾有药物成瘾问题，他的爷爷患有躁郁症。因此，我特别谨慎不要过早地下抑郁症的诊断。由于有药物滥用的家族史，因此他的家人会定期对他进行药物检测，检测的结果都是阴性。乔纳森自己也说："我为什么要吃那些会让情绪更加波动的东西？它们只会把我的状况搞得更糟。"他说的话给我留下了很深的印象，我相信他。

---

① 2009 年 2 月，我与理查德·戴维森（Richard Davidson）在犹他大学坦纳系列讲座（Tanner Lecture Series）中有一场很有趣的探讨。我们探讨了情绪的本质，以及远古进化而来的大脑皮层下区域如何与大脑皮层协同工作，创造了戴维森所定义的"效价的心理状态"（valenced mental state）。这个情绪的工作定义使我们能够看到决定某物是好的、中性的还是坏的的评价，它塑造了我们整体的心理状态。

戴维森认为，意识到情绪是一种处于支配地位的过程，而不只是某个区域产生的或只影响神经系统中某个孤立部分的过程是非常重要的。对于情绪调节，我们可以查看前额叶的功能，以获得一些洞见，因为这个区域通过一个被称为钩束的部分向下层区域传递抑制性的神经纤维。利用威斯康辛麦迪逊实验室中新型的"扩散张量成像"（diffusion tensor imaging），戴维森和他的同事已经发现，这个区域在我们利用前额叶的功能来调节大脑皮层下放电的过程中发挥了一部分作用。正念研究显示，集中注意力以及开放性监控的心理训练也许能提高我们情绪的稳定性，加强利用这些前额叶的功能可提高情感调节的能力。

让他情绪低落、失去理智的突然爆发,标志着易激惹的特点。易激惹是抑郁症,特别是儿童抑郁症的显著特征,但它也可能是躁郁症的症状。躁郁症通常具有遗传性,而且可能出现在童年和青少年时期。在症状显现之初,躁郁症可能只表现出抑郁的特点。但是在躁郁症中,抑郁状态与躁狂状态会交替出现。躁狂患者的特点是,思维奔逸,自我的重要感和力量感膨胀,睡眠的需求减少,食欲、性欲增加,还会出现过度消费以及不理性的行为。

为了选择合适的治疗方法,关键的一步便是将单纯的抑郁症和躁郁症区分清楚,因此我经常会请同事对诊断提出意见。关于乔纳森的案例,我共征询了两个人的意见,他们的意见都证实了我的担心——乔纳森的情绪障碍可能属于躁郁症的初期。

如果用大脑的术语来描述,躁郁症的特点就是严重的"调节异常",这意味着躁郁症患者在日常生活中很难保持平静。在临床医生看来,躁郁症患者在保持大脑情绪调节回路的协调与平衡方面存在问题。正如你在附录中看到的,大脑皮层下区域会影响我们的情绪状态,改变心情,塑造我们的动机和行为。前额叶皮层位于大脑皮层下区域的上层,它调节着我们如何让这些情绪状态恢复平静。

大脑的调节回路会因多种原因而出现功能失常,其中一些原因与基因或生理结构有关。最近的理论认为,患有躁郁症的人的前额叶皮层与下层脑区,比如产生情绪的边缘系统的连接方式可能与正常人的连接方式存在结构上的差异。这种解剖结构的差异可能是由基因、感染、接触神经毒素造成的,并可能导致边缘系统肆意放电。当放电增加时,这些大脑皮层下的神经回路就会引发思维奔逸、欲望增强以及躁狂状态的其他特点。在旁观者看来,躁狂可能是充满魅力、令人愉快的,而且躁狂者也确实会有感到兴高采烈的阶段,但也会有烦乱、易激惹和焦躁的阶段,此时他会感到失控与绝望。

当大脑皮层下神经回路中的功能失常走向相反的方向时,思维会减慢,情绪会变得低落,重要的睡眠与欲望功能会受到干扰,患者会避免任何社会接触,变得与世隔绝。当前额叶的调节功能受损，无法平息这两种极端的情绪状态时，躁狂与抑郁都会引发极度痛苦的体验。

针对躁郁症的标准治疗方法是药物治疗，它对很多患者都有显而易见的好处。然而，被称为"情绪稳定剂"，用于治疗躁郁症的药物的副作用，比用于治疗抑郁症的抗抑郁剂的副作用要显著得多。这些风险让儿童精神病医生不得不更加慎重，避免仓促做出长期使用"情绪稳定剂"的决定。而且，如果未被诊断出躁郁症的患者，首先表现出来的是抑郁，并服用了抗抑郁剂，那么临床干预会诱发躁狂的发作。临床干预还可能加重患者的症状，缩短躁狂和抑郁交替的周期，有时甚至会出现两种极端状态同时并存的"混合状态"。

考虑到所有这些问题，我让乔纳森的父母带着孩子一起过来，开诚布公地与他们探讨，包括药物在治疗中的作用。许多临床医生会将焦点主要放在"内分泌失调"，以及各种各样的神经递质（如血清或去甲肾上腺素）如何让情绪起起落落上。不过我发现，与病人就大脑中的情绪调节进行更深入的探讨，能让他们对问题以及我们能做什么有更宏观的认识。我给乔纳森和他的家人介绍了大脑的手模型（参见附录），并描述了前额叶的神经回路的作用。我告诉他们，目前我们还不知道乔纳森的这些回路为什么不能正常发挥作用，只知道他心理的风暴可能与前额叶功能失常有关。

"怎样做才能使这些回路正常工作？"乔纳森的妈妈一针见血地问道。我说，有一种理论认为，抑郁的原因是大脑根据体验的改变而做出改变的能力被阻断了（如果用整合的河流的理论来解释，那就是偏向了刻板的河岸）。抗抑郁剂，比如人们很熟悉的血清素类药物、选择性血清素再吸收抑制剂，或者 5- 羟色胺再摄取抑制剂（SSRI）以及诸如锂的情绪稳定剂，看起来的确能重新激发神经可塑性。它们通过改变神经递质发挥作用的方式，以及提高大脑从经验中学习的能力来治疗疾病。对于多数情绪障碍来说，药物与心理治疗相结合的方法通常是极好的治疗策略，甚至只采用心理治疗便能改变大脑运作的方式。我告诉他们，最近的研究发现，一种以"正念"这种古老的技术为基础的心理治疗，实际上能预防乔纳森那种长期抑郁症的反复发作。

······ 改变心理的正念疗法 ······

乔纳森来找我做治疗的时候，我正在写一本书，书中介绍了有关正念的神经科学研究，那些研究可谓激动人心。所谓**正念**（mindfulness），就是拥有专注的感知，有意识地将注意力集中在当下，不受判断的左右。从东方到西方，从古代到现代，通过训练头脑关注每时每刻的体验，正念疗法可以帮助人们走向幸福健康。有时人们听到"正念"这个词会联系到"宗教"，但事实上，以这种方式来集中注意力是一种促进健康的生物过程，是大脑保健的一种形式，而不是宗教。学习正念疗法是培养我们所说的整合觉知力的一种方法。

正念

拥有专注的感知，有意识地将注意力集中在当下，不受判断的左右。

第七感 研究

mIndsIght

正如我告诉乔纳森和他父母的那样，科学研究已经清晰地显示，基于正念的治疗能够预防长期抑郁症的复发。虽然我发现对于采用正念来治疗躁郁症，目前还没有类似的已发表的研究报告，但我有理由保持乐观的态度。对照研究显示，正念是成功治疗许多心理疾病，包括焦虑、药物上瘾（治疗兼预防复发）以及边缘型人格障碍的治疗方法的有效组成。事实上，第一个揭示心理治疗能够改变大脑的研究，是在加州大学洛杉矶分校进行的强迫症研究。在这个研究中，正是将正念作为治疗方法之一。另外，在加州大学洛杉矶分校的正念觉知研究中心进行的前导性研究中，我们发现正念训练对在工作或学习上很难专注的成人与青少年非常有效。

乔纳森的情绪障碍对这样的干预会有反应吗？这家人的合作态度，加之他们对药物的副作用的担忧，促使我认为值得试一试。在乔纳森和他的父母充分知情的情况下，我得到了他们的许可，并牢记他最近有自杀的想法，以及未经治疗的抑郁症（无论是单相的还是双相的）所具有的严重风险。我们决定做一次正念训练的尝试，并达成一致意见，如果几周内这种方法没有起效，没有降低他的痛苦、稳定他的情绪，我们就会转入治疗的下一个阶段，其中可能包括药物治疗。

◇ 集中注意力，改变大脑

正如我向乔纳森和他的父母解释的那样，大脑会对经验做出响应，产生物质层面的改变。刻意的努力、集中的觉知以及专注都会带来新的心理机能。经验会刺激神经放电，转而引起能促进神经元之间建立新连接的蛋白质的生成，这个过程被称为神经可塑性。神经可塑性并不局限在童年期，它会持续一生。除了集中注意力，其他能提高神经可塑性的因素还包括有氧运动、接触新事物以及情绪唤醒。

有氧运动似乎不仅能对我们的心血管系统和肌肉骨骼系统有好处，对神经系统也有好处。当身体处于活跃状态时，我们能够更有效地学习。接触新奇的事物或者接触新观点、新经验，不仅能促进现有神经元之间生成新的连接，似乎还能刺激可以加速神经传导的髓鞘的生长。新奇的事物甚至能刺激新的神经元的生长，科学界用了很长的时间才接受了这个发现。

我们把注意力集中在哪里，就会把认知资源导向哪里，并直接激活大脑相关领域内的神经元放电。例如，研究也显示，如果动物因注意到某种声音而获得奖赏，它们大脑中的听觉中心就会得到扩展。如果动物因注意到某种影像而获得奖赏，它们大脑中的视觉区域就会生长。这意味着神经可塑性是由注意本身激活的，而不是由感官输入激活的。当动物因注意到某种声音或影像而获得奖赏时，情绪唤醒也许会是一个激活因素。同样，当我们参加重要的或有意义的活动时，激活神经可塑性的因素可能也包括情绪唤醒。不过，如果我们不是满含情绪地投入其中，也就是说，如果这段体验不是令人难忘的，大脑的结构就不太可能发生改变。

另一个关于注意能引发大脑改变的证据，来自对小提琴演奏者大脑进行的扫描。扫描结果显示，由于小提琴演奏者的左手经常要快速而准确地按弦，因此表征左手的大脑皮层发生了惊人的生长与扩展。还有研究显示，出租车司机的海马变大了，而海马对于空间记忆是非常重要的。

◇ **正念的大脑**

我希望乔纳森能通过正念训练获得集中心智的能力。正念觉知训练究竟会刺激什么？为什么如研究显示的那样，正念对如此广泛类型的障碍——从情绪障碍、注意力障碍、成瘾问题到人格障碍，都会有所助益？正念训练最终能帮助乔纳森解决他严重的调节异常问题吗？

总之，现代临床研究、2 500年的冥想实践、最近的神经科学调查，以及我自己的经验都认为，正念是一种训练心理感知自身并注意自身意图的心理活动。正如研究者对它的定义，正念需要以一种不做判断、非被动反应的姿态来关注当下。它教会我们如何自我观察，实践者能够用语言来描述心理的图景。我相信，这个过程的中心是一种内在的与自我的协调，它使人们与自己成了最好的朋友。而且，正如与我们的孩子保持协调能促进健康一样，与自我保持协调同样是改善复原力及灵活性的基础。

正念与安全型依恋以及前额叶区的关键功能有一部分是重叠的，这给我留下了深刻的印象。保持协调的行为，包括内在的正念或人际间的依恋，可能会促使前额叶中部神经纤维的健康生长。在认识到这一点后不久，我读到一篇正在进行中的研究报告。报告表明，正念实践者的前额叶中部确实增厚了。

因此，促使我对乔纳森进行正念训练的科学假设是：正念练习有助于加强调节情绪的脑区，并促进它的生长，从而稳定心理，使人实现情绪平衡，获得复原力。我并不认为他有不安全依恋的经历，而是认为正念觉知能够直接刺激共鸣回路中神经元集群的生长。附录中介绍了共鸣回路。这些神经回路，包括前额叶中部，能够使我们与他人产生共鸣，并进行自我调节。我们能从中看到协调与调节的联系：内在的协调与人际间的协调可引发大脑调节回路的生长。当我们保持协调时，无论是内在的协调还是人际间的

> 正念练习有助于加强调节情绪的脑区，并促进它的生长，从而稳定心理，使人实现情绪平衡，获得复原力。

协调，都会变得更加平衡、更加具有调节性。帮助乔纳森通过正念练习获得这种内在的协调，正是我们的目标。为此，我们必须付出时间，专注且小心地监控乔纳森的情况，确保他潜在的调节失常没有变得更糟，或是危及他自己或他人。

◇ 青少年的大脑和前额叶皮层

乔纳森急切地想找到方法来缓解他的痛苦。正常的青少年所面对的挑战已经够艰巨的了，他们要应对身体的改变，性感觉的出现（有时性感觉会令他们不知所措），还要应对自我同一性及人际关系的改变，学业的要求，未来的不确定性，以及预想到要离开家所感受到的压力。

青少年的大脑本身也处在变化之中。前额叶，包括前额叶的中部，在 25 岁前还没有完全发育成熟。大脑不仅要经受显著的激素环境的改变，还要经历由基因决定的"神经修建狂潮"，即删除一些神经连接，以精简各种神经回路；保留使用过的神经连接，舍弃未使用的神经连接，从而让大脑变得更专精、更有效率。压力会加剧正常的大脑重塑过程。在这个脆弱的时期，压力会使一些问题暴露出来，或是引发某些问题。这使得前额叶中部的 9 项功能，包括调节恐惧、共情能力以及道德意识等，多少变得不可预测。因此，对于十几岁的孩子来说，情绪的自我调节可能会很有挑战性。

乔纳森的情绪调节失常已经超出了正常的青春期躁动。绝大多数青少年不会有自杀的想法，也不会让不可预测的情绪引发生活的巨大混乱。这些爆发性的、痛苦的阶段已经造成了乔纳森的自我怀疑。他觉得自己的心智不再值得依赖，心智背叛了他。

在我看来，"成为自己最好的朋友"似乎正是乔纳森需要的东西。如果我们能帮助他的前额叶中部生长出整合的神经纤维，他便能获得我在第 4 章中探讨的 FACES 之流，也能在刻板与混乱的河岸之间找到和谐的途径。整合觉知力也许能帮助他稳定内心。我将所有这些解释给乔纳森听，并提醒他，规律的锻炼、良好的饮食及睡眠能帮助他建立提升神经可塑性的基础。乔纳森和我达成口头协议：

为了健康，他会遵从这个"处方"。

令人不解的是，这些大脑健康的基础经常被人们忽视。锻炼是一种被低估了的治疗方法，有氧运动不仅能促使抵御沮丧情绪的内啡肽的释放，还能促进大脑的生长。健康而有规律的饮食、平衡各种膳食、避免过量的糖及兴奋性物质，有助于减少情绪的波动。尽管乔纳森有时睡得很少或很难入睡，但我们可以通过系统的方法来帮他获得睡眠的治疗效果：制定一系列上床前保持平静的常规；在临近傍晚的时候，尽量减少咖啡因或其他兴奋剂的摄入；至少在睡觉的一两个小时之前，关闭电子产品；做一些安静的活动，比如洗澡、听放松的音乐或读一本有助于身心安定的书。

一旦有了这些大脑健康的基础，便可以开始努力提升整合了。我们利用一系列训练技巧的治疗来帮助他开发正念觉知。我的想法是，我教给乔纳森的技术能形成暂时的大脑激活状态，然后不断重复它们。通过有规律的引导，这些暂时的状态会变成长期持久的特征。通过练习，正念状态会变成正念特质[1]。

我头脑中的一幅图画使我彻底理解了我要向你描述的技术。我将它称为心理的"觉知之轮"（参见图 5-1）。在我指导乔纳森练习之前，我给他画了这幅图。

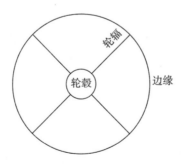

图 5-1　觉知之轮

这是我给乔纳森画的基本图形，帮助他形象地理解如何能集中注意力。

———————————

[1]　正念涉及两个不同方面的心理功能。其中之一是特质，这是一种心理运作方式持久的特性，也就是"性格"或"人格"的一部分。

这是一个自行车车轮图，中心位置有轮毂，轮辐向外辐射到车轮的边缘。边缘代表一切我们可以给予注意的事物，比如我们的想法和情绪，或是我们对外部世界的感知，以及来自身体的感觉。轮毂代表心理的内部，我们在那里变得有所感知。轮辐代表如何将注意力引导到边缘的某个部分。觉知存在于轮毂中，我们对各种目标的注意，就像将焦点汇聚在边缘的某些点上。

觉知之轮是对心理的一个形象化的比喻。我们可以待在开放、接纳性的轮毂中，感受边缘上出现的任何心理活动，而不被这些心理活动所淹没。得到强化的轮毂使我们能够扩宽忍受窗口，令我们变得更敏锐、更客观、更开放，并因此在生活中获得更多的复原力。

第七感利用这种重要的能力来保持接纳性，并使我们能够更清晰、更深邃地监控内心世界。当我们促进整合，迈向更慈悲、更健康、更幸福的生活时，我们便能够调节自己内在以及人际间的世界了。为了直接地感受到这一点，让我们来看看我让乔纳森做的第一个练习。

◇ 正念觉知练习：关注呼吸

在人类几千年的历史中，从东方到西方，所有文明都发展出一些驾驭正念的力量的练习，以此获得幸福与健康。这些练习包括：以身体和能量为中心的练习（比如瑜伽、太极和气功），虔诚练习（比如祈祷或唱圣歌），以及各种形式的行走或静坐的冥想。它们最早是由佛教徒引入西方的。

我为乔纳森选择了一种名为"内观冥想"的练习，不仅是因为我已经跟随经验丰富的老师学了这种练习，还因为它是有最多研究支持的练习。其他技术可能也是一个合理的切入点，但这种练习让我觉得最舒服。以下是我教来访者和学生练习冥想时用的文稿。希望你能静下来阅读这个文稿，并在你觉得舒服的地方，也就是能让你潜入心灵的深海的地方尝试一下。

第七感 练习

mIndsIght

能够感知自己的内心会很有帮助，这是一种非常有益的觉知。也许学校或家庭中发生的事情不足以让我们认识自我，因此我们现在要用几分钟的时间来做这件事。

让自己安顿好。如果可以，最好能后背挺直地坐好，双脚平放在地面上，两腿不要交叉。平躺在地面上也可以。一开始，你可以睁着眼，只是去尝试。试着让你的注意力集中到房间的中心。现在，跟随你的注意力，到达远处的墙壁。然后，再跟随你的注意力，返回房间的中心，将注意力拉近，就像你以阅读的距离举着一本书。注意你的注意力如何能前往不同的地方。

让你的注意力进入内部。此刻，你可以闭上眼睛，让你的身体内部感觉到你处在房间中的什么位置。现在，让自己去感知周围的声音。声音的感觉会充满你的觉知（暂停）。

现在，让你的觉知去找到你最能清楚地觉察自己呼吸的地方，无论是空气进出你的鼻孔，还是胸部的一起一伏，或是肚子的膨胀与收缩。你甚至会注意到，自己的整个身体都在呼吸。无论这种自然的呼吸感来自哪里，都只让你的觉知伴随着吸气与呼气的起伏（暂停）。

你通常会发现自己的思绪在到处漫游，迷失在想法、记忆、情感或担忧中。当你注意到这种情况时，把它记下来，然后轻柔地、充满爱意地将觉知拉回呼吸上，无论你感受到的呼吸出现在身体的什么地方。然后，再去关注一吸一呼（暂停）。

当你跟随你的呼吸时，请听我的讲述。

内心就像海洋，在洋面以下，海洋的深处，是平静与清澈的水流。无论表面是平静、波涛起伏，还是狂风大作，海洋的深处都是平静、安详的。从海洋的深处，你可以看到表面，注意到那里的活动，就像从内心深处，你能向上看到心理表面的脑波，所有的心理活动——想法、情绪、感觉和记忆。享受这样的感受，去观察这些心理表面的活动。

偶尔让你的注意力回归呼吸，跟随着呼吸的起伏，重新让自己的心情落足于内心深处平静的所在，这会很有帮助。从这里去感知心理的活动，你便有可能不被它们淹没，并懂得这些心理活动不是有关你是谁的全部。你不只是你的想法、你的情绪。你既可以拥有这些想法和情绪，也可以充满智慧地认识到它们不是你本身，而只是你心理体验的一部分。对于有些人来说，说出这类心理活动的名称，比如"情感"或"想法"、"记忆"或"担忧"，将有助于注意到这些来来去去的心理活动。让它们轻轻地飘走，到觉知之外（暂停）。

在进行这种向内的关注时，我要与你分享另一个图像。你也许会觉得它很有帮助，也想采用这个图像。将你的内心想象成一个觉知之轮，就像一个自行车的轮子，有边缘，有连接轮毂与边缘的轮辐。在这个觉知之轮中，任何事情都可以进入你的觉知，成为边缘上无数个点中的一个。边缘的一部分包括你通过看、听、闻、触、尝这五感所感知的外部世界。边缘的另一部分是你对身体的内在感觉，四肢及面部肌肉上的感觉，躯干部器官的感觉，包括肺、心脏和肠道。所有的身体感觉都将它们的智慧向上引入你的内心。如果你愿意，身体的感觉，也就是所谓的"第六感"，也可以进入你的觉知。边缘上的其他点是心理直接创造出来的产物，比如想法、情绪、记忆、感知、希望与梦想。这一部分边缘也可以进入你的觉知。而看到心理本身，包括自己的心理和他人的心理的能力，就是"第七感"，也可以进入觉知。当你逐渐感知到与他人的联结时，便会感知到与更宏大的世界的关系，这也许构成了另一种能力，即人际关系的"第八感"。

注意，对于将注意力放到哪里，你是有选择权的。你可以选择关注边缘上的某一点，也可以选择注意五感中的一种或者肚子里的感觉，然后向那里发出一条轮辐。还可以选择关注记忆，向边缘上第七感输入所在的区域发出一条轮辐。所有这些轮辐都是从内心深处觉知之轮的轮毂处发出的。当关注呼吸时，你会发现轮毂变大了。随着轮毂的变大，你便有了接纳任何出现在边缘上的事物的能力。你可以将自己交付给这宽阔而明晰的轮毂。它能以本来的面目接纳你经验的任何层面。没有先入为主的观点或评判，这种正念觉知，这种接纳性的注意，将你引入平静之中。在那里，你能感知并了解经验的所有要素。

就像内心大海平静的深处一样，觉知之轮的轮毂是充满平静、安全、开放与好奇的地方。正是从这个安全、开放的地方，你才能平静地、充满活力地、专注地探索心理的本质。你随时都可以进入心理的轮毂。从这里，你进入了充满慈悲的状态，与自己保持联结，也能够同情他人。

> 让我们一起关注几分钟自己的呼吸，向着此刻存在的美丽与神奇，打开我们宽阔的内心的轮毂（暂停）。
>
> 如果你觉得准备好了，就可以做一个深呼吸，然后慢慢地睁开眼睛。之后，我们将继续我们的对话。

感觉如何？有些人很难进入状态，但有些人则会觉得很自如。如果经过几次治疗后，呼吸练习对你都没有效果，那么你也许想另找一种练习正念的方式。瑜伽、太极或行走冥想也许会让你觉得比较舒服。

每天只需要几分钟做这类基本的正念觉知练习，就能给你的生活带来很大的不同。我的一些来访者认为这类练习缓解了焦虑，获得了更深刻的清晰感及安全感，并觉得心理更加健康。我希望这种方法对乔纳森能奏效。

幸运的是，乔纳森很喜欢这个练习，并开始每天进行关注呼吸的冥想，开始时一次 5～10 分钟。当他的思绪远离对呼吸的感知时，他会注意到这种分心，并慢慢将注意力拉回到呼吸上。

著名心理学家威廉·詹姆斯（William James）曾说过："将漫游的注意力一次又一次刻意地拉回来的能力，是判断力、性格及意志的根基……改善这种能力的教育等同于卓越教育。"尽管詹姆斯也说"定义这种理想比实际引导人们实现这种理想更容易"，但我们的确知道如何用正念练习调节心理本身，一次又一次重新聚焦漫游的注意力。我真的觉得自己就像乔纳森的老师，引导他用源于 2 500 年前的冥想练习来调节他自己的心理。

⋯⋯ 训练觉知，稳定心理 ⋯⋯

作为学校电影俱乐部的成员，乔纳森用他父母的录像机拍摄了一个纪录片，探讨城镇的各个部分。他把一些录像带过来，在治疗前放给我看。他拍摄的视角非常有创意，使城市的气氛与质地变得可以感受，让我感受颇深。当看到我非常欣赏他的创作时，他的眼睛里闪烁着自豪的光彩。我告诉乔纳森有关录像机三脚架的比喻（我在第 2 章介绍过），录像机的镜头代表了感知心理的能力。如果没有三脚架保持镜头的稳定，心理就会像手持录像机制作的业余电影一样到处乱晃。乔纳森立刻就明白了，模糊、摇晃的影片就像他波动的情绪。乔纳森也喜欢冥想练习中有关海洋的比喻。他把自己的情绪看成躁动不安的海面上忽沉忽浮的软木塞。无论你喜欢哪个关于心理的比喻，轮毂、摄像机还是大海，它们的感觉都是相同的。在我们的内心深处，有一个观察力敏锐、客观开放的所在。这是具有接纳性的心理轮毂，是内心大海平静的深处。从这里，乔纳森能够利用接纳性觉知的力量，改变大脑运作的方式，并最终改变大脑的结构。

让我们用第七感三脚架的三条腿——观察、客观与开放，去审视这一过程吧！

◇ 观察

乔纳森最需要的是能够感知到自己的觉知，观察自己是如何集中注意力的。当试图关注呼吸时，他发现自己总是分心，迷失在自己的想法、情绪和记忆中。这并不是他的冥想出了问题。这个练习的要点就在于关注分心，然后一次又一次地重新聚焦于目标（呼吸）。练习注意力就像锻炼肌肉。弯曲胳膊，然后伸直——收缩、放松二头肌，就像集中注意力，在分心时再次将注意力集中的练习。

这个练习不仅能锻炼乔纳森感知自己觉知的能力，还能加强他对自己意图的注意，在这个练习中，就是要专注于呼吸。对觉知和意图的监控是从瑜伽到内观冥想的所有正念练习的核心，无论练习关注的是姿势、动作、呼吸、蜡烛的火苗，还是世界各种文化中所涉及的五花八门的目标。一点一点地，乔纳森培养成了正念的"瞄准并保持"的技能，稳定了他的第七感镜头。

除了做正念练习外，乔纳森还同意每天记录自己的活动，注意自己情绪的变化，以及正念练习和有氧运动的状况。这也是一个发展能力的机会，使他能够观察自己的内在与外在经验，反思自己的心理运作。

乔纳森在专注地记录自己每天的生活体验后，很快就发现他对自己的心理缺乏信心。几乎每一个尝试冥想的人都会发现，哪怕是在练习若干年后，想法和情绪也还是会不断干扰他们试图专注的尝试。然而，当出现这种情况的时候，强烈的挫败感会淹没乔纳森。他在日记里写道，这让他感到失去了控制。他与我分享了几篇日记，其中写到他的自我贬斥几乎让他不想再活下去。不过，他的日记也显露出一丝微光，比如："我爸爸让我别把音乐放那么大声音，我大发脾气。他好烦，要怎样才能不总管着我呢……但是今天晚上，我可以像从瞭望塔上观看一样，看到我对他的怒气。那感觉很糟糕，但我无法停下来。"第二天，他说，他已经平静了，但仍觉得自己的心理又一次"背叛"了他。"只有这一次，我能够看到它，而不是迷失在其中。"

保持能够观察自己心理活动的距离，是调节心理、稳定心理非常重要的第一步。乔纳森正开始学着"坐在"他的前额叶皮层中，不被其他脑区汹涌而来的脑波所淹没。这是很重要的起点。

> 保持能够观察自己心理活动的距离，是调节心理、稳定心理非常重要的第一步。

◇ **客观**

如果你刚开始接触觉知训练或冥想，你也许会发现，将它与学习演奏乐器时发生的情况做比较会很有帮助。起初你会专注于乐器的特点，比如是拨弦的、按键的，还是用嘴吹的。然后你开始练习一些基本技能，比如练习指法、弹奏和弦，每次只关注一个音符。刻意的、重复的练习会形成新的能力，这种练习其实是加强了演奏乐器所需的脑区。

觉知训练是一种培养技能的练习，它的乐器就是你的心理。在观察使你能够集中注意力并稳定心理的过程中，"瞄准并保持"的技能得到了发展。下一步是将觉知的性质与关注的对象区分开。

第七感 练习

在乔纳森的觉知训练中，我们是从所谓的"身体扫描"开始这个阶段的练习的。在练习中，乔纳森会躺在地上，将觉知集中到身体的各个部位。我们会有条不紊地让他将注意力从他的脚趾移动到鼻子，暂停一会儿，让他体会各个部分的感觉。在他的注意力分散时，他要做的只是温和地注意到这一点，放下它，重新集中注意力，就像他在做呼吸冥想时那样。沉浸在身体感觉中的目的是将他的注意力引导到觉知之轮边缘上某个新的区域。处在轮毂的位置，他能够关注来自身体的各种感觉，发现紧张或放松的部分，注意到分心的情况。

接下来，我教乔纳森行走冥想，即将注意力集中在鞋底或小腿上，慢慢地在房间里走 20 步。同样地，当他发现自己的注意力不能集中在目标上时，他只需要重新集中注意力。这些练习不断建立起瞄准并保持的功能，它们同时也是达到客观的入门方法。每个练习的注意力聚焦点都会改变，但感知的感觉都是相同的。在乔纳森的内心世界中，觉知本身的存在正在扩展。

以下是乔纳森在那时与我分享的一篇日记。

第七感 日记

令人吃惊的领悟：我能感觉到这种改变。想法和情绪会出现，有时很强大，有时很糟糕。它们过去好像就代表我，但现在变得更像是我所拥有的一种体验，而不是我。它们不能定义我是谁。

弟弟把我惹火了，我真的气疯了……但后来我出去散了散步。我来到院子里，我觉得在头的后方能感觉到这种分裂，好像我的一部分能够观察这件事，而另一部分则迷失在情绪之中。这真的很奇怪。我留心自己的呼吸，但不确定能有多大帮助。过了一会儿，我似乎平静了下来，好像没有把自己的情绪太当回事。

在进行家庭练习时，乔纳森交替练习关注呼吸、身体扫描和行走冥想。现在，他最初的挫败感以一种新的形式再次出现了。有一天，他说自己会觉得很"头疼"，有一个"声音"不停地告诉他应该有什么样的感觉，应该做什么，他现在做的冥想都是错的，他一无是处。

我告诉他，所有这些判断都是他的心理活动。我再次让他相信，并非只有他是这样的。很多人都会听到评判的声音，批评他们的进步。获得成长的下一步要求，是不要被这些声音所奴役。我觉得乔纳森已经为应对这个挑战做好了准备。

◇ 开放

观察使乔纳森得以关注意图和注意力的本质，掌握驾驭心理生活的力量。客观使他能从心理活动中辨别出觉知，进一步将自己的同一性从内心大海的狂暴中解放出来。现在，狂暴的边缘活动正以"应该怎样"的形式，悄悄潜入他的轮毂。这些都是生活的牢笼。试图通过命令自己的方式来改变实际的感受，是毫无用处的。开放的觉知是指接受事物本来的样子，不被那些评判性的活动所影响。

这看起来是不是有些讽刺的意味？乔纳森来我这里是为了获得改变，而我现在鼓励他接受自己本来的样子。不过，这其中是有区别的：我们对抗自己实际感受的努力会造成内在的紧张感，这是一种自作自受的痛苦。与其走进我们的内心世界，说"不行，不要这样做"，不如接纳这一切，留心发生的事情。令人吃惊的是，在一次又一次这样做了之后，"随它去"的方式也能让他们发生改变。我们可以带着开放与接纳的态度，而不是带着评判与先入为主的观念来接近我们的内心世界。思考一下：如果一位遇到麻烦的朋友来找你，你也许会先倾听他的诉说，让他把想到的任何事情都说出来，用开放的心灵接纳他，让他可以靠在你的肩膀上。这就是开放的意思——跟自己保持协调，支持自己，宽容地对待自己，让自己处在接纳性的状态，而非被动的状态。

然而，乔纳森还没有学会宽容地对待自己。例如，在练习关注呼吸时，如果某些记忆、对学业的担忧或与朋友争吵的想法让他分散了注意力，他便会怀疑自己的冥想是否出错了，甚至会觉得自己不是一个好的冥想者。我告诉乔纳森，这些苛刻的自我批评只是需要他注意的另一些心理活动。它们是评判性的想法，当它们出现时，他要做的是给它们贴标签——"评判……评判……"，然后将注意力从它们上面转移，回到呼吸上。乔纳森比较喜欢用"怀疑……怀疑……"的标签来提醒自己，这些分散注意力的想法是具有破坏性的。

开放是稳定第七感镜头的三脚架的第三条腿。这意味着，我们不要被"应该如何"的想法所淹没，而要接受自我以及自己的感受。不过，要达到这种内在的协调与接纳，必须先意识到我们什么时候成了自己的囚牢的看守人。

┈┈┈ 稳定内心 ┈┈┈

乔纳森注意到改变正在出现。当情绪狂躁时，他会去跑步或骑自行车，试图寻找方法去摆脱似乎会淹没他的情绪。这些有节奏的身体运动有助于让他平静下来，立足于觉知上，恢复平衡的状态。几个星期过去了，乔纳森向我描述了一个新的体验。他开始更清晰地感知到了自己愤怒的想法以及强烈的情绪爆发，他看着它们，但不被它们淹没。让他感到吃惊也让他父母感到非常激动的是，乔纳森似乎找到了一种平息情绪风暴的新方法。

以下内容摘自乔纳森写的一篇日记。

第七感 （日记）

今天下午，我和妈妈吵了一架。晚饭前，我回到自己的房间，自杀的想法再次袭来。那一刻我觉得，情况永远都不会变好的。就在我觉得有所改变时，情况又恢复了原样。我放学回家晚了，妈妈责骂我，她是那么生气……我坐在床上思索，这有什么用。不过接下来，彻底无助的感觉闯入我的头脑，就像一条船、一个筏子，或某种像原木的东西。然而，我不像以往那样，觉得自己坐在船上，随它一起漂走，这次我待在其他地方。我可以看到船就是一种情绪，是我做任何事情都无法摆脱的情绪。真正奇怪的是，这次我就让船待在我头脑中的某处，但与"我"分隔开，不是在船上。它没有让我觉得那么糟糕。然后，当我直视着它，就像看某种无助感的时候，它消失了。

在那天的治疗中，乔纳森和我说，有关"船"的感觉让他看到，他其实不必在绝望感的船上毫无目的地漂流。他已经知道，自己可以做些事情来阻止情绪的袭击。乔纳森还知道，以接纳的态度来观察自己的内心世界能够有效缓解痛苦。他告诉我，他注意到，直视自己的想法和情绪，而不是逃避它们，能够降低这些想法和情绪的破坏力。在明白自己实际上能够逆转情绪与想法的狂流后，乔纳森就获得了有关自己能力的积极反馈。在很多方面，乔纳森的经历印证了研究发现，即经过正念觉知训练的人，他们的大脑会转向"接近状态"（approach state），使他们趋近而非远离具有挑战性的情境。这就是复原力的大脑特征。

后来，乔纳森写道："我知道这听起来没有说服力，但我对生活的观点改变了。现在我意识到，过去我认为代表我是谁的特点现在看来只是一种体验。充满强烈的情绪只是大脑给予我体验的一种方式，但它们并不一定代表我是谁。"

我被他的发现所打动，对他清晰地表达如此深刻的洞见的能力感到敬畏。现在我们应该看一看他如何来改善这个新获得的监控能力，以此改变内心世界中信息流与能量流的流动方式，在一开始就阻止那些强烈的情绪淹没他的内心。学会用自我观察的技巧来看待自己的内在风暴后，乔纳森现在已经准备好学习能使他应对这些风暴的技术了。

我还教乔纳森一些基本的放松技巧，让他回想记忆中一个宁静的地方或者直接想象出这样的地方。在感到痛苦的时候，他可以唤起这些想法。我们在办公室安全的环境中练习这种想象，并与通过关注身体或呼吸所获得的稳定的情绪结合在一起。这些放松和内在想象的技术为他提供了让自己平静下来的方法。

经过一段时间，乔纳森学会了关注自己身体的变化，比如剧烈的心跳、搅动的腹部、紧握的拳头等，由此可以避免即将爆发的情绪崩溃，而且这些注意身体的行为也会让他获得安慰。乔纳森正在体验稳定的觉知所具有的力量，并实现了内心的平静。

在几个月的治疗过程中，乔纳森对自己的内观能力，以及改变事情的发展的能力越来越有信心。以下内容摘自他的日记。

第七感 日记

m**i**nds**i**ght

我渐渐看到，关注自己情绪的方式如何改变了它们对我的影响。过去情绪会大爆发，并持续几小时。而现在，我不再把它们个人化，几分钟之后，我就能看到它们碎裂开来，渐渐消融。这很奇怪，但我开始相信自己，也许这是有生以来头一遭。

为了有所改变，我们需要有接受事物原来的样子并放任它的能力，直到心理再次变得稳定。乔纳森和我都知道，这条路对他来说有多么艰难。他生活中的风暴曾是巨大的挑战，但它们也提供了设法为自己的心理找到安全港口的动机。

乔纳森到底发生了什么改变？我们没有对他进行大脑扫描，因此无法从神经的角度明确地说出变化，但我认为，经过每周两次、持续了几个月的努力治疗，加上每天的觉知练习以及有氧运动，乔纳森前额叶中部的整合神经纤维生长了。他集中注意力、整合意识的新方式，很可能是他前额叶中部扩展其连接，并开始生成伽马氨基丁酸抑制剂的结果。伽马氨基丁酸黏液能安抚他易怒的杏仁核，使它不按照战斗—逃跑的常规反应来激发脑干部分，让乔纳森变得疯狂。他还可能进一步向"左脑模式"发展。获得了新的整合后，乔纳森正学着用新的，更具有适应性的方法来调节、平衡大脑的放电。

现在，他可以"坐在"新建立起来的觉知庇护所里，不再被过去令他不知所措的心理活动所淹没。这种心理训练不仅是缓解他忽高忽低的情绪症状的方法，也是使乔纳森变得更具复原力、更健康正常的方法。"我觉得自己好像变了个人，我现在更强大了。我不想对此说得太多，免得破坏了好运，但我真的觉得很好，真的很清爽。"

当治疗进行到 6 个月的时候，乔纳森情绪躁动的大多数症状消失了。他看起来更从容，更有条理，更无忧无虑，也更接纳自己。"只要我不把这些情绪和想法太当回事，它们便不会再令我的情绪忽高忽低了。"我们继续坚持练习，巩固他新培养的技能。经过一年的治疗，在最后一次会面时，乔纳森站起来与我握手，我又看到了他眼中闪耀的活力，它们曾经隐藏在愤怒与恐惧的背后。现在，他的目光是清澈的，面容泰然自若，他握手时坚实有力、充满信心。从他第一次来到我的办公室到现在，他至少长了 8 厘米，但感觉好像那是很多年以前的事情了。

读完高中，乔纳森离开家去上大学了。几年后，我在社区的商店里遇到了乔纳森的父母。他们告诉我，他很好，情绪的剧烈波动再也没有出现过。他学的是电影和心理学。

左右脑
冷酷的92岁律师

当斯图尔特的儿子兰迪带他来找我的时候，他刚刚过完92岁生日。"我从来都不需要精神科医生，现在肯定也不需要。"他甩开儿子搀扶他的胳膊，谨慎地走进我的办公室。斯图尔特看起来不超过70岁，他是个英俊的男人，胡子刮得很干净，满头灰发，卷曲的头发被整齐地梳在耳朵后面。"我来这儿完全是因为我儿子，"他补充道，"这是一个愚蠢的主意，但他认为我需要帮助。"

兰迪在电话里告诉我说，他爸爸抑郁。他在报纸上读到过有关老年抑郁症的文章，并认为斯图尔特的抑郁症是在6个月前，他妈妈艾德丽安住院治疗肺癌时发病的。斯图尔特和艾德丽安结婚62年了。在艾德丽安出院回家之后，用兰迪的话说就是，斯图尔特变成了"精神濒于崩溃的人"。他不再像以前那样，每周去几次曾工作过的法律事务所，不再去散步、看望朋友，也不再给兰迪或兰迪的哥哥打电话。尽管他跟外孙们一直都不怎么亲密，但现在更疏远了。在家庭活动中，他躲在一边看报纸或看电视新闻。即使在家与艾德丽安一起时，斯图尔特也显得冷漠、封闭隔绝。

然而，当兰迪出去，斯图尔特开始和我交谈的时候，他给我的感觉不是抑郁，而是空洞。斯图尔特看起来没有生气，他的语调缺乏变化，脸上也没有什么表情。他对过去6个月的生活细节的描述，就像在讲他等着看新闻时碰巧播出的电视节目一样。他精力充沛、思维敏捷，但让人觉得很疏离，没有热情。

　　我看着斯图尔特的眼睛，并用我的情感和感觉去了解他内心可能发生的事情。正如我曾说过的，我们将整个身体作为第七感的"眼睛"，我所感知到的是若有所思的沉闷与冷漠。你也许曾有体会，当和抑郁的人在一起时，你会感到沉重、悲伤、疏离和孤独。然而，在刚开始和斯图尔特在一起时，我什么都感觉不到，之后我有了模糊的恐惧感，一种被隐藏起来的恐惧。那是我自己的恐惧吗？是我害怕帮不了这位90多岁的老人吗？而事实上，他刚刚表明我对他不会有帮助。还是我对年老、疾病、丧失的恐惧被投射了出来？或者是我的共鸣回路反映出了斯图尔特内心的某些东西？

　　几分钟之后，他似乎习惯了他的椅子，对就这么与我"聊天"感到比较舒服了。我了解到斯图尔特更多的经历：他曾是知识产权方面的律师，他最喜欢哪支足球队和棒球队，他的教育背景以及他怎么认识的艾德丽安。10年前，他刚从自己作为合伙人的律师事务所退休。他告诉我，他仍继续担任顾问，而且很享受作为睿智的前辈的感觉。甚至在艾德丽安住院期间，他依然去参加会议。然而现在，他承认自己总待在家里，阅读很多东西。除此之外，"一切都很好"。在他说话的时候，我留心寻找他身上存在的老年痴呆症的早期症状，但没有找到。斯图尔特的记忆、注意力以及对现实的判断，都完好无损。

　　接下来，我问他，在艾德丽安生病期间，他有什么感受。他回答道："我知道这听起来不对，但老实对你说吧，我不是特别担心。你知道她有最好的医生，医生说她会康复的。甚至当我的一位合伙人被诊断出了淋巴瘤时，我都没什么感觉。人都会生病，会死，就是这样。我知道我应该有点儿感觉，但就是没有。"

　　斯图尔特有关"听起来不对"的说法引起了我的注意。他多少意识到了自己的反应是不正常的，他似乎用"正确"或"不正确"的分类来理解这件事。也许我可以专注于我的感知，探索他是否可能有其他感受。我想知道是什么使他变得这么僵化而疏离，以及我们能对此做些什么。

　　在这次治疗快结束的时候，我让兰迪再次回到我的办公室。斯图尔特和他儿子都承认，他一直都是波澜不惊的性格；他精力旺盛，表达自己想法的时候干脆利索，"没有废话"。他们都不记得什么时候斯图尔特曾发过脾气，或是闷闷不乐，抑或是兴高采烈。总之，用兰迪的话说就是，斯图尔特是"每个人生活中的直布罗陀巨岩"。尽管斯图尔特对此没有做出回应，但他眼中闪烁的光芒让我觉得他对儿子非常在意。这也给了我希望，让我相信自己能帮助他。当他答应还会再来接受几次治疗的时候，我松了口气。

········ **从过去到现在** ········

斯图尔特确实又来了，像以往一样难突破。当我让他回想童年时，他认为我真是"荒唐可笑"。他说，难道我认为，对于一位92岁的老人来说，童年还有什么可探讨的吗？"为什么要谈那些？我认为你们这些治疗师都发疯了。"

我真想说"抗议无效"，但我忍住了。幽默也许是彼此建立联结的一种重要方法，也许能促进神经可塑性，但在此刻似乎不太合适。相反我告诉他，科学证实，为了了解他的心理，审视他对过往的回忆是很有帮助的。你也许能想象到斯图尔特律师的回答："我不需要帮助，所以说回忆一点儿都不重要。"

我提出问题的目的一般有两个：一是获得一个人生活事件的细节；二是感受讲述故事的方式。我想找出斯图尔特成长过程中的挑战，比如丧失或创伤。人格是与生俱来的，通常基因决定了性格，比如害羞或情绪化；与父母、同伴、老师的互动，以及在学校和家里的经历会影响性格。一些随机事件，比如子宫中的环境、早年的生活，甚至后来的生活也会以无法预测的方式影响性格的发展。我们会适应所有先天与后天的环境，适应所有遭遇的经历。对于其他，我们一无所知，只能尽力做到最好。在天生的性格与对经历的适应的相互影响下，便形成了自我意识。

第七感 访谈

m]nds]ght

我终于说服斯图尔特，让他谈起了童年。他的记忆力很好，能记得自己成长的城镇的详细情况、孩提时的游戏、他第一辆汽车的构造和型号，甚至能记得那个时代的历史与政治事件。然而，当我问到他早期的家庭生活时，他的回答始终是含糊的："我妈妈很正常，她操持着我们家。我爸爸要工作。我认为我哥哥和我也很好。"当问到家庭生活对他的发展有什么影响时，斯图尔特的回答是："没什么影响……父母为我提供了很好的教育。下一个问题是什么？"

斯图尔特坚持他的童年"很好"，尽管他说他记不住与父母或兄弟的关系的细节了。他坚持"就是想不起来"他们在家都做过些什么事情，年幼的他对家庭生活有什么感受。他告诉我的细节听起来像事实，而不像生活经历。甚至当他告诉我在一次可怕的滑雪事故中，他哥哥失去了一条腿，而当时他和哥哥在一起时，也是这种感觉。他哥哥后来康复了，一切都"挺好"。

这次具有挑战性的治疗给了我一些重要的信息。斯图尔特泛泛的记忆、家庭生活记忆的缺失以及坚持家庭关系对他的生活没有影响，都是我多年研究的某种自传式叙述的典型特点。有大量研究结果表明，有这种叙述的人通常是在缺乏温暖情感的家庭中成长的。

当接下来的一周，艾德丽安和斯图尔特一起来我这里时，我的这个发现得到了证实。她说斯图尔特的父母是她"在地球上见到过的最冷酷的人。你无法想象人怎么会那么古怪、冷酷、漠不关心……可怜的斯图尔特"。83岁的艾德丽安状态极好，她充满骄傲与爱慕地看着丈夫。当她转向我时，她说她希望我能帮斯图尔特"破壳而出"。

艾德丽安也说，自从她患肺炎后，斯图尔特变得更加疏远，尽管他之前在情感上一直都与人有距离。在艾德丽安住院期间，他一定发生了什么事情，而且这件事让他受到打击，可他又不能或不愿谈论它。在艾德丽安看来，他似乎失去了与她一起生活的兴趣，主动退缩到历史书与法律期刊的世界中。她说她希望治疗能让斯图尔特变得"快乐些"。斯图尔特说，他不是很明白这是什么意思，但他觉得妻子应该有一位更好的伴侣，陪她安享晚年。他同意继续治疗三到四个月，看看我和他能一起完成什么事情。

⋯⋯ 改变大脑的模式 ⋯⋯

也许是因为由"地球上最冷酷的人"养育长大的，也许是因为他的基因决定的，也许是因为一些未知的因素使然，才造成了斯图尔特潜在的坚硬僵化。不过，就算不知道确切的原因，我们也可以进行干预。这就是整合方法的魅力所在。只需聚焦于幸福三角形的三个点——心理、大脑和人际关系，就可以将系统转向

FACES 之流。基础的问题是：现在正在发生什么？可以做什么来提高差异化和联结？

◇ **了解左脑与右脑的差异**

为了理解斯图尔特，让我们来探讨一下左右脑感知现实以及相互交流的方式有多么不同，正是这些不同，形成了斯图尔特在回答有关成长问题时会采用不同方式的神经基础。在冷漠的、缺乏感情的童年期，一侧大脑没有得到足够的刺激，另一侧大脑则独占了支配地位。斯图尔特叙述事实的风格缺乏自传性的细节，而且他的终身职业需要的是高度的逻辑性，几乎不需要与人有充满感情的交流。所有这些都说明他的左脑占支配地位，右脑不发达。近来，有关左右脑的探讨经常出现在新闻中，我曾在社交聚会上听过对它们的讨论。不过，人们很容易过于简化它们之间的区别，因此让我们来仔细地分辨一下。

在生命之初，我们在"非语言"的范畴内交流。我们通过面部表情、语调、姿势、手势以及回应的时间和强度来发送和接收信号。当我们还是婴儿时，非语言信号是我们的生命线，也是传达需求和愿望的唯一方式。我们哭闹、挥舞着胳膊和腿。当感到愤怒、恐惧、痛苦或孤独时，我们皱起眉头或转过脸去。如果感到安全、饱足，便会微笑、发出"咕咕"声，依偎在令我们感到舒服的照顾者的怀里。如果照顾者回应我们的信号，我们便能与他通过信息与能量的非语言形式联结在一起。这就是在芭芭拉出事故之前，琳恩"感到被感知"的方式（详见第1章），也是很多人与父母结成"我们"的方式。

这些非语言信号是由右脑创造出来，并被右脑感知到的。神经科学家发现，在生命的最初几年，右脑更发达、更活跃。在第一次对斯图尔特进行治疗时，我就注意到他缺乏这类非语言信号。他是一位机智的、心直口快的，而且颇有建树的专业人士，但他的交谈中似乎缺少这种基础的组成。当然我们也会通过语言，例如你此刻正在阅读的文字，或者斯图尔特在他的职业中娴熟运用的语言，来与他人沟通。在经过最初的几年后，语言变得越来越重要，此时左脑开始变得比较活跃了。在整个童年及青少年时期，左右脑轮流经历成长与发展的阶段。

右脑更直接地与大脑皮层上区域连接。信息流从身体流向脑干、边缘系统及右侧大脑皮层。左脑与这些原始的大脑皮层下信息，即身体感觉、脑干的求生反应以及来自边缘系统的情感与依恋，离得比较远。

大脑的这种发展历程以及解剖上的构造，使右脑提供了更直接的身体感觉，以及对情绪波动的感知，还提供了生动的生活经历图景，由此构成了自传体记忆。右脑是情绪与社交的基础。我们利用右脑的大脑皮层创造出自己及他人心理的图像。右脑在应对压力、调节大脑皮层下脑区的活动方面也具有更大的作用。不过，这种区分不是绝对的，正常的生活需要将右脑主导的活动与左脑主导的信息流交织在一起。虽然左脑的功能与右脑的不同，但也非常重要。

在与你交流这些观点时，我需要用到更概念化、更以事实为基础、更具分析性的左脑，而为了理解我的观点，你也要运用你的左脑。左脑很少直接受到大脑皮层下活动的影响，与更本能化、情绪化的右脑相比，左脑更像是生活在观点与理性的"象牙塔"里。不过，左右脑会相互沟通，它们通过胼胝体连接在一起。胼胝体是大脑深处由神经元组成的一个纽带，它使得信息与能量可以在左右脑之间传递。这些不同模式的能量流与信息流使我们好像拥有了"两个心理"，它们能够互相合作或互相竞争。我们称之为"右脑模式"和"左脑模式"。当左右半球合作时，我们便达到了整合。

左脑喜欢的沟通方式是线性的、有逻辑的，通过语言或文字来表达。就像一个列清单的人，左脑喜欢给事物贴标签。它的特长是进行三段论推理、运用逻辑链、确定因果关系。当两三岁的孩子开始问"为什么？为什么？为什么"的时候，左脑就开始发挥作用了。

两种模式的区别还在于：左脑更"数字化"，会对信息进行开-关、上-下、正-误的分类，而右脑更"模拟化"。左右脑微观构造的不同可能造成了它们之间的差异。

右脑模式形成的是"与"的观点，而左脑形成的是"或"的观点。运用右脑模式，我们可以看到世界上充满了联结的可能性。"这些都有可能是对的。哇，他们能一起创造出新事物！"运用左脑模式，我们看到的是更加分隔的世界。"哪一个是对的呢？"在左脑模式中，只有一种观点能准确地反映现实。当透过左脑的"或"透镜来看世界时，我们无法理解我们在以自己选择的方式来看待世界。这只是一种方式，还有其他的方式。在左脑模式看来，右脑模式完全是错误的。

我的来访者中曾有一对夫妇，其中一个人是左脑模式占主导，而另一个人是右脑模式占主导。如果妻子说她感到难过，丈夫就会回应道："你真神经！有什么值得难过的事情啊！"妻子看起来很困惑，但难以言表。丈夫觉得自己赢了。这个事件会导致悲伤、失去联结，当然也没有整合，造成了一种两败俱伤的局面。

左右脑差异

- 左脑发育得较晚，其方式为线性的、逻辑的、语言的、文字的、标签化和清单化的，更"数字化"，持"或"的观点。
- 右脑发育得较早，其方式为整体性的、非语言的、形象化和比喻化的，更"模拟化"，持"与"的观点。

你也许好奇，我们的脑袋里是否有两个强势的且功能完全不同的神经处理器，我们会不可避免地经历内部的战争，就像我们会与主导模式与我们不同的人发生冲突，就像上述的那对夫妇一样？有时会这样。当一种模式长期支配另一种模式时，便会产生僵化或混乱，或者二者兼有。斯图尔特给我的感觉就是刻板僵化、与人缺乏联结。

有很多原因会造成一个人成长为左脑模式的人。如果与他人亲近的需求，分享非语言信号、感到安全、被照顾的需求没有得到满足，那会怎样呢？再糟糕点儿，如果生命早期的互动情况很差，又会怎样呢？我们如何能带着不确定感生活下去？如果我们生活在情感沙漠中，或者被狂暴的情绪风暴搞得颠来倒去，右脑便会萎缩，无法做出回应。退避到左脑占主导的模式会让我们感到更安全。这是为了生存而普遍采用的适应策略。不过，我们可以采用更好的方法，我希望自己能帮助斯图尔特发现这些方法。

◇ SNAG 大脑

改变一位 92 岁的老人是不是有点儿异想天开？如果在近一个世纪的生活中，斯图尔特右脑模式的神经回路都处在被压制的状态，我们能激活它们吗？无论左脑占主导的情况是源于经历、基因、机缘巧合还是以上三种因素的联合作用，我们都有办法改变他当前的神经功能吗？如果我们激活了这些神经回路，会形成新的突触连接吗？会长出新的整合神经元吗？神经可塑性的科学以及临床神经康复工作都表明，这些改变是有可能发生的。我也是这样告诉斯图尔特的。

我给他画了一幅大脑的图，向他讲解左右脑的区别。我告诉他，我们的目标是帮助他的大脑平衡发展，增加右脑的能力，并加强已经很发达的左脑。之后，我介绍了一个首字母缩略词 SNAG，它代表刺激神经元的活性与生长（stimulate neuronal activation and growth）。它是神经可塑性的基础，也是体验（比如集中我们注意力如何改变大脑结构）的基础。我说我们能够 SNAG 他的大脑，由此创造并加强神经连接。无论哪里发生神经放电，现有的神经元都会通过所谓的"突触发生"过程，形成或改善突触连接。新的神经元会受到刺激，并得到发展，这个过程被称为**"神经发生"**（synaptogenesis）。我还向他解释了髓鞘如何会增厚，如何加速神经元之间的电传导。我还告诉斯图尔特，神经元生长的关键是接触新奇事物、集中注意力，还要做有氧运动。斯图尔特很喜欢 SNAG 这个缩略词，看到他的左脑模式似乎很欣赏这种文字游戏令我很高兴。

> 神经元生长的关键是接触新奇事物、集中注意力，还要做有氧运动。

在不能使用电极的情况下，我们该如何瞄准大脑的特定部分？答案是，注意力。当我们反复专注于特定的技能时，每时每刻的神经活动都会通过神经可塑性的力量，逐渐形成一种特质。首先，我们可以通过集中斯图尔特的注意力，来

SNAG 他的右脑。为了实现这个目标，可以让他练习有助于提高差异化的技能。接下来，努力在他的左脑与右脑之间建立联结。

我要确定这个过程针对的目标是斯图尔特的左脑模式。我告诉斯图尔特，我们正在做的事情类似于培养技能，并告诉他已有研究发现，在学习演奏乐器的过程中，大脑发生了什么样的改变。如我之前所探讨的那样，如果演奏的是小提琴，那么由于将注意力集中在了左手复杂的按弦动作上，调节左手感觉及动作控制的皮层便会因此得到发展。这个区域会比调节右手的区域大很多，因为右手只负责以微妙的方式来拉弓。

然后，我告诉斯图尔特，我能让他以某种方式来集中注意力，从而使他的右脑获得更好的发展。之后，我们只需要等待一段时间，让新的突触和神经元生长，成为新近整合起来的系统的一部分。

◇ 开发右脑

作为治疗的一部分，我与斯图尔特分享了有关大脑的知识，他被这种具有逻辑性和科学性的探讨吸引着。我所说的一切都没有表示他是错的。我强调大脑对早期的生活经历会产生怎样的反应，我们如何适应，并在一生中尽量做到最好。无论涉及什么因素，只要他愿意，现在都能通过经验诱发的发展来做出改变。我表明的最后一个要点是，我们不会试图改变他是谁，而是通过培养他大脑中未得到充分发展的神经回路来扩展他的潜能。我希望以这种方式来说明能让斯图尔特对于我们最终的目标——让自己表露真情，允许自己有脆弱的一面，产生足够的安全感，从而愿意投入进去。

当治疗结束时，斯图尔特提醒我，他当初在艾德丽安住院及合伙人生病时，如何毫无感觉。然后，他说了几句我永远也无法忘记的话："我听到别人说他们觉得这样或觉得那样……但我在生活中基本上什么也感觉不到。我真不知道人们在谈论什么。我希望在死之前能有所了解。"那时我便知道他会与我合作，来重新构造他的大脑。我们俩似乎都打算开始挑战这项任务了。

既然斯图尔特自己承认，他的情感是无法接近的，我们便从更有形的事物——身体开始。

为了挖掘身体的感觉，我引导他进入某种身体扫描，就是我让乔纳森做的那种从右脚开始向上移动到腿部的扫描。请阅读"用手做个大脑模型"（参见附录），你会知道，左脑表征的是右侧的身体，反之亦然。事实上，整个身体的图像都只描绘在右脑中，但我想从斯图尔特觉得最胜任的一侧开始。在他能够将注意力集中在右侧之后，我们再以相同的方式扫描左腿。结果表明，他能够毫无困难地定位任意一侧的感觉。这说明连接一侧身体与另一侧大脑之间的基本神经回路是完好的。

然而，当我让斯图尔特同时感知两条腿的感觉时，他有些踌躇。"我真的感觉不到。它就像一个闪烁的物体。开始我看到一侧，然后是另一侧。"由此可见，他两侧的基本功能是完好的，但他不能将两侧的感觉同时整合到觉知中。在接下来的全身扫描中，我反复让他先把注意力集中在一侧，然后集中在另一侧，最后同时关注两侧。

当我将扫描转向内部，让斯图尔特感觉身体器官时，他感到更加困难。研究表明，我们对身体内部状态的感觉，即内感受，主要是通过右脑来完成的。正如我在附录中关于"驾驭共鸣回路"中探讨的，我们通过岛叶，将身体内部以及边缘系统的信号向上传递到前额叶中部。我无从判断，斯图尔特在内感觉上存在的困难，究竟是因为共鸣回路不够发达，还是因为与左侧语言中心缺乏联结。有了这种联结，才能将内感觉用语言表达出来。无论是哪一种原因，就像任何技能的形成一样，通过反复练习都会使"将注意力集中在感觉上"变得更容易。而且，我还不想让他太有挫败感。现在，该转向右脑模式的另一个方面了。

······ 强化右脑 ······

在生命最初的几年中，右脑在成长与活动中占有主导地位，而在那时，我们刚刚开始发展人际关系。也许这就是右脑模式之所以专门负责亲密的人际关系的原因之一。右脑还负责自我安慰，哪怕是婴儿，通常也是用左手（由右脑控制）寻求安慰，而将右手伸出去探索世界。脑成像也显示，左侧前额叶的激活通常与趋近状态相联系。在这种状态中，我们寻求新体验，并对新体验持开放的态度。与之相反，右侧前额叶的激活通常与回避、转向内部、避免新奇事物有关。有趣的是，社交表现规则，即告诉我们在群体中应该如何行动的准则，则是左脑模式的特长。因此，总的说来，左脑似乎更外向，而右脑则更像是一位负责内部事务的专家，探索我们自己及他人的内心世界。这也许有助于解释为什么斯图尔特在诸如法庭、会议室这样的环境中能胸有成竹，但一旦涉及亲密的人际关系就变得无能为力。

◇ **非语言联结**

为了将斯图尔特引入反思与人际关系的丰富的内心世界，我与他进行了一系列非语言沟通的"游戏"。

第七感 练习

开始很简单：我会做出一些面部表情，让他说出这代表哪种情绪，比如悲伤、恐惧或愤怒。接下来，我让他模仿我的表情。一开始，他不会模仿我的表情，而且拒绝这样做，直到我给他讲解了练习的原因。经过几次治疗后，他便很擅长模仿我了。我给他留了一项家庭作业，让他在把声音关掉的情况下观看电视剧。这能调动他右脑的非语言感知能力，也许还能让他的左脑感到厌倦，进入放松状态，如果不是完全睡着的话。

当我们在一起时，我必须警惕不能让他时常将我带入左脑的状态。他非常喜欢辩解，会问我很多有关研究的问题，用其他引人入胜的故事诱惑我。不过，我们还有任务要完成，我们必须用右脑沟通。非语言"游戏"就像是供给大脑的食物，而斯图尔特一生都在等待得到这样的食物。

◇ **形象化**

当我们之间的非语言沟通得到了改善，斯图尔特也变得与自己的身体感觉更加协调时，我认为是时候探索他的内心世界图像以及自传体反思了。我让他回忆当次治疗前的夜晚以及当天的早餐，让他用形象化的方式而非讲述事实的方式来来描述这些回忆。

一方面，对斯图尔特来说，这是安全的领域。这些回忆都是中性的，是对自己最近经历的描绘。不过，其中也有机关：自传体表征是右脑模式的领域，它们不是文字形式的。因此我会说："只去注意什么出现在了你的觉知中。""只去注意"的方式会引入广泛的感觉体验，它更接近右脑模式的图像流，而不是语言流。斯图尔特总想进行总结和评价："我度过了一个很不错的夜晚。""早餐我吃的是玉米片。"他很难对我说出以下的话："我用勺子把玉米片舀进我的蓝色碗里，听着它们发出干脆的声音。我手里的牛奶盒凉凉的。我把牛奶慢慢倒进碗里，直到它们几乎淹没了玉米片。我坐下来，阳光照着我。"

第七感 练习

m1nds1ght

斯图尔特和我继续将一些中性的场景形象化，比如他最喜欢的海滩、他家的院子，或者上一次度假。同样，相关的图像很难进入他的觉知。语言化的概念主导着他的大脑，他可能会解释，但不会描述他去哪里度假，度假期间干了什么。不过，斯图尔特非常喜欢挑战，他慢慢懂得，心理活动不只是那一堆一堆的在学习和职场中用到的词汇。

你也许已经注意到了其中的矛盾，我们正在运用语言来进入非语言的，充满感觉、图像和情绪的右脑领域。语言是左脑的特长吗？也是，也不是。当解释一个科学实验或法律程序时，我们非常倚重左脑。当进行描述而非解释时，我们便让具有丰富感知的右脑与制造语言的左脑合作。在斯图尔特的情况中，挑战在于如何让左脑参与进来，同时还保持右脑的强大。这将是左右脑建立更平衡的联结的开端。

在一再的安抚与练习之下，在斯图尔特的内心中，起初转瞬即逝的图像变成了更加稳定的影片。他慢慢沉入内心的大海。经过每周一次、持续了几个月的治疗，斯图尔克开始喜欢上了当初令他感到挫败的练习。

作为家庭作业，我让他读一本有关学习用右脑画画的书。而且，有生以来第一次，他开始写日记。有时他会把日记带来和我一起读，反思自己发生了怎样的改变，记录正在向他敞开的新世界。有时他会写到自己觉得有多么不确定，担心自己做不到或者不擅长描述，也会担心自己是个"感觉失败者"。不过，随着时间的推移，他说他有了"全新的视角"。对他来说，关键在于调整现实，因为他无法控制心里的图像会把他带向何处。这与学习法律以及法律实践必然存在很大的不同。一旦他学会了放松左脑对控制与确定的偏好，他的心理便能逐渐获得自由，从而走入内心世界。

◇ 建立左右脑的联结

最终，斯图尔特和我来到了感受的层次。他最初的表述是"我不知道我的感受是什么"，渐渐变成了能够清楚地表达胳膊上肌肉的感觉，脸上什么地方感到紧张，什么时候胸口觉得沉闷，或者腹部有不舒服的感觉。他有时会从这种身体的感觉感知到一些图像，头脑中会出现与某人在一起，或躲藏、跑开的情形。与身体信号以及由身体信号唤起的意象调整到相同频率，也使斯图尔特获得了对自己感受的感知，感受本身就是有关身体内部正在发生什么的主观感觉。然而，当我问起这些感觉、图像和感受时，斯图尔特依然很难用语言来描述。

存在这种情况的并非只有斯图尔特一个人。用恰当的词语来准确地描述无法表达的内心世界，对很多人来说都是一生的挑战。诗人通常很精通这种神经技能，但我们几乎没有诗人的天赋，能将感受翻译成文字。如果你停下来仔细想一想，便会发现这确实是一种超凡的翻译技艺。我们使用左脑的语言包向另一个人的左脑提出问题，询问他的感受（或问自己相同的问题）。那个人必须对这些信号解码，将信息通过胼胝体传送到右脑，并激活右脑产生非语言的身体感觉图像，这些都是感受的"素材"。然后，他必须将这个过程反过来，把右脑的内在声音传回左脑语言中心的数字神经处理器。接着，对方会说出一些语句。真的很奇妙。

这就是为什么对于斯图尔特来说，把进入他的觉知的想法，以及感觉、图像、情感写在日记里是非常重要的原因。随着每周练习的继续，斯图尔特的日记展示出了他右脑模式中日渐复杂的世界，其中充满了对梦境的描写，还有诗歌以及发自内心的对生活的反思。他似乎很喜欢反思内心世界。对他来说，内心世界正在变得易于理解和接近。

使用言语来描述内心世界，不仅对像斯图尔特这样在感受自己情绪上有问题的人有裨益，对于需要找到方法来平衡过于活跃的情感的人也会有帮助。这类人有过量的右脑模式流，但缺乏与左脑的联结（斯图尔特与此正相反，他左脑模式的活动是过量的，与右脑缺乏联结）。他们可能会为情绪调节失常以及混乱的情绪爆发而苦恼。支离破碎的自传体图像，充满内心的身体感觉，强烈的、令人困惑的情绪将他们淹没，让他们不知所措。对这些人来说，平衡意味着进入左脑模式的避难所，获得一些心理上的距离。由于右脑与产生情绪的大脑皮层下区域有着更紧密的联系，因此我们就能理解为什么在右脑模式中，原始的、自发的情感可以被更全面、更直接地感受到，为什么通过左脑的语言功能来联结右脑模式与左脑模式可以获得必要的平衡。

我在加州大学洛杉矶分校的同事进行的研究已经发现，说出某种情感的名称能缓解边缘系统放电。我们有时需要"识别它，从而驯服它"。我们可以用左脑的语言中心来让过度放电的右脑情绪区域平静下来。不过，此处的关键依然在于，联结左脑与右脑，不要让一种不平衡变成另一种不平衡。

····· **建立第七感的"我们"** ·····

有一天，斯图尔特谈到了他孙子在滑雪时摔断了腿。我想起来在之前的治疗中，他跟我说过他哥哥的滑雪事故，我猜测他对此可能有未妥善处理的情感问题。现在，他也许可以坦率地谈论这个问题了。当我提出这个主题时，泪水在斯图尔特的眼中打转，我想我触及了他记忆中的一个痛处。我说，这件事对他内心也许依然会带来很大的伤痛。

斯图尔特摇了摇头。"不，不是那件事。"他边说边擦去脸颊上的眼泪。

"你认为是什么事？"我问他，我很奇怪什么事情能引起他这种不寻常的情绪反应。

"与我哥哥或那次事故没有关系，"他直直地看着我说，"是因为我无法相信你还记得我几个月前说过的话……我无法相信你真的了解我。"

我们静静地坐着，看着对方。我感到他与我以往感受到的他完全不同。我们谈论了我们之间的联结感，以及他内心中的其他事物，这次治疗就这样结束了。他从椅子上站起来，走过来和我握手，然后用左手盖在我们握在一起的右手上。"谢谢，"他说，"谢谢你做的每一件事。这是一次非常好的治疗。"我真的无法用语言描述当时的情况，在治疗进行了半年后的现在，房间里出现了融为一体的"我们"。如果当时有大脑监测仪，我想它会监测出我们之间的共鸣。就在斯图尔特意识到我的心中有他的内心感觉，并感动地落泪时，我第一次深深地被他的心中有我的内心感觉而感动。在我们之间，产生了一种深沉、坦率的联结。

◇ **加强整合**

在建立起整合后，似乎会同时出现一连串的积极效应。这就像把球推上山，然后从另一侧把球滚下来的物理学原理一样。克服最初的根深蒂固的非整合状态，

需要我们付出巨大的努力和关注，就像把球推上山。这是
有目的的改变过程。最终，心理会按照自然的路径走向整
合，就像球可以毫不费力地滚下山谷一样。

> 整合，是心理的自然
> 状态。

在我和斯图尔特合力做出改变之初，我认为我需要一步一步地培养他的共情
能力，要从理解他人带有感情的沟通开始，然后学会心怀同情地回应。在能够形
成其他人心理的第七感地图之前，他需要学会以开放的态度，与他人的情绪状态
产生共鸣，然后进入自己的内心状态。然而在回顾治疗的过程时，我意识到我们
已经完成了基本构件的建立。对身体感觉的关注建立起了内在感受；反思与写日
记打开了他对感受的觉知；形象化加强了他留意非语言体验的能力。共情的这些
必备要素共同形成了整合。一旦球滚起来了，斯图尔特的心理便能够做它天生就
可以做的事情——与他人联结，与自己联结。

距我们初次见面9个月后，我接到艾德丽安的电话，她问我是否"给斯图
尔特进行了大脑移植"。她充满震惊地告诉我，斯图尔特变得能够与她心心相印
了，他们比以往任何时候都更幸福。她与我分享了头天晚上发生的事情。当他们
与客人道晚安时，她站在斯图尔特的旁边，并把手放在他的肩膀上。过去，他会
变得有些僵硬或干脆走开，但这回他说："哇，感觉真好。"然后，他让艾德丽安
给他做了一个肩部按摩，这是结婚62年来的头一次。

我再见到斯特尔特时，他跟我说艾德丽安对他有多么重要。他开始明白，他
父母的冷酷一定是非常令人痛苦的，所以他才会退缩到学业中，之后又退缩到工
作中，与他人、与自己都失去了联结。当艾德丽安生病时，他变得更加离群索居。
现在他能够感知到，失去爱他的人的恐惧是无法承受的。于是，我们在治疗中开
始面对生活的脆弱性，学习如何深切地关怀，接受我们无法控制未来的生活以及
人际关系。

第七感 日记

m|nds|ght

斯图尔特在日记里写道："我知道，躲在书本里更简单，但这种感觉没有爱的感觉好。"在我没有提及的情况下，斯图尔特主动谈起了艾德丽安触摸他肩膀的那件事。"我原以为我从来不想感到自己需要她。这些年来，不需要任何人是种比较容易的做法，但这对她来说一定很难挨……我非常感激她始终陪伴着我。她说她喜欢按摩我的肩膀，即使我用了三分之二个世纪才说出'是的，我愿意'。"在他告诉我按摩"感觉很棒"的时候，他眼中闪烁的光芒说明了一切。

在最后一次治疗的一年后，斯图尔特94岁的生日即将来临之时，他给我写了一张便条："我无法告诉你，我拥有多少乐趣。如今生活具有了新的意义。谢谢！"我感谢他让我明白，让所有人明白，我们整合的大脑是多么具有复原力。

感知力
没时间看医生的医生

安妮第一次来见我，是在一个洛杉矶少见的雨天。她肯定没带伞，因为她长长的黑发都湿透了，在头的一侧松松地垂着。水滴浸湿了她夹克的肩膀和领口部分，我看着湿渍部分慢慢扩大，但安妮似乎不为所动。我很快发现，对身体缺乏兴趣不只是她因为意外被雨淋湿而产生的暂时状态。

安妮环顾了一下房间，无精打采地靠在沙发上，说道："好吧，我来了，但我不确定为什么要来。"安妮是一名 47 岁的内科医生，一对 11 岁孪生女孩的妈妈。她告诉我，她拖了一年多没去医生那儿接受随访检查。在一次例行的心脏检查中，医生发现她的血压有点儿高，于是让她过几周后再来检查一次，但她始终没去。安妮告诉我，她知道医生往往是最糟糕的病人，但她觉得自己的心脏没问题，她不必为此浪费时间。她的血压现在很正常，只是偶尔会心悸，但几乎属于可以忽略的程度。

我心想，如果她真的不担心自己的心脏，那为什么要谈起它？"我没时间看医生。"安妮继续说，有点儿语无伦次。她说，她的生活被工作填得满满的，甚至周末也会在办公室度过，她主管一群放射科医生。我又在心里嘀咕，她怎么有时间来见我，为什么会来我这里。安妮看起来有些迷惑，在她的目光背后好像有远远的悲伤，一种对她无法找到的东西的渴望。我的右脑模式中充满了模糊的痛苦感，但当时我无法说清楚这种感觉，因此只是留意着这些内在的感觉，将它们记住。

安妮告诉我，虽然事业上很成功，但她没有觉得很有成就感，她的生活很空虚。除了工作，几乎没有别的。6年前，她和丈夫离婚了，因为"他们没有什么共同点"。在双胞胎还比较小的时候（而且她也太忙），她没有兴趣约会，现在她也没有任何亲密关系。她女儿在她这儿住一阵儿，在她前夫那里住一阵儿。她前夫就住在附近的社区。我问她和女儿们的关系如何，她告诉我，她们已经是"小大人"了，"没有兴趣跟父母在一起"。她骄傲地补充道，她们"非常独立"。安妮停顿了几乎一分钟，我等着听她还要说些什么。她带着迷惑的表情看着我说："好吧，不管怎么说，我既然来这儿……我想生活中除了这些一定还有更多的内容。"我将此视为治疗的请求。

我让安妮告诉我一些她成长的经历，她给我讲了以下的故事。

3岁时，她妈妈死于肺癌，她爸爸变得非常抑郁。她被送到附近的城镇，和外祖父母生活在一起。几乎一年以后，她才再次见到了她爸爸。在此期间，她爸爸住院了。出院后，他就和安妮以及安妮的外祖父母住在一起。

我问安妮那些年的情况，她说："他们都是充满关爱的人，热情而慈爱。"然后她停了一会儿。"但这种状况并没有持续很长时间，"她接着说，"我那时还很小，爸爸回来了。嗯，之后一切都变了。"她5岁那年，安妮的爸爸又结婚了。新组建的家庭搬到了西雅图附近的太平洋西北地区。直到上大学，她都没有再见到外祖父母。安妮的爸爸和继母又生了两个孩子，那两个充满活力的男孩年龄相差一年半，他们非常爱这两个孩子。安妮说，她也爱两个弟弟，但觉得被爸爸忽视了。至于她的继母路易莎，用安妮的话说就是，她是个"女机器人"，纪律严明，没完没了地批评安妮。对此，安妮的爸爸从来不加干涉。

在安妮11岁的时候，有一天她对路易莎的批评感到实在烦恼不堪，于是到家后面的苹果园散了很长时间的步。她记得自己做了个决定："永远不再有任何感受。"当她对我说这些话的时候，她的脸变得更加茫然，她伸直食指，横放在喉咙前。大多数人会将这个手势看成是"一切都结束了"或者"人头落地"，但我完全不确定安妮是否知道自己做了这个手势。

"这个方法奏效了。他们不再能碰我。我的意思是，他们并没有对我进行性虐待或身体上的虐待，我再也没有让他们令我感觉糟糕，无论他们说什么。爸爸和继母成了我生活中无关紧要的人。从那以后，我忽视他们。我在学校里拼命学习，老师非常喜欢我，情况就是这样。上完大学和医学院后，我知道我会好的。我认为从很多方面来说，这一切帮我成了成功的医生。我想我应该感谢他们……他们的一切……但我不再跟他们说话。他们不知道该怎么办，我的意思是，即使我说'对不起'，他们也会不知所措。这就是我的故事。"

这次治疗结束了。安妮答应我会再来，然后就走进了雨中。

⋯⋯ 为何会与身体疏远 ⋯⋯

在安妮第二次治疗期间，我突然想起了詹姆斯·乔伊斯（James Joyce）的一句话：达菲先生"与他的身体保持着一段距离"。这就是安妮行动的方式，她的步态是僵硬的，她放在膝盖上的手一动不动（回想起来，她割喉的动作显得更加突出）。这种方式也体现在她对局限的、刻板的内心世界的描述中，这是一种只有"肩膀以上"的感觉。

◇ 不把身体放在心上

第七感 访谈

mInds Ight

安妮告诉我，她小时候很有艺术天分，非常擅长画画，也很喜欢画画，尽管这些年来她"没时间做这类事情"。与斯图尔特不同，她右脑模式的发展看起来不存在缺陷，她的艺术天分说明了这一点。事实上，在回忆个人经历时，她能感知并清楚地说出自传体记忆中的大量细节，而这正是右脑的特长。当她与我一起坐在办公室里时，也能很好地用非语言的方式来表达自我，根据不同的问题，她还能用恰当的眼神、面部表情以及语调交流。这是表明右脑模式发达的另一个迹象。她的左脑模式也显示出了早期的优势。上学时，她应对自然学科轻松自如，还非常喜欢解决数学问题。如今，作为一名放射科医生，她是成功的。这支持了我的第一印象：她至少具有某种程度的左右脑整合。她的职业需要将右脑模式的立体图形识别能力与左脑的临床分析模式结合起来。

在我们最初的面谈中，安妮曾简要地说了说她对母亲去世的反应："她死了。我还很小，不知道没有她我该怎么办。"在说"我还很小"时，她用的是过去时，而在说"不知道"的时候，用的是现在时态。这种时态的混乱也许说明她还存在着未妥善处理的悲伤。我想她妈妈的病一定在她去世前就影响了她们的关系，一个刚刚学步的孩子对妈妈不能照顾自己会感到怎样的困惑与恐惧。她还经历了爸爸的突然失去——他消失后又回来了，但有距离感。接着，她被从慈爱地照顾她两年的外祖父母身边带走了。

然后，11岁的安妮"决定永远不再有任何感受"，她将它说成是自己人生的转折点。当我问她现在的感受时，那种与身体断绝联系的迹象更加明显。安妮纯粹是为了"活下去"而吃饭，但从食物中得不到愉悦。

她平淡地说自己从来都不是一个特别性感的人，也从来不参加体育运动和健身项目。然而，她并没有完全与身体失去联结。心悸的感觉就是证明。我问安妮心悸的性质、频率和强度。她能够告诉我，一星期有几次，虽然只是轻度的，但很令人紧张不安，以至于无论当时正在做什么，她都会停下来。她无法准确地说出是什么引发了心悸。我问她，当心脏正常跳动时，她是否能感觉它。她说不能，但是这些突然发作的心跳加快或心跳不规则令她非常烦恼。我强烈建议她去看医生，确保没有什么值得担心的重大问题。她说她会"考虑"。安妮是解剖结构方面的专家，她知道其中所有的微妙之处，但拒绝关注自己的身体。

◇ 逃避痛苦

安妮通过关闭感知来适应令人痛苦的环境。你也许会问，这有什么不对吗？如果某种适应方法能让人生存下去，为什么要质疑它呢？这里存在一个基本问题：孩提时的安妮所遭遇的情况——失去妈妈和外祖父母，新家庭的忽视与严厉，现在已经不复存在。她已经尽其所能地适应了，但无论是当时还是现在，她都没有得到有助于克服丧失之痛的支持。因此，最初给予她力量，使她能够继续前行的适应策略，其实在后来囚禁了她，使她不能活得富有生机。

安妮的"永远不再有任何感受"的决定有效地断绝了脖子以下与整个身体的联系。在当时那种背景下，她似乎用这种方法来寻求庇护，远离批评、孤独与不公所引发的无尽痛苦。这种适应也同样能帮助她感知不到并忘记自己还未妥善处理的巨大悲痛，就是超过所有悲痛的丧母之痛。就像所有的情感一样，这种无法抗拒的情感产生于全身各处的神经系统，包括躯体、脑干以及边缘系统的神经系统。它们也与大脑皮层有着直接的联系。然而，如果能设法阻断大脑皮层下的输入，如果能阻止它们向上进入产生意识的大脑皮层，便能"消除"情感。

没人确切地知道心理如何运用大脑来抵御痛苦，但从反复的临床经验中，我们可以知道三件事。

第一，人们经常这样运用大脑来抵御痛苦。正如你在这本书中看到的，这些适应有很多形式，从暂时躲避令人无所适从的情感到长期的阻断，或是像安妮这种彻底关闭。

第二，心理在某种程度上能够调整神经放电的模式，从而产生人需要的感觉。例如，当需要将某件事放在心上时，也就是需要集中注意力时，便会用到某侧大脑前额叶皮层的某个区域。因此，我们可以推测，心理利用大脑来阻止某事进入感知的方法可能是，抑制大脑皮层下区域的信息流、能量流进入大脑皮层，特别是调节感知的前额叶部分。

第三，即使阻断了对情感的感知，情感也仍然会影响我们。研究一再显示，即使没有有意识的感知，来自躯体内部的神经输入和情绪也仍会影响推理与决策。即使没有注意到面部表情或者心率的变化，它们也仍然会直接影响着人的感受，以及对世界的感知。换句话说就是，你可以逃跑，但你无法隐藏。

第七感 研究

mInds Ight

我在加州大学洛杉矶分校的同事最近发现，前额叶皮层中部的某个区域调节着社会排斥的痛苦，这个区域也会感受到因身体受伤而引起的痛苦。这个区域叫作前扣带回（anterior cingulate cortex，ACC），它横跨在负责思考的大脑皮层与负责情感的边缘系统之间。除了感受到身体的感觉和社会互动中的情感之外，它还负责调节注意力的集中。由于它联结身体、情绪、注意力以及社会意识，因此前扣带回在共鸣回路中发挥着关键作用，使我们获得与他人及自己的联结感。[事实上，我们越能利用前扣带回，以及其他相关脑区（比如岛叶）来感知自己的内心世界，便越能感知到其他人的内心世界。]

这些研究发现为我们提供了思考安妮的情况的新方法：她幼年时的心理被迫忽略因丧失亲人与被拒绝而带来的长期痛苦，由此她也可以逃避生理的痛苦。如果她能阻止前扣带回的激活，那么她也许能"消除"痛苦的感觉。站在苹果园中，安妮找到了可以感受不到痛苦的方法。问题是，我们不能消除糟糕的感觉，而只保留良好的感觉。如果你阻止了输入进入前扣带回和岛叶，便也阻止了情感的来源进入感知。结果是，情感生活失去了活力，阻断了来自身体的智慧。岛叶与前扣带回好像也联合产生了整体的自我意识①，而安妮的自我意识似乎受到了损伤。

◇ **战斗—逃跑—僵住不动**

"通过内感受"，根据字面意思来解释就是"在内部感知"，以获得身体的智慧。现在暂停一会儿，去感知你的心跳与呼吸。脑干调节着这些基本的身体过程，同时还通过影响的警觉性以及直接塑造心理状态来调节大脑皮层。只要留心呼吸与心率的变化，注意唤醒状态，你就能获得脑干的信号。

想一想当你昏昏欲睡的时候。你正在关注着大脑的唤醒状态以及对信息的专注能力，比如说你正在听课或者正在看这本书。也许你反复读了好几遍同一个段落，但依然没看懂。你已经准备承认，你大脑的状态不适合继续阅读。接下来你会选择怎么做呢？你会喝杯咖啡还是往脸上泼些凉水，或者小睡一会儿？这是你

---

① 岛叶与前扣带回共享着一种独特的细胞——冯·埃科诺莫神经元（von Economo neuron），也被称为纺锤形细胞（spindle cell）。这些长长的、彼此连接紧密的细胞单独位于共鸣回路中。一种观点认为，这些细胞能产生相距较远的区域，如岛叶与前扣带回之间的快速沟通。纺锤形细胞在成人体内的数量最多，在儿童、大猩猩和黑猩猩体内的数量依次减少。

纺锤形细胞的种群模式与自我认知能力的分布是一致的。它使得一些研究者认为，这种不寻常的细胞可能在自我意识方面发挥着重要的作用。两种非灵长类的哺乳动物——大象和海豚，也具有在镜子中识别自己的能力（标准的"自我意识测试"）。结果证明，它们也拥有纺锤形细胞。高度整合且具有大量纺锤形细胞的岛叶和前扣带回，使我们产生了对自己情绪状态的认知，也使我们能够监控自己的内心世界。在相关的镜像神经元功能的作用下，我们还产生了对他人内在体验的认知。岛叶与前扣带回之间的连接还促成了另外一种能力。前扣带回与前额叶大脑皮层中部的其他部分密切协作，以调节我们的内在状态。如果人们发现一种方法，能截断岛叶与前扣带回之间的能量流和信息流，那么这不仅会消除认知，还会消除塑造情绪状态的能力，人们也将缺少利用大脑皮层来调节、监控内心世界的能力。

调节内心世界的一种方式，你能够监测并调整信息流和能量流。在刚才提到的情况中，你能够监测并调整脑干的唤醒水平。

脑干还与边缘系统、大脑皮层协助评估危险性或安全性。[①]当被威胁评估系统告知现在是安全的时，我们的身体和面部肌肉就会放松，我们也会变得具有接纳性，内心感到清醒而平静。然而，如果评估结果是危险的，那么脑干（以及边缘系统、前额叶的中部）便会激活一个决策树：如果我们认为自己能够处理这个局面，便会进入战斗—逃跑的警觉状态，接下来激活自主神经系统（auto nomic nervous system, ANS）的交感支；心跳开始加剧，身体处在一触即发的状态；肾上腺素进入血液循环，压力激素皮质醇被释放出来，新陈代谢提前为能量需求做准备。

如果我们认为自己是无助的，做什么也救不了自己，便会僵住不动或彻底崩溃。研究者称之为**"背部潜水"**（dorsal drive），指的是自主神经系统的副交感支被激活了。这种反应可以追溯到我们最早的祖先，当动物被捕食者逼入绝境时，这种反应确实具有好处。彻底崩溃就像死了一样，只吃活猎物的捕食者有可能丧失兴趣。在僵住不动的状态中，血压会突然降低，因此即使受伤，失血量也会减少。无论哪种情况，这类反应都会让人或动物四肢无力地倒在地上，就像晕倒了，从而保证头部的血液供应。

背部潜水
自主神经系统的副交感支被激活了。

如果你是整合了感知力，便能读懂身体告诉你的危险或安全的信息，包括比逃跑或晕倒微妙得多的信号。例如，当你走在街上，突然感到紧张，并意识到有人在跟着你；或者你就是觉得不能相信正在跟你说话的人。在日常生活中，获得大脑皮层下的能量和信息对于思考也是不可或缺的。觉察到这些大脑皮层下的冲动

---

① 迷走神经的不同分支以及自主神经系统的交感神经分支参与了脑干对威胁做出的反应。史蒂夫·波格斯创造了"神经感知"（neuroception）这个术语，用来指在我们感到处于危险之中时，评估一个威胁情境，然后做出"战斗—逃跑—僵住不动"反应的方式。如果评估结果是安全的，我们便会启动"社会参与"系统，变得对他人具有接纳性。波格斯称之为"没有恐惧的爱"。受到他的成果的启发，我在《抱持正念的大脑》（The Mindful Brain）一书中描述了类似的过程。在这个过程中，内部协调创造了安全的状态，之后启动了我们的自我参与系统，变得对自己更开放，准备成为我们自己最好的朋友。

能够让你知道自己的感觉，对自己的需要保持警觉，帮你对自己的选择进行优先级排序，然后促使你做决策。这，就是"直觉"或"内心的感受"如何帮助人们充分地活出自己的人生的方式。

由于安妮对内感受没有什么感觉，因此这些有关安全、危险或威胁的微妙信号对她来说是无声的，是感知不到的。然而，即使感知不到，这些威胁状态以及由脑干调节的神经变化也会直接影响我们的思想、推理和活力感。有些人会处在备战状态，对危险很警觉，或是充满了无助感，但不知道为什么会如此。我认为安妮的心悸也许与内部压力存在某种关联。如果微妙的内部或外部威胁导致身体释放出肾上腺素及皮质醇，她的心脏便会悸动，引起她的注意，但由于意识不到自己的内在状态或内在状态产生的原因，因此她不知道为什么会心悸。

⋯⋯ **打通整合感知力的通道** ⋯⋯

当我问安妮有关对某种情况的感受等基本问题时，她总显得很困惑，这种情形给我留下了深刻的印象。断绝的状态似乎已经扩展到了她的人际关系。她坦率地承认，自己没有什么朋友，与家人也没有什么联系。孩提时与家人保持距离可以说是一种自我保护，但我为她在谈论自己女儿时所表露出的距离感而担忧。她女儿现在的年龄与她将情感逐出生活时的年龄差不多，而且我知道，无论这个年龄段的孩子显得多"独立"，他们都需要父母。

◇ **基本情绪与绝对情绪**

在第一次治疗中，安妮告诉我，她的生活很空虚。然而，她反复说自己"太忙了"，在某些方面，事情已经满到快装不下了。看来，安妮缺失的是使平凡的体验变得丰富、深入、有意义的投入感与活力感的能力。

为了打开安妮整合感知力的通道，为了将她身体、脑干、边缘系统的信号向上传送到大脑皮层的感知中，我首先要打开我们之间进行"情绪交流"（emotional communication）的大门。情绪交流的真正含义是什么？

如果我们只关注容易说清楚、被普遍认可的情绪，比如愤怒、恐惧、悲伤、厌恶、兴奋、快乐和羞耻，便会错失心理的丰富性。还有一些情绪，我们称它们为"基本情绪"。基本情绪是精妙的心理音乐，是信息流、能量流的潮汐，它能使我们感受到内在状态每时每刻的变化。有时在不断变化的背景中会突然发生一个事件，这个事件吸引了我们的注意力，激活了唤醒。强烈的唤醒能够产生某种情绪，比如愤怒或恐惧。即使这种普遍的（或绝对的）情绪被世界上各种已知的人类文明认可，它们也不会像你认为的那样经常出现。想一想一天的经历。你是否能经常体验到明确而清晰的愤怒或恐惧？大多数人很少体验到。然而，内心世界中充满了构造微妙的、不断变化的状态，这就是我所说的"基本情绪"。基本情绪不断晕染着你对生存状态的主观感受。

对基本情绪与绝对情绪的思考，为我们与自我及他人的联结打开了新视野。年幼的孩子需要与照顾者协调一致，以获得对世界的安全感。父母则不仅要与孩子绝对情绪的爆发（比如悲伤或恐惧）协调一致，还要与诸如有活力、警觉、专注、困倦或抑郁等基本情绪状态保持协调。如果等孩子出现绝对情绪再进行"情绪联结"，父母就会失去大部分重要的协调机会。如果父母去关注任何吸引孩子注意力的事物，便可以时时刻刻与孩子的基本情绪保持协调一致。此外，父母还可以通过关注孩子的唤醒水平来与他们的内心世界协调。他是充满活力的还是无精打采的？是积极投入的还是精疲力竭的？与孩子基本情绪的协调能使他们感到与他人有着深入的联结。当我们与他们产生共鸣时，他们会觉得自己成了更宏大的"我们"中的一部分。

> 对基本情绪与绝对情绪的思考，为我们与自我及他人的联结打开了新视野。

学会追踪内在状态，感知自己的基本情绪，是一种不断精进的技能，它开始于我们的孩提时期，并会持续一生。对内在信息流、能量流的感知是第七感的精髓。通过照顾者给予我们的关注，我们第一次学会去注意这些流，并进入了理解心理的世界。然而，在失去母亲和外祖父母之后，没有人给安妮安全地学习如何感知她的内心世界的机会。像很多人一样，她不得不设法蒙住第七感的镜头，以便看不到她的内心世界。她学会了过一种缺乏意义的生活。

◇ 寻找意义感

意义是由边缘系统的评价过程形成的。这个评价过程会不断地对体验进行分类，比如"相关的或无关的""好的或坏的""趋近或逃避"。它与前额叶皮层中部的输入一起形成了大脑对某个事件的意义的感知。意义是对事件的感觉，它为安妮建立起了感知力整合，使她可以接纳这种来自内心世界的、具有特定结构的重要感。

大脑皮层，特别是前额叶的大脑皮层，能够不依靠大脑皮层下区域输入的来自全身神经系统的直接体验而产生抽象的表征。我们可以不闻到花香，而想到"花"这个词。我们可以在画布上作画，而不会在画布的色彩与质地中迷失自我。如果缺乏大脑皮层下的输入，右脑模式的视觉空间图像可能就是枯燥乏味的。有些音乐大师会让听众觉得冷冰冰的；有些文学巨匠完全不被自己创作的诗歌所打动；有些医生不用与病人建立联结就可以做诊断。整合要求有开放性，以使内心世界的很多层次能够不受严格限制地进入我们的感知。

第七感 研究

语言本身就是一种抽象的表征，拿"女儿"这个词为例，如果我对一位刚得知自己怀孕了的年轻女性说"女儿"一词，可能就会引发她一连串的联想与反应，她会想到很多，比如女儿是有趣的，女儿会和妈妈吵架，男人更喜欢儿子。怀孕能给她的母女关系带来快乐，还是失望与困惑的痛苦？感觉的冲击波充满她的内心，直到她觉得无所适从、迷惑而忧郁——也许有个女儿并没有那么好，也许她更适合做男孩的妈妈。

基于"女儿"这个词，这位年轻女性自己的发展经历被激活了，她重新进入了思考，并伴随着新旧情绪的混合。她与妈妈亲密吗？她能有自己的主见吗？还是她妈妈控制着她？她也许想知道，从她妈妈的视角来看，有女儿的感觉如何。她如何应对女儿的青春期？当她是个生理已经逐渐成熟的年轻女孩，或正从少年向成年过渡，或是开始有性生活，抑或是离开家的时候，妈妈的反应是支持、反对还是令人困惑的？一旦她进入了生儿育女的阶段，她妈妈对她怀孕的消息会有什么反应？

"女儿"的意义包括所有这些，甚至更多。如果这个年轻的女人正好在公园里看到一对亲密的母女兴高采烈地说笑着，她们的笑声既有感染力又很私密，那么"女儿"的意义就还会包括此刻从她心底升起的情绪联想。

现在来想一想"母亲"这个词对安妮的意义。她如何能对汹涌而来的联想、信念、概念、发展中的问题以及情绪保持开放？这些意义的元素、情感冲击下的结构，自然会冲刷着她的内心，闯入她的人际关系，破坏大脑的整合。安妮有什么选择呢？她能说"哦，没问题，让我感受失去妈妈的痛苦吧，让我感受继母令人无法忍受的羞辱吧"吗？不可能。因此，安妮发现了一种生存机制：她切断了自己与生活意义的联系。尽管在童年期间，这可以被作为一种有效的防御策略，但它现在却成了囚禁安妮的围墙，不仅阻隔了她与自己的联系，还阻隔了她与女儿的联系。安妮什么也感觉不到，她陷入了僵局，过着"没有意义的生活"。

◇ **拆掉防御的围墙**

当强烈的基本情绪或某种绝对情绪出现时，我们会以根深蒂固的、习得的反应方式去回应，这种反应方式是在过去的经历中形成的。例如，如果你在一个惯于用破坏性的暴怒来表达怒气的家庭中长大，那么当有人表达愤怒时，你可能就会特别焦虑。为了应对这种焦虑，你可能会习得无助感与困惑感，从而使你僵住不动；也可能会习得对愤怒的恐惧，让你突然哭起来并逃离现场；还可能会习得侵略性的"战斗"反应，使你用自己的愤怒来回应愤怒。战斗、逃跑、僵住不动这些情绪反应都是你对自己情绪的回应。

除了针对普通情绪威胁的习得性反应之外，还有一些适应模式可以帮助我们应对难以承受的情境，以及我们对这些情境的反应。这些适应模式有时被称为"防御机制"（defenses），它们形成了人格的矩阵，决定了我们如何体验自己的内心世界，以及如何与他人的内心世界互动。以下是防御机制的一般路径，它得到了许多心理学家的认可。

出现情绪反应 → 产生焦虑或恐惧的反应 → 引发防御

这种防御性反应能关闭情绪，至少关闭对情绪的感知，由此降低焦虑或恐惧，使我们能继续保持正常的功能。这就是为什么防御机制不仅很有用，而且通常是必需的原因。

防御机制有很多种形式。我们可以对某种情况进行合理化，从比较感性的右脑模式转向更具逻辑性的左脑模式，从而使我们对情感的感知减到最少。这就是斯图尔特的策略。我们还可以尝试忽略某种情况，扭曲感知，从而只看到某段经历的积极面，这是一种"选择性忽视"。有些人简单地称之为"乐观主义"。这种策略由来已久，有时甚至可被视为一种健康的策略。如果生活不尽如人意，那么也不要抱怨，要尽量利用积极的方面。有些人将痛苦的感觉"投射"到别人身上，然后因此而憎恨对方。这种原始且具有破坏性的适应被称为"投射性认同"。这个策略认为，最好的防御就是进攻。

无论是哪种防御机制，理念都是相同的：我们在感知周围建起了围墙，这样就感觉不到因情感而产生的恐惧或焦虑了。这些通常是自动化的策略，是没有刻意的目的，甚至是连当事人都不知道的反应模式，当然，它们也不是自由意志或选择的结果。安妮在果园里的"决定"事实上是一个很少见的有意识的自我反思时刻。后来，她刻意的压抑转化成了自动的抑制。童年时期，安妮没有办法来安抚她内在深沉的苦恼以及人际间的痛苦，因此她无法对它们的意义保持开放，她的适应方法是"依赖大脑皮层"。一旦阻止了感知力的整合，安妮身体的主要功能就剩下带着脑袋到处走了。

······ **关注身体** ······

安妮和我已经进行到第四次治疗了，基于最初的评估，我为她展示了一个治疗计划。作为医生，她对自己 11 岁时的适应方法可能延续下来，成为她大脑中的神经模式的观点很感兴趣。我还告诉她，我认为她在童年时期经历了很多不幸，我能帮助她处理那段时期对她的影响。

◇ **冥想**

安妮和我需要通过合作来帮助她变得具有接纳性，与自我保持协调一致，这样她就能够以新的方式来打开自己的感知。她已经做好了准备，虽然不确定会发生什么，但愿意借助几个月的治疗来寻找解答。这是一个很好的开端。我告诉她，就像我告诉乔纳森的那样，改变她的突触需要时间，这样才能消除她原有的模式，创造新的模式。我接着告诉她，感知是重塑她的神经通路的"手术刀"。安妮对这种比喻很着迷，想进一步了解。现在我知道自己已经抓住了她的注意力，这是改变她的心理和大脑的第一步。

我不想用感知如何提高神经可塑性的细节来分散她的注意力，但我知道一些最新的研究。基底核靠近脑干，它能向整个大脑皮层分泌乙酰胆碱（acetylcholine）。乙酰胆碱是一种神经调质（neuromodulator），能够激活神经元，同时加强神经元之间的连接。有一种理论认为，我们可以通过集中注意力来刺激基底核分泌乙酰胆碱，从而提高神经可塑性。如果是这样，那么就可以解释为什么密切注意能让心理获得改变大脑的力量了。

我只告诉安妮，通过我们的努力，她能发现注意力的力量。我们越过了基础的正念呼吸练习，直接练习行走冥想。正如在乔纳森的练习中所呈现出来的那样，学习正念能加强心理的轮毂，从而使人能够更清晰、更平静地体验诸如身体信号或情绪波动等内心感受。我对安妮抱有相同的希望，希望她能通过练习，强化大脑中那些使她不能感觉到自己感受的部分。她对这些练习很感兴趣，不仅在我的办公室里练习，还把它们作为每天在家进行"心理训练"的养生法。每周一次，每次一小时的治疗并不足以让她高度集中注意力。

在每次治疗期间，她需要有规律的突触练习。加强新的突触连接需要反复的神经放电，以促进神经元的激活与生长，SNAG 她的大脑。正如对斯图尔特的治疗一样，我们可以利用集中注意力来刺激她童年期没得到充分发展的区域的活动与生长。在安妮的案例中，这些区域是获得内感受以及进行自我调节的重要神经回路。在她年幼的时候，这些神经回路没有得到正常生长的机会。

◇ **身体扫描**

在接下来的治疗中，我建议她去做身体扫描，就像斯图尔特做过的那样。我认为这种方法能慢慢地帮助安妮以一种没有威胁的方式来感知自己的身体。我让她闭上眼睛，向内看。

安妮在集中注意力感知双脚然后向上移动到腿和臀部的过程中，做得很好。在进行到骨盆的位置时，我开始变得小心谨慎。安妮曾告诉我，她没有遭受过性虐待，但在扫描中，这个位置有时会出现强烈的焦虑。安妮没有出现问题。我们接着移动到腹部和后背，她一直进行得不错。

然而，当我们将注意力集中到胸部时，她开始急促地呼吸，手开始颤抖。她握着拳头，用前臂向下压椅子的扶手，就像她在试图压制某种感受。然后她把眼睛睁得大大的，说她必须停下来。她换气过度，看起来很惊恐。安妮直接从僵化跳到了混乱。

我担心安妮会惊恐发作，于是停止了这个练习，让她睁着眼睛继续我们的治疗。她的激动不安逐渐消退了。她说她不想讨论那段体验，她现在"挺好"，只是"不喜欢身体扫描"。我们要等到她发展出比较多的内部资源，能够应对这些烦躁不安的感觉时，才能再回来探索躯体信息的重要来源。虽然研究发现，将注意力集中在心脏上既能触发生理反应，又能感知到强烈的情绪，但我还不清楚在安妮身上苏醒过来的这种感受，究竟具有怎样的特性。随着治疗的进行，我希望能有更多的了解。

⋯⋯⋯ **建立内在资源** ⋯⋯⋯

直接的身体扫描方法触发了严重的焦虑，让安妮感到惊恐，因此我要选择一种更循序渐进的方式来让她获得对身体的感知。在接下来的治疗中，我只是让安妮慢慢地握拳，再慢慢地打开，注意手指的动作。我说："只是去注意，让自己充分体会手的样子，以及它的感觉。"我们还反复练习行走冥想，让安妮睁着眼睛体会脚的感觉。

◇ 想象"安全之所"

我建议她在脑中构建一个可以让她躲进去的"安全之所"，无论出现了什么令人不舒服的感觉，她都能够在这个心理形象中获得安慰。

第七感 练习

mlndslght

一开始，安妮很难想出这样的图像。我告诉她，那可以是记忆中的某个事物，比如一个特别的度假胜地、家里最喜欢的房间，或者完全源于想象，比如想象中一个能令自己感到平静、满足的地方，至少是一个让自己觉得安全的地方。安妮最后想起了医学院附近的一个小海湾。"我过去常独自去那里，"她说，"海浪的声音，它们的起起落落，海岸的曲线，晴朗的天空，所有的一切都让我觉得事情会顺利的。"我让她在想象中的海湾坐一会儿，沉浸在声音、景象和感觉中。然后我让她只去注意自己身体以及身体的感觉。当她说"感觉很好"的时候，我就继续往下进行。"感知身体，感受此刻你所体验到的所有感觉。"我希望她能在对安全之所的想象与对身体感觉的感知之间建立起神经联系。

有几种流派在使用聚焦身体的疗法时都借助了这种技术，与我让斯图尔特进行的想象相比，它具有完全不同的目的。通过创造联结，安妮能够体验并清楚地说出自己身体的感觉了。她告诉我，她觉得自己的腹部软软的，脸部是放松的，呼吸很自如。她还能感觉到自己的心脏，它是"平静而踏实的"。与进行身体扫描时的被动的惊恐相比，安妮现在体验到了接纳的状态。我们正在利用她前额叶的调节功能，帮助她监测并管理内在状态。

◇ **放松**

我采用的另一种提高接纳性的技术，包括系统性地收紧、放松从脚到头的单一肌肉群，这种方法有助于形成放松的状态。其他技术还包括双侧刺激[①]，比如听交替出现的声音，或者轻敲身体的左侧和右侧。有研究者相信，这样做不仅能带来放松，还能增强对心理意象的敏感性。不过安妮觉得，海湾的想象配合我最初教她的呼吸觉知练习，令她感到最舒服。我们继续这些练习，以使她相信，她可以通过自己的心理努力实现从被动性到接纳性的转变。

◇ **彩色眼镜练习**

我想让她对身体持续有积极的体验，因此接下来我建议她尝试颜色练习，以唤起不同的感觉状态。我用一些由各种颜色镜片制成的眼镜来做这个练习。对很多人来说，颜色是很有影响的情绪线索，但对安妮来说，我让她关注身体本身的感觉。这似乎又是一个安全的方法，对有些来访者来说，这个方法甚至是好玩的。

第七感 练习

m**l**nds**l**ght

戴上第一副绿色眼镜后，什么也没发生。"我什么也没感觉到……与平常没什么两样……一片空白。"然而当她戴上第二副紫色眼镜时，她惊呼："哇！太奇怪了！"安妮用手指着胸部上方，说她"这里有一种刺痛的感觉"。

从那以后，安妮觉得每一副新的彩色眼镜都会带给她身体感觉的改变。红色眼镜唤起了四肢的能量，"像蚂蚁在我的胳膊上爬"；蓝色眼镜的感觉是肚子在放气，"像出现了一个洞"；黄色眼镜会使喉咙产生压迫感。这不是测试，每个人都有自己独特的反应。这个练习的重点在于制造迥异的感觉，这样安妮就能开始认识到内在的改变。

新发现的能力最初让安妮感到兴奋，因此我们在那次治疗中花了很多时间来

---

① bilateral stimulation，又称"眼动脱敏与再处理技术"（eye movement desensitization and reprocessing, EMDR），是一种治疗方法，它能够在进行双侧刺激的同时，使各种感觉、影像和思维汇聚在一起，以便促成改变。

换戴各种颜色的眼镜，让她体验这种中性的方法，用语言描述身体的感觉。然而，当我建议应该再次进行身体扫描时，她变得害怕而犹豫起来。"我不想再次陷入惊恐，"她说，并用手保护着心脏的位置，"那种感觉不对劲……我应付不来。"

我提醒她，现在她已经有了在任何时候都可以依赖的安全之所，我还向她保证，我们会慢慢地进行。安妮童年时的内心世界是当时的她无法忍受的，现在她也许会惊讶地发现，自己学会了忍受过去无法忍受的事情。

⋯⋯ 扩大忍受窗口 ⋯⋯

在治疗及生活中，个人的改变通常取决于扩大我所说的"忍受窗口"（window of tolerance）。如果这个窗口被扩大了，那么当面对曾让我们身心崩溃的压力时，便能保持平静。

可以把这个窗口想成唤醒的范围，在这个范围内，人们能够保持正常的功能。这个范围可能窄也可能宽。如果某段经历将我们推出了忍受窗口，那么便可能陷入刻板僵化和抑郁，也可能陷入混乱。狭窄的忍受窗口会局限我们的生活。

在日常的体验中，我们的忍受窗口是多种多样的，而且对每个人来说，这些窗口也各不相同——某种主题或某种情绪状态具有特定的忍受窗口。我也许对悲伤具有很高的忍受度，即使我很悲痛，或者我身边的人很悲痛，我也能保持身心正常的功能。然而，对于其他人来说，也许连程度更轻的悲伤也会导致崩溃。相反，我比较不能容忍愤怒，提高的噪音可能足以把我抛出忍受窗口之外。然而对其他人来说，愤怒也许没什么大不了的，勃然大怒不过是一种"消除误会"的方式。一般来说，忍受窗口决定了某些记忆、问题、情绪或身体感觉是否会让我们觉得舒服自在。在忍受窗口之内，我们能保持接纳的态度；在忍受窗口之外，我们会变得被动。

> 忍受窗口决定了某些记忆、问题、情绪或身体感觉是否会让我们觉得舒服自在。

现在你也许已经注意到，忍受的窗口与整合的河流是相匹配的。河流越能自由地奔流，河岸就相距越远，我们便越能获得并保持整合与统一。然而，一旦河流受到了限制，便会有拍打河岸的危险。在很多情况下，幸福健康取决于扩大忍受的窗口，以便使我们保持对内心世界的元素的感知，既不会陷入僵化（抑郁、中断、逃避），也不会陷入混乱（愤怒、焦虑、躁动）。当我们发展了第七感，扩大了忍受的窗口，便能用更接纳的态度、更清晰的视角来体验生活的丰富。

如果没有第七感，那么在某些情绪或问题上的忍受窗口可能就会一直很狭窄。我们会发现自己要么冲破了窗口的边界，陷入混乱的反应中；要么逃避触发这种破坏作用的情境，不知缘由地局限自己的生活，不给自己逃离刻板僵化的自由，令自己无法获得成长。为了扩大忍受的窗口，使自己能够适应并自如地对待某些感受或情境，我们需要改变嵌在神经网络中的联系。

······ 与内在感受共处 ······

拥有一个关心、信任我们，能与我们的内心世界保持协调的人，通常是扩大忍受窗口在初始阶段的关键。由于安妮在童年后期没有这样的人际关系，因此她对身体感觉及基本情绪的忍受范围变窄了。拒绝感知大脑皮层下输入的信息，是她曾经的生存方法，但现在这种方法限制了她的生活。如果我能充分地与安妮共处，能让我的内心世界与她的内心世界产生共鸣，保持我的开放态度，我便能帮助她追踪她的感觉，发现它们的意义，扩大她的忍受窗口。

回忆一下共鸣回路，其中包括能使安妮对我的反应产生共鸣的镜像神经元。当安妮感到痛苦的时候，如果我毫无保留地与她共处，便能帮助她反射出我自己内心的安全感。人际关系的关键事实是：共鸣回路不仅让我们"感到被感知"，彼此建立联结，还有助于调节我们的内在状态。（共鸣回路顶端的前额叶中部会影响大脑皮层下的状态。）换句话说就是，安妮与我之间的共鸣有助于扩大她的忍受窗口，这样她就能安全地感受自己的感觉了。这就是当我们面对面相处时，如何能帮助彼此成长，开启长期的突触改变，那么即使在分开之后，也能继续受益的方式。通过继续在家进行正念呼吸及行走冥想的反思练习，可以改变她与自己的身体沟通的方式。

在下一次治疗的开始，我再一次邀请安妮进行曾引发她惊恐的身体扫描。这次距离上次已经有 10 周了。在此期间，她一直在有规律地进行家庭练习，而且她已经与我建立起了信任与合作的关系。诸如想象安全之所及彩色眼镜的练习帮助她以更客观、更接纳的方式来观察自己的内心世界。另外，内科医生再次检查了她的心脏，发现没有什么生理问题。尽管如此，我仍然让她慢慢地进行身体扫描，以让她有充足的时间深入感知四肢、臀部、腹部的微妙感觉。

在扫描到胸部时，惊恐再次出现。她一脸痛苦的表情，左手移动到了胸部。她睁开眼睛，说必须停止。我提醒她，无论有什么感觉，她都可以一直关注呼吸，或者回到她内在的安全之所。如果觉得自己快忍受不了了，那么可以将注意力集中到安全之所的意象上，看着潮水涌上来、退下去。她闭上眼睛，关注自己的呼吸，面部表情渐渐放松下来。她再次睁开眼睛，看着我说："谢谢。"我建议她可以再练习一会儿，让自己充满这种新的开放的感觉。她的身体似乎已经适应了椅子，手放松下来，面部也变得更柔和。我说，她可以只去注意自己如何利用集中注意力来让身体和心理归于平静。

安妮说她已经准备好更深入进去了，于是我们再次回到身体扫描的练习。当她再次关注胸部时，惊恐又一次出现了，但这次她说她能感觉到，惊恐来自"一个更远的地方"。她明白了她可以与自己的感觉共处，她不仅会"没事"，而且感觉本身也会变化，变得不那么势不可当。

奇怪的是，当我们进入惊恐之中时，它反而会放松它对我们的控制。反思的力量允许我们靠近生活中的任何经历，而不是逃避。当我们学会与一种感受"共处"，花时间去感知它时，我们会发现，即使是非常强烈、具有威胁

> 学会对任何令人痛苦的感受保持开放并与之共处很难，但还是要穿越防御的围墙，这是必不可少的步骤。

性的感受，也会在出现之后不久渐渐消散，就像拍打海岸的海浪。惊恐只是一种感受，是大脑的一种放电模式。学会对任何令人痛苦的感受保持开放并与之共处很难，但还是要穿越防御的围墙，这是必不可少的步骤。

······ 恢复对身体的感受 ······

在安妮学会了安抚、调节自己的焦虑，扩大自己的忍受窗口后，会出现什么情况？现在什么样的感觉、图像、情感和想法可以自由出现了？在那次治疗中，当我们返回去再进行身体扫描时，安妮感到胸口有一阵寒意，四肢发紧。她有一次说，觉得呼吸困难。她花了些时间去想象海湾，关注自己的呼吸，就好像它们是岸边的海浪。她后来告诉我，她可以继续。

当她与自己的内在感受共处时，她父亲和继母的形象出现在她的脑海中。他们的脸让她感到恐惧，她思索着自己之所以会感到惊恐，也许是因为害怕他们的刻薄，以及对她的不公正。她再一次关注呼吸，让自己立足于心理的轮毂上，那是具有调节和自我安慰作用的前额叶皮层的开放而接纳的状态。

此时安妮开始颤抖，她的脸紧绷着，眼泪滑下了她的面颊。她睁开眼睛，看着我说："我看到一张照片，但那不是我记忆中的事物……我曾经见过它，它是我的。那是我拥有的唯一的一张照片，仅存的照片。那是我和妈妈的照片。我把那张照片藏在柜子里的什么地方了，很多年都没有看过它了。"她看起来松了一口气，但精疲力竭。这次治疗快结束了，我问安妮是否愿意再感觉一会儿自己的呼吸，让身体放松，对治疗期间所经历的一切心怀感激。

为了确保我们已经彻底探索了由她心脏传达的痛苦感受，在接下来的一次治疗中，我们又进行了身体扫描。在扫描期间，安妮最初的惊恐感逐渐发生了改变。她现在感到的是胸口有重压，嗓子发紧。她的眼睛里充满了泪水。当惊恐可以循着自然的轨迹发展，不被防御性反应阻碍时，惊恐的过程便能够完成，渐渐消散，深藏在安妮心底的情绪——深切的悲痛，就会显露出来。对于安妮来说，与感受共处的本质就是，允许这些丧失感与悲痛感按照它们自己的时间进程来展开。

在接下来的治疗中，我们只是一起坐着，让记忆里照片中妈妈的形象包围着她，充满她的觉知。一开始，她的眼泪慢慢涌出，但她好像没有注意到滴落的泪水，也没有去擦拭。然而，当我们一起与她的感受共处时，她开始无法遏制地哭泣起来，她蜷着身体，好像在痛苦地呻吟。我用非语言信号，比如叹息、轻柔的"嗯嗯"声，以及与她频率相同的呼吸，来让她感受到我们的联结。当她睁开眼睛时，我们互相对望着，我发现自己也哭了。

"我知道这听起来很奇怪，"她说，用我从没在她眼中见过的温柔目光看着我，"我能感觉到妈妈的存在，我知道她在这里，与我在一起。"

然后安妮告诉我，在这次治疗前的夜里，她做了一个梦。"我已经几十年不做梦了，这是一个奇怪的梦。"梦是睡眠的作品，是整合记忆和情绪的重要途径。当大脑皮层的抑制被松开，大脑皮层下的边缘系统和脑干能够尽情想象与感受时，就会出现梦。梦融合了寻求解答的记忆、白天生活事件的遗留元素以及睡着后的感官输入，它是大脑在快速眼动睡眠阶段产生的随机图像。我认为安妮的梦是一个很棒的迹象，因为她的大脑皮层下区域终于将它的输入传送到了正在做梦的大脑，让她在醒来后，还能想起这些内在的图像。我仔细地听着。

第七感 日记

mIndsIght

在梦里，我向着岸边游去，但潮水涌来，我没办法靠岸。我的腿和船拴在一起，那条船正向大海驶去，我奋力想游回岸边。我疯了似的用胳膊划水，但我越来越累。船继续前行，我再也看不到岸了。早上醒来时，我感到很恐慌。这太可怕了。

我让她再跟我多说一些她醒来时的感觉，以及她现在向我描述梦境时想到了什么。"我不知道。我觉得这很不可思议。也许我只是太累了。"一周后，她向我描述了另一个梦，以及从治疗一开始就记录的日记。

第七感 日记

m]nds]ght

我又回到水中。现在我能看见海岸，但船又移动了，我很快进入了大海。我觉得自己肯定会淹死的，但是接下来我向下摸到了自己的腿，我想我确实摸到了，它很温暖。我挣脱了绳子。我的腿自由了，我开始发疯似的蹬腿。最后我来到了岸边，瘫倒在柔软的沙滩上。我记得自己仰望着天空，看着太阳，感到很安全。然后我就醒了，虽然知道这只是一个梦，但我觉得如释重负。

这次她比较愿意谈论这些影像对于她的意义。我们探讨了当她被从温暖坚实的事物边拉开时所感到的无助，以及最后再次回到岸边的解脱感。

·······**疗愈**·······

在下一次治疗的一开始，安妮递给我一个大信封。她找到了她与妈妈的照片，这张照片是她两岁左右照的。她告诉我，自从爸爸再婚之后，他便毁掉了所有能让他想起安妮妈妈的东西，而且从来不谈论她。在安妮要离开家上大学时，她终于能去看望外祖父母了，他们给了她这张照片。

信封里有两张照片，一张旧的快照以及这张照片的扩印版。安妮扫描了这张老照片，存进了电脑，并把背景中爸爸"影影绰绰"的身影抹掉了。"我想保留能带给我温暖的那部分记忆，"她说，"我不需要被爸爸刻薄的妻子或他的悲痛所束缚。"

放大的照片突出了小安妮和她的妈妈，她们舒服地坐在老式高背椅上。安妮坐在妈妈的腿上，右手兴奋地指着照相机，左手抓着妈妈环抱住她的胳膊。她妈妈微笑地低着头看她。那是凝固在时间中的一刻，孩子安心地坐在妈妈的怀抱里，急切地伸出手，妈妈沉浸在女儿带来的欢乐中。

当我把照片递还给安妮时，她说："我能从她的眼中看到某种悲伤。"在安妮一岁半左右的时候，她妈妈被发现患有癌症。"我能想象得到，得知她不能照顾我或是看着我长大，对她来说是多么可怕。"我们一起坐着，停留在那种清澈的感觉里。

在后来的几个星期里，安妮渐渐也会反思父亲的难处。外祖父母曾告诉她，她爸爸曾经非常爱她的妈妈，当妈妈去世时，他有多么崩溃。"我猜想在妈妈去世后，他已经尽力做到最好了，但我仍不能理解他为什么会消失，为什么他要娶那样一个魔鬼做妻子。妈妈去世时，从很多方面来说，爸爸也死了。"

当安妮对所有的情感（爱、丧失、困惑、愤怒和宽恕）保持开放时，她的悲痛终于可以循着自然的轨迹发展了。安妮一开始只打算接受几个月的治疗，但她后来决定继续。随着治疗的继续，安妮的生活开始恢复了几十年来都没有的活力感。她开始抽时间进行规律的锻炼。心悸的频率逐渐减少，最后不再出现了。她开始与同事在工作以外的时间交往，还找时间与女儿们共处，她发现一些大家都喜欢做的事情（比如三个人都喜欢绘画）。她在周末不再只是忙于工作，而是特地安排和女儿一起外出。"我知道她们不会总待在我身边。"她对我说。

现在安妮在办公室里的时候，更加身心合一。她的姿态与以往不同，似乎熟悉了自己的身体，她的动作更加流畅、放松。她现在把头发放了下来，披散在肩膀上。她告诉我，她的内心不再感到空虚。

记忆
记忆扭曲的越战老兵

我和布鲁斯在一起，等着与敌人来一场突袭战，幸好他把我看成是朋友，而不是敌人。他的脸上涂着绿色和棕色的颜料，这使他看起来更像是在玩耍的 4 岁男孩，而不是 34 岁的老兵，但他眼中的恐惧，以及他 90 千克、1.82 米的大块头体内蕴藏的力量，让我们的处境显得非常真实。

布鲁斯从越南战场回来，是众多身心饱受创伤的人中的一个。我们在洛杉矶布伦特伍德退伍军人医院的一张病床下相识。当时，他在那儿治疗创伤后应激障碍，这是一种几年前才被命名的心理疾病。我刚当上一名精神科实习医生，布鲁斯是我首批病人之一。当他突然抓住我的膝盖，把我拖入他的"洞穴"时，我毫无准备。他将一个扫帚柄塞在我手里，并大叫："如果他们来抓我们，就向他们开枪。"

毫无疑问，布鲁斯迷失在了某种类似想象的东西中。这不是 4 岁孩子玩的游戏，我觉得这是某种记忆失控，过去的一些记忆碎片非常鲜活地出现在他的脑海中，让他害怕，现在也让我感到害怕。他窥视着房间，好像那里正值热带季风的季节，有时他会发现有敌人在靠近我们，然后用扫帚柄把他们赶走。他很感谢我给予的帮助，他认为我们是一对很好的战斗搭档。

经过一小时充满恐惧和焦虑的警戒后，布鲁斯握着扫帚柄的手终于松了。他严厉、刺耳的声音渐渐安静下来，他的脸变得柔和起来，接着开始轻声啜泣。我帮他从床底下钻出来，在被子下面找到安全的避风港。我坐在他旁边，直到他睡着了。

我充满震惊与迷惑地走进护士站，告诉护士发生的事情。"哦，是的，"她说，"这些都是布鲁斯的记忆闪回。"她试图帮助我理解布鲁斯的状况。

那天稍晚的时候，按计划我有一小时的督导会谈，我问教授"记忆闪回"到底是什么。"那是一种有关过去的记忆，它会在当下继续纠缠着某些人。"他说，"不过我们真的不知道记忆回忆是如何发生的。"这就是他所能告诉我的全部内容，当时的人们就知道这么多，但我对这种解释感到不满意、不确定，我想了解更多。

我之前便知道，我们有能力将注意力有选择地集中在一个想象的世界上，为了全身心投入进去，我们可以暂时不对这个世界进行批判性的判断。有些人称之为"正常的分裂"，这是一种将不信任暂时放下，迷失在想象中的意愿。小孩子在玩耍的时候经常会出现这种现象，在看书或电影时，我们也会迷失在其中，完全被记忆吸引，或是沉浸在音乐中。我们将注意力的聚光灯集中在体验的某个部分上，关闭了对其他心理活动的感知。当然，在日常生活中，当听到有人叫我们吃饭的时候，我们会走出这种全神贯注的状态。不过，布鲁斯的情况有所不同。

布鲁斯在床底下所体验到的是他记忆中的事物，而不是当下真实发生的事情。他也可以将新的物品，比如扫帚柄、床底下的洞穴以及我，融入他的体验中。这不仅仅是迷失在记忆中或想象中。很久以前的情感、图像、声音和行为在他的内心复活了，并与当下每时每刻的体验交织在一起。对我来说，那明显是记忆，但对他来说，这些内心的情感、图像、声音和行为失去了或从来没有注明这些是记忆的标签。相反，这些记忆好像是未经处理的心理数据，或是有关过去的拼图碎片，它们涌入布鲁斯对此时此地的感知，令他痛苦。

直到最近，当我们能够探究大脑的功能时，才能猜测记忆的机制如何，并猜想心理如何创造出我们对现实的体验。在我遇到布鲁斯的时候，这些侵入性记忆就像不断扭转的螺丝，把布鲁斯饱受折磨的心理夹得越来越紧。反复出现的记忆闪回几乎将他撕裂。

接下来的一周，我得知，在布鲁斯躲藏在床下的那栋楼入口处的草丛里，有人发现了插销被拔掉的手榴弹。布鲁斯否认自己与此事有关，但工作人员在他房间的储物柜里发现了手榴弹的插销，因此他被转到了上锁的病房。没多久，他又被转到了另一家医院，我再也没有机会治疗他了。直到现在我仍好奇，什么样的记忆扭曲会导致手榴弹事件。

······ 记忆的形成与重现 ······

遇到布鲁斯之后的这些年里，大量的研究为理解和治疗创伤后应激障碍提供了框架。到 20 世纪 80 年代末，一些研究中心为解开大脑中记忆机制的奥秘做出了贡献。这些早期的发现有助于建立人际神经生物学对创伤及创伤治疗的观点，我会在后面介绍创伤的治疗。

对于布鲁斯来说，这种帮助也许为时已晚，但现在仍有数万名从新的战场中返回的士兵，他们急需心理治疗。甚至对更多的人来说，他们未经整合的创伤会闯入日常活动和人际关系，使他们失去应对问题的能力，限制他们的生活，可他们通常无法理解发生了什么。本章我将介绍艾莉森的案例，她是这类人中的一员。她是我最早的长期来访者之一，对她的治疗让我近距离地看到，创伤如何能粉碎一个人的生活，如何能化解创伤。

为了理解创伤性记忆，回顾什么是记忆以及记忆如何被嵌入大脑等基础知识会对我们有帮助。记忆是某个时刻的体验在未来对我们产生影响的方式。

正如我在附录中介绍的那样，体验对大脑来说意味着神经元放电。当我们拥有某种"体验"时，一群神经元被激活，并向树突传送电信号。神经元放电导致的基因激活和蛋白质生成，会创造新的突触，强化现有的突触，改变被释放出来的神经递质包，或接受信息的受体，甚至刺激新神经元的生长。神经元放电还能增厚包裹在神经纤维外面的髓鞘[①]，提高电传导的速度。

一起放电的神经元会连接在一起[②]。在有关记忆的理论中，某种体验会通过一个群组的神经元放电而被编码。这些神经元集群越经常在一起放电，就越有可能在未来共同放电。唤醒一段记忆的触发事件可能是内部事件（比如一个想法或一

---

① 髓鞘是一层脂肪外壳，它的作用是绝缘，从而可以使离子流（等同于电流）的传输速度增加 100 倍。大脑皮层中突触没有髓鞘，因此这个区域是灰色的，当髓鞘包裹住长长的轴突时，它们就呈现出苍白色，因此轴突的部分被称为白质。

② 这种联系性的连接是"赫布突触"（Hebbian synapse），指的是以往放电的神经元之间的得到加强的连接。

种情感），也可能是外部事件（比如大脑以某种方式联想起过去发生的事情）。大脑的运作就像一台"预言机"，它根据过去发生的事情，不断让自己为未来做好准备。记忆会形成一个过滤器，我们会通过它自动产生对将要发生什么事情的预期，记忆由此塑造了对当下的感知。在记忆中编码的模式会使我们不断进行的感知出现偏差，改变我们与世界互动的方式。

仅仅在 25 年前，科学界才搞明白有关记忆提取的关键细节。当我们从记忆库中提取一段被编码的记忆时，过去发生的事情不必进入意识。以骑自行车的记忆为例，你骑上车，自然而然地开始蹬车，神经元集群的放电让你蹬车、保持平衡和捏闸。这其实是一种记忆：过去的一个事件（学骑自行车）影响了你现在的行为（骑车），但今天骑车的感觉不像是在回忆你学会骑车那天的情景。

如果我让你回忆自己第一次骑自行车的情形，你也许会停顿一会儿，搜索你的记忆储存，也许会想起来你爸爸或姐姐在你旁边跑的景象，以及当你摔倒时所感到的恐惧与疼痛，或是当你终于骑到街角时所感受到的兴奋与欢快。当这些被提取出来的形象填满你的意识时，你便知道自己正在回想过去的事情。这也是记忆，但它与能够让你骑自行车的记忆不同。

在日常生活中，这两种记忆过程相互交织在一起。让我们会骑自行车的记忆被称为**内隐记忆**（implicit memory），对于学会骑自行车那天的记忆，我们称之为**外显记忆**（explicit memory）。我之所以要强调这两者的区别，是因为我们在日常语言中，会用"记忆"一词来指代科学上所说的外显记忆。然而，最近脑科学的发现让我们明白了内隐记忆与外显记忆的区别，也同样理解了内隐记忆如何在不被意识到的情况下，影响着当下。正是这些发现，最终让我们明白了布鲁斯的记忆闪回是如何产生的。

> **内隐记忆**
>
> 指在不需要意识或有意回忆的条件下，个体的过去经验对当前任务自动产生影响的现象。
>
> **外显记忆**
>
> 指过去经验对当前活动的一种有意识的影响。

让我们从头开始讲起，先来谈谈我们还没出生就已经拥有的内隐记忆。

······内隐记忆：心理体验的基本拼图······

我有两个孩子，每次妻子怀孕的时候，我都会给子宫中的孩子唱歌。那是一首祖母唱给我的古老的俄罗斯歌曲，是一首表达了对生活、对母亲的爱的儿歌——"愿永远都有阳光，愿永远都有好时光，愿永远都有妈妈，愿永远有我。"当胎儿的听觉系统已经发育到可以记录通过羊水传来的声音时，我就会用俄罗斯语和英语唱这首歌。孩子出生一周后，我邀请一位同事来进行"研究"（我知道这不是对照研究，但它很有趣）。我事先不会告诉同事，在妻子的妊娠期我唱的是哪首歌，我会依次为宝宝唱三首不同的歌曲。毫无疑问，当宝宝听到熟悉的歌曲时，眼睛会睁得更大，变得更活跃，因此同事能很轻松地发现他们注意力水平的改变。由此可见，知觉型记忆已经编码完成了。

◇ 内隐记忆，伴你一生

我们一生都在对内隐记忆编码。很多研究者相信，在生命最初的 18 个月里，我们只进行内隐记忆的编码。婴儿会记录气味和味道、父母以及家里的声音、肚子饿的感觉、热牛奶带来的幸福感、愤怒时巨大的声音带来的恐惧，以及妈妈在某位亲戚朋友家拜访时，身体变得僵硬的感觉。内隐记忆对感知、情绪、身体感觉编码。随着我们渐渐长大，它还会对诸如学习爬行、走路、说话或骑自行车的行为编码。

内隐记忆还控制着大脑对体验进行归纳的能力，由此我们从反复发生的事件中归纳构建出心理模式。神经元一起放电会形成联结，而归纳则比联结更进了一步。大脑联合类似的事件，并总结为一个原型表征，被称为图式。如果一个小男孩的妈妈每天下班回家后都拥抱他，小男孩便会形成一个心理模式，即妈妈的归来是充满爱与联结的。

最终，内隐记忆会产生"启动"（priming）作用，令大脑准备好以某种特定的方式做出反应。当妈妈回到家，孩子会期待拥抱。不仅他的内心世界准备好接受这充满爱意的动作，而且当他听到妈妈的车开到家附近时，就会期待地伸出胳膊。

在我们渐渐长大后，启动仍会在更复杂的行为中发挥作用。如果你学过游泳，那么当你穿上游泳衣时，游泳的行为就会被启动，并在你跳入泳池时让你做好了游泳的准备。

内隐记忆的 6 个方面——感知、情绪、身体感觉、行为、心理模式和启动，就像心理的基本拼图，形成了过往持续在当下对我们产生影响的基础。在一段经历"结束"后，我们沿着时间的河流继续前行，留下来的那些突触连接，塑造并过滤着我们当下的体验和感觉。利用这些源于过去的内隐元素——大脑，这个联想器官和预言机，不断让我们为未来做好准备。

以下是内隐记忆的三个独特特征：一是创造内隐记忆或对内隐记忆进行编码，不需要投入集中的、有意识的注意；二是当内隐记忆从记忆储存中浮现出来时，你不会有想起过去某些事的感觉；三是内隐记忆不需要海马的参与。深入了解这三个特征能引导我们探索布鲁斯记忆闪回的奥秘。

◇ **不知不觉的编码**

第七感 实验

mindsight

在经典的分配性注意研究实验中，研究者会给你一个头戴式耳机，你的耳朵会从两只耳机中听到不同的声音。研究者要求你只去注意左耳的声音。过了一分钟后，他问你听到了什么。你说，你听到有人在描述动物园里的动物。说话的人是什么性别？你回答说是男性。很好。你听右耳的声音了吗？你说听见的只是些含糊的喃喃自语。你能分辨出说话的人是男人还是女人吗？不能。

然而，在研究者之后进行的直接记忆测试中，发现右侧耳机的信息确实进入了你的脑海，影响你的内隐记忆。虽然你没有想起来右耳听到的是一个女人在说一些花的名称，但如果给你单词的一部分作为线索，比如"r ＿ ＿ e"，你很可能用 o 和 s 来填空，组成"玫瑰"这个单词，而不会填入其他字母，尽管你不知道为什么会这样。如果你听到的是一系列食物的名称，i 和 c 可能就会冒出来，让你组成"米饭"这个单词。这就是语言中心的"启动"在发挥作用。

当你心不在焉的右耳接收到信息时，你的大脑以感知型内隐记忆的方式记录了这些信息。这些信息没有经过边缘系统中负责整合大脑各个区域的海马。直接注意会利用海马，而间接注意，即不涉及集中的、有意识的注意的注意，会在没有海马参与的情况下，对记忆进行编码。

内隐记忆能够被意识觉察到，但不会被"注明"或觉得是来自对过去的回忆，这与"无意识记忆"的观点非常不同。无意识记忆意味着将某些事埋葬起来，从而变得无法接近或被压抑，平常是感知不到的。重新被激活的内隐记忆完全是有意识的，只是没有回忆的感觉。

哪怕是神经学的学生也很难掌握内隐记忆这种特有的性质。因此，让我来分享一个历经时间考验的故事。这个故事讲的是 19 世纪一位名叫克莱法德的神经科医生和他不幸的来访者 X 太太。

> X 太太可以跟医生聊日常的事件，但如果离开房间，几分钟后再回来，她就不认识医生了，也不记得他们的谈话。他不得不再次正式地介绍自己，一切重新开始。有一天，克莱法德医生在手里藏了一个大头针，因此当他问候 X 太太，与她握手的时候，她被扎了一下，疼得大叫起来。在下一次见面的时候，克莱法德医生像通常那样做自我介绍，然后伸出手。X 太太往后退了退，拒绝握手。当问到为什么不握手时，她回答："有时医生会做伤害你的事情。"

这是一个基于内隐记忆的心理模式。"有时医生会做伤害你的事情"会作为一个完全有意识的信念出现，但 X 太太意识不到它发生在过去的渊源。我们每个人都在用内隐心理模式过滤不断产生的感知，并做出预先判断。没错，它们可能造就了我们对自己及他人的各种态度和信念。我们的内隐模式可能表现为身体感觉、情绪反应、知觉偏差或行为反应模式。我们没有意识到自己会因为过去的事而产生偏见，并确信自己的信念和反应是基于对当下良好的判断。

例如，如果你小时候因为加入了校垒球队而兴冲冲地回到家，父母却忽视了你的兴奋，他们不赞成的感觉也许还会泛化到其他运动项目，而且，当你的孩子开始对体育感兴趣的时候，这种感觉会再次出现。也许你的父母会避免公然对某个种族、宗教或性取向的人做消极的评价，但如果你把不同背景的朋友带回家，也许会发现激怒、烦恼或厌恶的非语言信号。

虽然所有人都会有这些内隐心理模式，但第七感可以使我们摆脱它们狡猾而有力的影响，避免它们创造此时此地的感知与信念。深入而清晰地洞察内心世界，也能让我们有机会以有利于记忆整合的方式来集中感知。如果记忆是整合的，这些分散的内隐拼图就会联结在一起，形成更复杂、更灵活、更具有适应性的外显记忆。

⋯⋯⋯ 外显记忆：组合心理拼图 ⋯⋯⋯

两岁时，外显记忆开始出现并能够被观察到。尽管学龄前的孩子拥有非常生动的记忆，但大多数成年人想不起太多五六岁前的事情〔这种现象被称为"童年失忆症"（childhood amnesia）〕。外显记忆的编码依赖于集中注意力的能力，以及将体验元素整合到事实性或自传式表征中的能力。这使我们创造出了认识世界、他人和自我的"脚手架"，能够以新颖、灵活的方式，随意对这些认识进行反思与分类。父母会出于本能地加强年幼孩子的这种能力，比如鼓励孩子谈一谈昨天的动物园之旅，或是那天早上他们在操场上看到了谁。

当提取外显记忆时，我们会有将过去的某些事情带入意识的感觉。如果我让你回忆去年的生日，你也许会告诉我当时你在哪儿，那天是星期几，谁来祝贺你的生日。你的内在图像会联结过去发生的某个经历或事件的事实，也会联结你当时的感受。这是外显记忆的两种形式：事实记忆（factual）和情节记忆（episodic，即记忆生活中处于某个情节中的自己）。正如斯图尔特的故事所展示的，有些人会比其他人更容易想起某种形式的记忆。

> 外显记忆的两种形式：事实记忆和情节记忆。

随着生活的继续，我们会将情节记忆存入一个大文件或大集群中，并按照时间轴来排列。这样集结起来的情节记忆被称为自传体记忆。现在，你可以比较自己 10 岁和 20 岁的生日，讲出一个悲伤或滑稽的故事。你可以构建出有关自己生活的一致的叙述。

随着编码外显记忆所需的大脑部分——海马的成熟，我们开始能够创造事实记忆与情节记忆。海马在一生中都会不断生长，并不断编码外显记忆，使我们能够了解世界与自我。

┈┈┈ 海马：拼图大师 ┈┈┈

如果你能想起附录中介绍的大脑的手部模型，便会知道，海马位于大拇指的位置，也就是大脑两侧边缘系统的区域。左侧主要负责事实，右侧则专门负责与自我有关的情节记忆。海马与边缘系统其他区域（比如产生恐惧的杏仁核）密切合作，将一个经历的细节与它的情绪基调和意义联系在一起。它还具有广泛的联结，能够将边缘系统分散的神经放电模式与整个大脑皮层的感知和计划区域联结起来。在左脑，海马建立了事实性的及语言性的知识；在右脑，海马根据时间和主题，组织着构建人生故事的材料。海马的所有这些工作使得记忆提取的"搜索引擎"更加高效。我们可以把海马看成是拼图大师，它将内隐记忆分散的图像和感觉联结在一起，组合成事实性的、自传式的记忆"图像"。

只有集中注意力才能激活海马，将分散的内隐记忆拼图联结在一起。当经验的图像和感觉保持着内隐的形式时，当它们没有被海马整合在一起时，便会维持着散乱的状态，不会被标示为过去的表征，也不会作为定义"我们是谁"的叙述进入我们的生活。这类内隐记忆不断塑造着我们对此时此地的现实的主观感受，以及每时每刻我们对自己是谁的感觉，但这种影响是我们意识不到的。为了反思这些内隐记忆对生活的影响，我们必须将这些内隐拼图组合成外显的形式。

◇ 当海马断线时

克莱法德医生的来访者 X 太太无法将经验编码为外显记忆，因为她靠近海马的部分受到了损伤。有一次，在一个晚宴上，我遇到了一个有类似情况的人。他礼貌地告诉我，他两侧的海马都中风了；如果我离开去取饮料，回来后他就不记得我是谁了，让我不要因此而觉得受到了侮辱。确实，在我回来后，我们再次互相介绍认识。

不过，并不是只有永久的、长期的损伤才会损害外显记忆。我曾接待过一个来访者，他给我讲了个故事。他要搭乘夜航飞机横越美国，并让医生给他开一些能让他在飞机上睡觉的药，医生给他开了刚刚上市的新安眠药。他希望能睡一夜好觉，所以服用的药量是处方的两倍。三天的旅程结束了，当他回来时，在去的航班发生的任何事情他都想不起来了，即使他在目的地见到的人都向他保证，他看起来完全清醒，有意识（后来制药公司将药量减少到原来的一半）。

酒精，就像有些安眠药一样，也能够暂时关闭海马。酒精导致的"海马断电"与昏厥不同：人是清醒的（尽管清醒程度减弱），但不会将经验编码成外显形式。喝醉后短暂性失去记忆的人也许"记不住"他们怎么回的家，或怎么遇到的第二天早上发现和他们睡在一张床上的人。

狂怒也能关闭海马，当怒火失控的人说他们不记得自己在愤怒时说了什么或做了什么时，他们可能真的没有撒谎。

最近研究显示，其他情绪的高涨状态，即超出我们通常忍受程度的情绪状态，也会因为高水平的压力而导致海马关闭[①]。例如，恐惧状态会引起身体释放过量的

---

① 当压力特别大时，荷尔蒙可体松会导致正常的海马的功能和生长受到抑制。一些尚未发表的研究显示，如果孩子出生后第一年的成长环境是机构性的环境，比如孤儿院，那么严格的、无法预测的、有时是被忽视的环境会造成极端的压力，导致孩子可能具有更大的杏仁核，有时会具有更小的海马。杏仁核的扩大程度与给这些孩子呈现消极面孔的照片时，他们所体验到的情绪困惑程度相一致。还要注意的是，较大的杏仁核也会导致对面孔眼睛部位的关注的减少。因此，成长过程中的压力会引发如下一系列的反应：环境压力→杏仁核生长的增加→对消极情绪的面部表情的情绪反应增加，对面部特征的感知减少。

这种不幸环境引发的结果可能导致以下三方面的困难：情绪调节；社会环境中的自我组织；看到面孔时，知觉经验减少。还应重视的是，在非机构环境中成长的孩子，在看到面孔时，他们使用的是大脑皮层（包括颞上回和梭状回，后者涉及专门技能）。而在机构中长大的孩子，在看到面孔时，这些较高层的区域并不活跃，相反，杏仁核和其他大脑皮层下区域被激活了。所有这些发现都说明了孩子记忆经验的方式（包括内隐记忆和外显记忆），会被人生早期的生活所塑造和影响。

应激激素，破坏海马的整合作用。

在我第一次读到这个研究时，便意识到自己可能终于能够解答从第一次遇到布鲁斯时起就困扰我的问题了：什么是记忆闪回？记忆闪回可能源于激活了创伤经历的内隐记忆。过去的感知、情绪、身体感觉和行为完全进入布鲁斯的意识，但它们没有被注明是来自过去的感受。由于海马受到了阻碍，因此未经处理的时时刻刻的经历碎片就像散乱的随意飘浮着的内隐拼图。虽然将经验编码成感知、感觉和情绪的大脑回路依然处在活跃状态，但布鲁斯不知道这些内在图像和感觉是来自过去的。当"仅止于隐性"（implicit-only）的记忆被重新激活时，他就会被记忆闪回所淹没。

······ **创伤、记忆和大脑** ······

在布鲁斯把我拉到床底下那天之前，我们便开始探究他在越南的经历了。在一次治疗开始时，他说他不愿意谈论那段日子，但他知道自己应该谈一谈。他是他所在部队中少数幸存者之一。边说着话，他的脸边变得紧张起来，眼睛向上翻，手开始颤抖。布鲁斯结结巴巴、零零碎碎地用语言、用哭泣或用他看见并试图描述的图像将那段经历展现了出来。后来，他抬起手捂住眼睛，发出了令我至今仍记忆犹新的大喊和低语。

布鲁斯在家乡时最好的朋友杰克跟他在一个排。他们在非军事区巡逻时遭遇了伏击。杰克被击中了头部，布鲁斯被击中了腿部，无法移动，紧紧抓着朋友软绵绵的身体。当救援直升机到达时，杰克已经死在他的怀抱里了。周围都是爆炸，布鲁斯彻底呆掉了。他能组合起来的下一幅图像就是位于西贡的医院病房。记录显示，布鲁斯好几个星期都不能说话，医疗队担心他的脑部受了损伤。回到美国后，布鲁斯尽量去适应平民生活。他的腿伤已经治愈了，但心理四分五裂。退伍10年后，他住进了我实习的那家老兵医院。

布鲁斯的大脑中到底发生了什么？最好的科学能提供进行解释的概念框架，

它得到了研究的支持，但没有得到证实。极度创伤带来的压力使布鲁斯充满了恐惧，在震惊中崩溃了，战斗—逃跑—僵住不动的反应使他的身体中充溢着皮质醇，这是一种阻碍海马发挥功能的化学物质。正如我在前面探讨的，任何能暂时关闭海马的物质同样能阻碍外显记忆的形成，其影响类似于酒精或安眠药。它会产生等同于暂时失去记忆的情况，也就是化学物质引发的分裂（这里涉及的化学物质是皮质醇，而不是药物或酒精）。矛盾的是，引发暂时性失忆以及阻碍外显记忆形成的反应，同时也会通过杏仁核释放的另一种化学物质——肾上腺素，来加强内隐记忆的编码。高水平的肾上腺素会在内隐记忆中烙印上最初创伤性经历的恐惧感、感知细节、战斗—逃跑—僵住不动的行为反应特征以及疼痛的身体感觉。

在此，我们可以解释一种与创伤后应激障碍看起来相反的现象，患者对原始事件只有很少记忆或几乎没有外显记忆，然而以记忆闪回的形式（或另一种形式的自由飘浮的内隐记忆碎片）呈现出来的内隐记忆却不可思议地表现生动。了解了不同类型的记忆依赖于不同的脑区后，我们终于能够理解在发生创伤时，为什么内隐记忆的强化与外显记忆的受阻会同时发生。

由于分裂机制的作用，创伤还可能暂时关闭海马。在面临令人难以应对的经历或危及生命的威胁时，如果没有可能的出路，那么我们不仅会释放出阻碍记忆的应激激素，使体内的应激激素达到很高的水平，而且大脑还会寻找其他形式的出路，将注意力集中到威胁以外的地方。尽管我们还不知道这究竟是如何发生的，但感知完全被吸引到环境中某个非创伤性的方面或内在的想象上。

我不知道布鲁斯对伏击的反应是不是分裂的一部分，但很多遭遇过创伤的人都能很清楚地回忆起创伤事件发生时出现的分裂现象。在治疗布鲁斯的几年后，我治疗了一位遭遇过性攻击的年轻女性。

> 当时她 14 岁，被三个男人堵在一个旧仓库里。她告诉我，当攻击开始时，她注意到有一些小花从角落里破损的护墙板中探出头来。她将注意力集中在这些小花上，她将这些小花想象成一片草地。她始终将注意力集中在那片草地上，将有意识的觉知从令人无法承受的疼痛与无助上转移开。

这种生存策略的问题是，虽然当时的感知被阻断了，但是海马的暂时失效并没有阻断对这段经历进行的内隐编码。15年后，当她和男朋友一起淋浴时，喷头中的水落在地上的声音突然全面触发了记忆闪回，因为她遭到攻击那天正下着大雨。内隐记忆像洪水一样涌入她的意识，让她觉得当时好像正被男朋友攻击。幸运的是，她那时找我来治疗，而我当时在治疗中融合了有关注意力、海马和记忆的最新发现。这意味着我能够理解她的经历，从而知道如何帮助她。

随着海马整合记忆的功能在实验室里得到揭示后，作为临床医生，我明显地看到，整合受阻可以解释创伤后应激障碍的很多普遍的症状。仅止于隐性的记忆以及心理中的其他阻断可能是很多症状的根源，比如过度唤醒、情绪爆发、麻木、与躯体感觉失去联结、"不真实"感，以及以各种形式再次经历最初的创伤，包括记忆闪回、清醒时反复出现令人痛苦的破碎的记忆。

睡眠现象，比如噩梦和快速眼动睡眠受到干扰，也是创伤后应激障碍的主要特征。对于内隐编码的创伤记忆碎片，在事件发生多年后会带着令人可怕的力量闯入生活的情况，睡眠现象为我们提供了另一个探究的窗口。在记忆被完全整合到大脑皮层中，作为永久的外显记忆的一部分之前，它们必须经历"巩固"（consolidation）的过程。这个过程似乎依赖于快速眼动睡眠阶段。对于很多患有创伤后应激障碍的人来说，快速眼动睡眠阶段受到了干扰，这也许能进一步解释为什么他们的创伤性记忆始终是内隐的，并以噩梦的形式出现，或者在清醒时以症状的形式再次经历创伤事件，正如前面提到的那些例子一样。

几百年来，研究者在士兵身上发现了因创伤而引起的令人麻木、令人分裂的侵入性症状，它们被描述成各种形式，比如"炮弹休克"（shell shock）。创伤后应激障碍让我们看到了战场经历与创伤之间的共性，这些创伤局限了无数人的生活。接下来，我想给你讲我的两个来访者的故事。

◇ **艾莉森的故事：利用海马治愈创伤**

　　艾莉森第一次来找我的时候是 31 岁，她长期存在人际关系问题，包括严重的性障碍。当我问她童年的情况时，她告诉我一切都"挺好"，除了 3 岁时，父母离异了。她 5 岁那年，妈妈再婚，而且又有了两个孩子。从那以后，家庭生活就"正常"了。我不确定"正常"的真正含义，但我们会拭目以待。她目前的生活依然有许多需要探究的方面。

　　治疗进行了几个月后，她提起了困扰她一段时间的身体健康问题。她告诉我，她时不时会背疼，现在变得越来越严重。她是当地学校里的美术老师，背疼使她越来越难以从事工作。她咨询过一位整形外科医生，医生建议她手术。不过，艾莉森觉得自己还很年轻，不至于采取这种极端的方式，而且她在某处读到过，背疼通常与压力有关。她想知道我怎么看这个问题。

　　我建议她尝试从脚往上进行一次身体扫描，请她只去关注自己的感觉。当到达背部时，她很快陷入了恐惧中。她想起了一天晚上在邻居家里时的情景。当时，邻居儿子的朋友在聚会上喝得醉醺醺地走进来，试图在乒乓球台的角落与她发生性关系。他不停地将艾莉森的背部向乒乓球台的一边推挤。在一系列的治疗中，我们不断探讨这些回忆，她渐渐明白，攻击她的不是邻居儿子的朋友，而是她的继父。意识到这点后，她的疼痛消失了，而且再也没有复发。她取消了预约的手术。

　　我知道你也许认为这是不可能的，但如果不是亲身经历了很多次类似的治疗情况，我也会和你有相同的想法。事实上，这并不是"神奇的治愈"，因为艾莉森对真相的发现只是重建她的生活所需要进行的大量工作的开端。

　　记忆不像复印件。当提取记忆时，我们想起来的事情可能并不准确。提取被激活的神经网络与当时进行编码的神经网络类似，但不完全一致。记忆确实会被扭曲。我们对事情的本质会有准确的记忆，比如艾莉森记得自己受到了攻击，但细节可能是不正确的。在这个案例中，经过很长时间，艾莉森才逐渐搞清楚了自己人生故事的细节，这些细节比最初的样子更可怕、更令人痛苦。

　　艾莉森的记忆提取被阻碍了将近 16 年。最初的记忆是扭曲的，为的是保持艾莉森生活中某个重要的人——继父的良好形象。很多创伤受害者都存在这样的准确性问题。实际情况是，记忆很容易受到影响，而且是多层次的。幸运的是，外部的确证能够在这片不确定的水域中引导我们。在艾莉森的疼痛消失几个月后，她参加了一次家庭聚会。她同母异父的妹妹和弟弟也参加了聚会，艾莉森已经有两年没有见过他们了。当她问他们是否还记得当年聚会时发生了什么事情时，他们鼓起勇气告诉她，那时确实发生了攻击。作为目击者，他们也是那次虐待的受害者。

你可能注意到了，艾莉森最初扭曲的记忆还保护了一个更重要的人物，那就是她的母亲。为什么艾莉森在受到继父攻击后，没有去找母亲？就算她羞于启齿，那为什么她妈妈没有发现有不对劲的地方？

如果家庭不能让孩子表达自己的感情、回忆令人难以应对的事件，他们的内隐记忆就会保持非整合的形式，他们也会无法理解自己的经历。正如我们在治疗中发现的，在乒乓球台事件发生那个晚上之前很久，艾莉森的家庭就已经是一个沉默的地方了。从继父和艾莉森的妈妈结婚时起，他就一直对艾莉森有各种侵犯行径。艾莉森的妈妈有时假装看不见，有时甚至助长这种行为，她其实是为了丈夫和新家庭而牺牲了艾莉森。研究显示，在生命早期反复遭受虐待，再加上无人可求助的状况，通常是引发分裂性障碍的原因。在艾莉森自我的最核心，她不能外显地知道自己在内隐中已经非常了解的事情。她不能理解自己的人生故事。艾莉森的治疗持续了很多年，在此我只能告诉你治疗的大致步骤。我们的目标不仅是整合她破碎的记忆，还要引导她应对当前的人际关系，并能勇敢面对生活中接踵而来的压力。艾莉森需要培养复原力技能以及强化她的个人力量。当被最亲密的人背叛时，她如何能学会在保护自己的同时还信任他人。

我想象的治疗流程大致是这样的：依恋关系的背叛和创伤性经历造成了整合功能的受损。在记忆领域，受损的结果是，内隐记忆拼图一直处于四分五裂的状态。这些内隐记忆的碎片闯入当前的生活，造成再次体验创伤事件（例如记忆闪回和背疼）、逃避（虽然不知道为什么，但艾莉森从来不打乒乓球或台球）以及麻木

（这是她性问题的核心）。我们首先要将这段支离破碎的经历整合成外显记忆，然后融合到艾莉森更宏大的自我意识中。

我们将探索未妥善处理的记忆表征，但是必须透过双重焦点的感知来进行。这意味着，其中一个感知的焦点聚集在此时此地，另一个感知的焦点聚集在彼时彼地。我们会发展一套资源，让她在跟我进入感知的第二个焦点时，即重新激活内隐记忆时，能随时运用它们。我的任务是帮助艾莉森认识到我们是在一起的，认识到即使当她的感知集中在内隐记忆上时，她也不会迷失在过去之中。如果她能够灵活地、没有什么痛苦地进入过去并从中走出来，她就会感到更安全。为了让艾莉森了解整合记忆之旅所需要做的工作的背景，像对所有来访者一样，我教艾莉森一些有关大脑、心理和记忆的知识，以及一些基本的技术，比如关注呼吸，并帮助她形成了自己的安全之所的影像。

第七感 练习

mIndsIght

艾莉森最喜欢的技术是觉知之轮的变化版本。我让她想象在自己的内心有一座房子，房子里有一个锁着的房间，房间里有一个文件柜。文件柜里锁着我们要处理的记忆，尤其是那些带来强烈感觉的、未妥善处理的记忆。只有她自己才有房间的钥匙，能打开房门。只有她自己才有文件柜的钥匙。她可以在任何时间离开房间，关上门，穿过大厅来到另一个房间。在那里，她可以在播放机上观看事件的录像。她可以按照自己意愿开始、停止、定格、倒带或快进。在具有了从内隐世界中抽身出来、不迷失在其中的能力后，她便可以潜入记忆的海洋了。

短时间沉浸在内隐记忆的某个时刻的感觉中，看起来是非常重要的。艾莉森需要能够与那些很久之前的躯体感觉联结，并追踪它们，但是我不想让她只是"再次体验"创伤。她需要在同时意识到，她和我在一起，她是安全的，可以随时回到现在，可以恢复她作为成人的力量和资源。

我的记忆导师，我最好的老师之一，有一种很有影响力的说法："记忆提取就是记忆的改造。"在有互相协调的他人在场的情况下，在工具的帮助下，比如文件柜的想象以及安全之所的图像，艾莉森能够将过去仅止于内隐的记忆提取出来，并使它外显化。每发生一次记忆闪回，非整合的状态似乎都会在头脑中更根深蒂固，但与之不同的是，双重焦点——一个聚焦于记忆，另一个聚焦于对记忆的自我体验（我们可以称之为"带有反思和释放的记忆提取"），能够以一种新的方式来利用海马。这些是 12 年前的事情了，我最近又见到过艾莉森，她告诉我，她再也没有出现过记忆闪回。

寻找方法来接受真相，不仅仅解决了艾莉森的症状问题。艾莉森对童年痛苦经历的适应存在很多层次，在探索这些层次时，她将新组合起来的外显记忆编织到了更宏大、更一致的自我框架中。她在生活中体验到了新的活力感和愉悦感。她重新塑造了自己，不再把自己看成是勉强活下来的人，而是能够蓬勃发展的人。这种整合记忆的方法似乎给艾莉森以及之后的其他人赋予了力量，使他们能够收回自己人生故事的主导权，这些人生故事是他们在艰苦而勇敢的内在工作中编织出来的。

◇ 伊莱恩的故事：将恐惧定位在过去

即使我们不曾遭受过反复的或危及生命的创伤，仅止于内隐的记忆也会成为限制我们生活的牢笼。最惊人的例子之一是我的来访者伊莱恩。

伊莱恩 26 岁，是一名研究生，她对学业即将结束感到很焦虑，所以来到我这里。她告诉我，她担心自己如果接受了某个工作机会，就有可能会"栽个狗啃泥"。在接下来的几个星期里，我尝试了几种方法来帮助她克服对新挑战的恐惧，以及对工作中激烈竞争的不安全感。她礼貌性地接纳了我的观点，但依然停止不前，无法行动。

她描述恐惧的方式——"栽个狗啃泥"，给我留下了很深的印象，但我不知道如何来理解它。有一天，当她再次跟我讲起她对金融与后勤的恐惧时，我建议她只是去感知自己的身体。她停顿了一下，然后开始颤抖。她抓着自己的胳膊，说道："哦！发生了什么事情？"我让她只是停留在感觉上，看它能将她带到哪里。疼痛沿着胳膊向上，进入了她的下巴。之后她捂住嘴，哭了起来。没过多久，她开始讲述进入她内心的事情。伊莱恩三岁的时候，从新自行车上摔了下来。她清楚地记得，她把胳膊摔断了，前面几颗乳牙也摔坏了。她和我对她身体感觉的强烈程度都感到很吃惊，从一开始她就只感觉到疼痛，而不是一段记忆。

伊莱恩的胳膊已经痊愈了，这次事故没有影响到她的恒牙，但影响到了她的心理。这次事故形成了一个内隐心理模式或图式，新奇与激情会伴随着强烈的恐惧和疼痛。她在学业、就业甚至人际关系中，都会运用这种习得的恐惧。其中的信息就是"尝试新事物会导致灾难"。如果接受了自己努力争取来的某种工作，她便会产生形象的"栽个狗啃泥"的恐惧。

就像对艾莉森一样，我教伊莱恩具体的方法，让她在面对恐惧时能活在当下，并获得安全感。在学校里以及与朋友们在一起时，她渐渐能从中找到兴奋感了。一旦全面检视并接纳了自己的恐惧，伊莱恩便能把恐惧定位在过去，认识到那只是被吓坏了的三岁小孩的经历，并将它编织到新的人生故事中。伊莱恩不再是未经检视的过往的囚徒，她现在可以充满活力感与自由感地掌控自己的人生了。

治疗艾莉森和伊莱恩这样的来访者的经历让我确信，双重焦点是治疗创伤的关键因素。有意识地同时注意过去以及再次体验过去的现在的自我，是一种主动的、积极投入的过程，它促使海马将分散的内隐记忆拼图组合起来。伊莱恩的自我可以去观察、见证自己过去感知到的图像和身体感觉，但必须有一个能够承受这些痛苦记忆的、可以信赖的他人在场。在这种有安全感的环境中，记忆提取所引发的反应便不会那么强烈。我们可以把她的感觉看成是回忆，而不是新事件的一部分，之后她可以将这些记忆碎片整合到更宏大、更统一的自我意识中。一旦海马能够执行它的整合功能，记忆就会进入它们适当的位置，成为活跃而开放的人生叙述，以及伊莱恩未展开的人生故事的一部分。

然而，当我们将这些心底深藏的经历整合到现在的意识中，承认它们是内隐记忆，而不是有根据的直觉或经过推理的决定时，便能成为自己人生故事清醒而主动的作者。正如你将在下一章中看到的，如何理解生活是另一种重要的整合形式。

童年

在受虐中长大的心理治疗师

我的同事丽贝卡经过艰苦的抗争，战胜了受虐待的成长经历，完成了研究生的医学训练。她在 7 个孩子中排行老五，妈妈酗酒，爸爸患有躁郁症，她的家庭生活充满了混乱和不稳定性。她从来不知道每天妈妈的状态会怎样，而她爸爸拒绝服用稳定情绪的药物，一会儿躁狂，一会儿抑郁。当我们在一起共事的医院里值夜班时，她告诉我兄弟姐妹和她如何躲在阁楼里，她的大姐会借着手电筒的光亮在那儿给他们读故事，而妈妈正在楼下暴跳如雷。大姐会和弟弟妹妹们蜷缩在一起，假装是在"情绪飓风"袭来时"在外面露宿"。"生活就是噩梦，"丽贝卡说，"我们从来不知道自己什么时候才能醒过来。"

丽贝卡看起来不可思议地平静，而且非常擅长处理精神病患者和与其他住院医生相处的复杂情况，无论是在一对一的探讨中，还是在热烈的小组讨论中。有一天我问她，她是如何撑过来的？

"这不容易，"我记得她告诉我说，"除了大姐以外，我的姨妈也拯救了我的生活。她使我看到，我并不疯狂。即使我不能在姨妈家，她也一直支持着我。我知道，我在她的心里。"

我永远忘不了那句话："我在她的心里。"感到被亲密地放在某人的心里，对丽贝卡产生了巨大的影响。

直到几年后，我才看到相关的研究，揭示拥有一些协调的人际关系，感到存在于另一个人的内心世界中，存在于他们的头脑中、心里，有助于我们的蓬勃发展，并能给予我们复原力。而且直到后来，我才了解到心脏周围的神经网络、全身的神经网络如何与大脑里的共鸣回路密切地交织在一起，因此"感到被其他人感知"能帮助我们发展自我调节的内在力量，变得更专注、更周全、更机智。在生命早期，与某人的亲密关系让我们清楚地知道自己有什么感受，并给予我们与他人亲密交往的能力。早在研究者开始揭示这些神经机制之前，诗人及像丽贝卡这样的孩子便知道，心脏确实是智慧的源头。

······· **依恋模式** ·······

丽贝卡觉得，她与姨妈心心相连让她获得了拯救。这是如何发生的呢？在那次深夜探讨中，她怎么能以如此清醒而开放的态度来讲述自己痛苦的过去呢？

在我看来，答案在于过去 30 年里一些最令人振奋的研究，即对早期依恋关系的不断探索。我们发现，早期的人际关系不仅能影响我们成年后讲述自己人生故事的方式，还会影响我们婴儿期和童年期的心理发展。

我先要深入这些令人着迷的发现，探讨它们如何影响孩子的发展，接下来我会展示，在治疗成年病人的过程中，我如何应用了这些发现。

第七感 实验

m]nds]ght

在有关早期依恋关系的研究中，最初的研究对象是不到一岁的婴儿。受过训练的观察者在这一年内进行家访，根据标准量表对母婴互动评分。在这年的年底，研究者会让每对母婴来到实验室接受测试，测试时间大约持续 20 分钟。这个测试就是"婴儿陌生情境"测试，以观察一岁的婴儿被单独留在"陌生情境"中，要么与陌生人在一起，要么独自一人时，会发生什么情况。将一岁大的婴儿与妈妈分离，本身就会带来很大压力，激活婴儿的依恋系统，即他与照顾者之间的联结方式。研究者观察了婴儿对分离有怎样的反应，以及当他们的妈妈回来时，他们有怎样的反应。

这个研究被早期的研究者进行了几千次，后来，全世界的科学工作者又重复研究了几百次。婴儿在实验室里的回应方式，与细致的观察者在他们家中反复观察到的情况，有着直接的相关关系。与妈妈重新见面的阶段是这个研究的关键。根据在母婴分离后，妈妈再次出现时孩子对待妈妈的方式，婴儿的悲伤是否比较容易安抚，以及婴儿是否比较快地重新玩起了房间里吸引人的玩具，研究者最初发现了 3 个基本模式，后来又补充了第四种模式。

◇4 种依恋模式

一般来说，大约有 2/3 的孩子拥有所谓的安全型依恋（secure attachment）[①]。当妈妈离开时，孩子会表现出明显的想念迹象，通常是哭泣。当妈妈回来时，孩子会主动问候妈妈，通常会寻求直接的身体接触。接着，孩子很快会安定下来，重新去探索和玩耍。回顾一下家访的观察结果，这些孩子的父母对孩子进行联结的尝试很敏感，他们能够读懂孩子的信号，并有效地满足孩子的需求。

大约有 20% 的孩子会表现出回避型依恋（avoidant attachment）。他们始终全神贯注于玩具或探索这个房间，当妈妈离开时，他们没有显露出悲伤或愤怒的迹象；当妈妈回来时，他们要么视而不见，要么主动回避妈妈。你觉得这些孩子的人生第一年是什么样的？你也许能猜到，家访观察显示，这些孩子的父母不是以可信赖的、敏感的方式来回应孩子的信号，他们甚至会忽视这些信号，对孩子的悲伤似乎漠不关心。有些孩子会渐渐明白："既然妈妈不帮助我、不安慰我，那么我为什么要在乎她离开或回来呢？"回避的行为是对这种关系的适应。为了应对这种关系，孩子将依恋神经回路的激活降低到最低程度。

---

① 这是针对美国人口得出的统计结果。该结果可能会因被研究的文化的不同而有所差异。对高风险人群的研究，比如对生活贫困者、药物上瘾者或具有心理健康问题的人的研究，可能会显示出不同程度的不安全依恋。人类学家还建议，我们应该避免将这些被试归为病态。"不安全"依恋关系的提法对孩子是具有贬低意义的。换句话说就是，问题不在于孩子是"不安全"的人，而是他们的人际关系并非是最适宜的，所以是不安全的。

另外 10% ～ 15% 的孩子具有矛盾型依恋（ambivalent attachment），又称抗拒型依恋，他们会抗拒别人的安慰。在这种情况下，婴儿第一年的生活充满了不一致性。父母有时能与他协调，很敏感，会应答，但有时就不能。如果你是个婴儿，你会做何反应？你会去接触这样的父母，以安慰边缘系统被激活所引起的悲伤吗？在陌生情境中，矛盾型依恋的婴儿即使在分离之前也会显得小心翼翼或痛苦忧郁。在重新团聚时，他们寻求父母的安慰，但不容易被安抚。他们不停地哭，而不是很快回去玩玩具，他们也可能一脸担忧或失望地抓着父母不放。与父母在一起显然没有带给他们放松感，他们的依恋回路被过度激活了。

在后来的研究中，研究者又增加了第四种分类，被称为紊乱型依恋（disorganized attachment）。这种类型的孩子大约占总人数的 10%，但在高风险群体中，比如父母吸毒的孩子，出现这种依恋类型的百分比则高达 80%。当妈妈回来时，婴儿的表现会非常令人不安。他们看起来吓坏了，会接近妈妈，但随后又退缩回来；他们要么僵住不动，要么倒在地上，要么在黏着妈妈哭闹的同时又会转身离开。当父母严重缺乏与婴儿的协调，或者婴儿害怕父母，或者父母本身就充满了恐惧时，便会产生紊乱型依恋。在之前的 3 种依恋模式中，婴儿发展出了有条理的策略，以应对或敏感的或冷漠的，或前后不一致的照顾者。然而在紊乱型依恋中，婴儿无法找到任何有效的应对策略。他的依恋策略都失败了。

◇ **依恋与整合**

这些发现与我们对整合的探讨有怎样的联系呢？你也许注意到了，在安全型依恋中，能量流与信息流以和谐的方式流动；而在回避型依恋中，能量流与信息流的流动趋向于刻板僵化；在矛盾型依恋中，能量流与信息流趋向于杂乱无章；在紊乱型依恋中，能量流与信息流交替出现刻板僵化和杂乱无章。在紊乱型依恋中，能量流与信息流超出了"忍受窗口"，导致应对能力的崩溃。在本章后面的内容中，将阐释这些早期的行为模式如何延续下来，成为我们的心理特征。

研究者历时超过 25 年，追踪了很多第一次参与"婴儿陌生情境"测试的孩子。尽管在这段时间里有很多会影响发展的因素，但他们人格特质的发展趋势是可以预测的。

研究发现，安全型依恋的孩子通常能发挥他们的智力潜能，与他人拥有良好的人际关系，受到同辈的尊重，并能很好地调节自己的情绪。尽管依恋关系的研究者没有直接研究大脑，但所有这些结果，在很多方面都与前额叶中部的功能相类似。安全型依恋的孩子有很好的躯体调节能力，能与他人相互协调，能保持情绪平衡，能灵活地回应，调节恐惧，具有共情能力、洞察力与道德意识（第 9 项功能——直觉，还未被研究）。从人际神经生物学的观点来看，安全的亲子互动促进了婴儿大脑前额叶中部整合神经纤维的生长。与之相反，与照顾者形成了回避型依恋关系的孩子，会受到情绪的局限，通常会被同伴认为是冷漠的、爱控制人、不招人喜欢。具有矛盾型依恋关系的孩子，会表现出很多焦虑感和不安全感。具有紊乱型依恋关系的孩子，他们在与他人交往以及调节自己情绪方面的能力都受到了严重的损害。而且，很多这样的人还存在分裂的症状，这使得他们在经历创伤性事件后，患创伤后应激障碍的风险大大提高。

这些差异与基因有关系吗？多数亲子至少有一半基因是相同的，因此依恋关系与人格的相关性也许不能归因于父母做了什么或没做什么。研究确实发现，基因越接近的人，共同的特征越多，无论是智力、性情，还是特定的人格特征，比如政治倾向、抽不抽烟、看电视的习惯等。然而，受基因影响的特征清单里没有"依恋"这一项。这不只是心理治疗团体的观点，一位研究人格遗传学的顶尖专家在一个全美范围的学术会议上也发表了这样的见解。依恋模式是人类生活中少数不受基因影响的方面。在孩子对每个照顾者有截然不同的依恋模式的情况中，我们可以直接看出这一点。如果依恋是由基因决定的，那么只有一套基因的孩子怎么能出现这种依恋的差异？另外，对领养孩子，即与照顾者没有遗传

> 依恋模式是人类生活中少数不受基因影响的方面。

关系的孩子的研究，为什么也会存在同样的模式？

当然，除了与照顾者早期的依恋关系外，我们将成为什么样的成年人会受很多因素的影响，其中包括基因、机遇和经验。然而，任何怀疑父母对孩子具有影响的人，都必须正视这类依恋研究。这些数量庞大的研究清楚地显示，父母的做法能产生巨大的影响。

┈┈┈┈ 创造一致的人生故事 ┈┈┈┈

为什么我们会以那样的方式为人父母？研究者提出这个问题的时候，他们假设，就像很多人会假设的那样，父母童年的经历可以预测他们如何对待自己的孩子。这听起来很合理，但结果证明它是不正确的。

当我第一次听到研究者对这个问题的发现时，他们的发现改变了我的人生，以及我对心理历程的理解。对依恋关系的最佳预测因素不是父母小时候的经历，而是父母理解自己童年经历的方式。结果显示，只要问某些类型的自传式问题，便可知道人们如何理解自己的过去，他们的心理如何影响了对过往的记忆，以及如何解释当下的自我。人生故事的素材包括：我们对过往经历的感受；对人们为什么会做某些行为的理解；以及在成长为成年人的过程中，一些事件对我们的影响。

> 对依恋关系的最佳预测因素不是父母小时候的经历，而是父母理解自己童年经历的方式。

对这些基本问题的解答还表明，内在叙述，即人们讲给自己的故事，也许在当下局限了他们，还可能导致他们将损害自己早期生活的痛苦遗留给他们的孩子。例如，如果你父母的童年是严酷的，而且他们不能清楚地理解发生的事情，他们就可能会把这种严酷性传给你，而你也很可能将它接着传给你的孩子。然而，如果父母的童年是严酷的，但他们能理解这些经历，那么他们的孩子就会与他们建立安全的依恋关系，不安全依恋的家庭传递将终止于此。

这些观点让我很兴奋，但依然心存疑虑："理解"的真正含义是什么？我们如何能实现理解？它在大脑中是如何发生的？理解的关键是研究者所说的"人生叙述"，即我们如何用语言来讲自己的故事，并向其他人传达。研究发现，成年人讲述自己人生故事的方式能够透露出很多真实情况。例如，具有安全型依恋关系的人，能认识到家庭经历中的积极面和消极面，他们能表明这些经历与自己日后发展的关系。他们对自己的过往，以及自己如何成为成年的自己，具有清晰一致的解释。与之相反，童年时充满挑战的人，对自己人生的叙述在很多方面存在不一致性。我在后面的内容中会进一步描述。

当然，也存在像丽贝卡那类例外的人。从童年早期的经历来看，作为孩子的他们，本应该具有回避型、矛盾型或紊乱型的依恋关系；作为成年人，他们的人生叙述本该是不一致的。不过，如果有人能够真诚地与他们保持协调，这个人可能是亲戚、邻居、老师或咨询师，这种联结便能帮助他们建立完整的内在经验，或者给予他们反思的空间，帮助他们理解自己的人生旅程。他们具有研究者所说的"争取到的安全的人生叙述"。这类安全叙述具有某种轮廓，我们能够描述它的特征。更重要的是，像丽贝卡一样，即使我们的人生叙述在开始时是不一致的，也能够通过发展出一致的叙述来改变人生。

这是我会反复提及的非常重要的一点：当谈到孩子与我们会形成怎样的依恋关系时，相对于早期生活的艰难经历，找到方法来理解这些经历对我们的影响显然更重要。理解是力量与回复力的源泉。在 25 年的治疗师生涯中，我也渐渐相信，理解对幸福与健康而言是至关重要的。

······ 成人依恋访谈 ······

衡量我们如何"理解"自己人生的研究工具，被称为成人依恋访谈（Adult Attachment Interview, AAI）。

第七感 研究

mInds1ght

某个版本的成人依恋访谈会包括以下这些问题：你的童年是什么样的？你与父亲或母亲的关系如何？是否有父母以外的其他人与童年的你很亲密？你与谁最亲密？为什么？我会请你用几句话来描述年幼的你与父母或照顾者的关系，然后让你说出几段记忆来阐释这些描述。

我还会接着提问：当你与亲密的照顾者分开时，你会感到难过、受到威胁还是恐惧？童年时，你是否失去过亲人？如果失去过，你和你的家人有什么感觉？你们之间的关系随着时间的发展，发生了怎样的变化？你认为照顾者行为方式的原因是什么？回想所有这些问题，你认为生命之初的经历对成年的你有怎样的影响？

如果你有孩子，我还会问你以下的问题：你认为那些经历对你为人父母的方式产生了怎样的影响？你希望孩子的未来是怎样的？当你的孩子长到25岁时，如果让他们说从你这里学到的最重要的事情是什么，你希望他们会怎么说？

主要的访谈内容就像以上那样。回答这些开放性的问题，就好像深深地潜入未触碰的记忆。当我在使用成人依恋访谈进行研究时，许多被试告诉我，访谈是他们接受过的最有帮助的治疗过程。作为一名治疗师，我觉得这特别令人吃惊，因为研究方案要求我尽量保持中立，但这些问题不断推动新的发现，即使是对于已经接受多年治疗的病人而言也是如此。

如果我是在研究中对你进行成人依恋访谈，那么你的回答都会被记录下来，并加以转录。我会仔细分析转录稿，然后对结果进行编码。我还会留意你呈现材料的方式，注意你的记忆细节是否符合你的归纳，追踪未展开的故事，看它是否合理，是否符合逻辑，观察你的回应模式，比如坚持认为自己想不起过去的事情了，或将现在与过去搞混。通过转录稿，我还可以评估在进行讲述时，你如何监督自己说的内容，如何考虑到我——比如，你是否尽量保证我明白你说的内容？通过这种方法，"叙述分析"既是对人际沟通进行的评估，也是对自己内在过程的研究。

进行成人依恋访谈的评估时，我们承认记忆是不可靠的。正如你已经看到的，记忆不是复印件，它很容易受到影响，倾向于符合他人和我们自己的期望。即使在最诚实的时刻，我们也会说一些自认为别人希望听到的话，并以我们希望自己呈现出来的方式来说这些话。因为这些原因，我们的分析不能假定自我陈述是准确的，而是专注于故事的一致性。对成人依恋访谈问题回答的分析，能够揭示"与依恋相关的成人心理状态"，这种状态能够有力地预测我们为人父母的行为，以及我们的孩子在"婴儿陌生情境"测试中会有怎样的反应。后续的研究还揭示，童年时期的依恋行为能够预测他们成年后会发展出什么类型的人生叙述。我会在本章余下的内容中探讨这些联系，表 9-1 总结了成人与儿童依恋模式的对应关系。

表 9-1　成人与儿童依恋模式的对应关系

成人叙述	婴儿在陌生情境中的行为
安全	安全
拒人于千里之外	回避
心事重重	矛盾
未妥善处理 / 杂乱	紊乱 / 迷失方向

> 尽管成年后的叙述与童年时的依恋模式存在因果关系，但早期遗留的问题并不一定会由父母传给孩子。

尽管成年后的叙述与童年时的依恋模式存在因果关系，但早期遗留的问题并不一定会由父母传给孩子。就像丽贝卡的情况，人们最终能够发展出"争取到的安全的叙述"，尽管童年早期有不安全的依恋关系以及并非最佳的经历。

······ **通往内心的新窗口** ······

从我最初阅读叙述分析单，以了解如何进行成人依恋访谈研究开始，到现在已经有 20 年了，成人依恋访谈仍然在我日常的心理治疗工作中发挥着重要的作用。如今，我对病人叙述的理解已经远远超越了任何统计类别，我发现叙述能解释心理的很多层次。成人依恋访谈问题可以帮助我们探索童年的人际关系如何塑造了我们内心世界的模式，特别是如何影响了我们的忍受窗口，以及反思自己内心世界的能力。拥有一致叙述的病人，他们的忍受窗口更宽阔，具有更强、更有力的第七感技能。如果病人的依恋模式是不安全的，那么成人依恋访谈能帮助我找到方法来提高整合性，并创造出"争取到的安全感"。

在以下内容中，我将分享病人对成人依恋访谈问题的回答，以及这些回答揭示了他们对自己的人生有怎样的理解。我将探讨儿童依恋模式的4种模式如何在成人的叙述中体现出来。我还会探索照顾者的忍受窗口如何直接影响着他们与孩子的互动。最后，我还会思考如何避免不安全依恋所造成的刻板僵化或杂乱无章，形成和谐一致、安全的人际关系。

◇ **安全的心理**

作为进行探讨的标准，让我们来听一听具有高度一致性的叙述。以下这个故事出自我的第一本书——《人际关系与大脑的奥秘》。

> 我爸爸因为失业而非常苦恼。这些年来，我觉得他很抑郁，在他身边可不是一件有趣的事。他就会出去找工作，如果没找到，他就会冲我们大喊大叫。在年幼时，我觉得这种状况非常令人痛苦。我和他不亲密。随着我渐渐长大，妈妈帮我理解了爸爸的处境对他自己和对我来说都非常痛苦。我必须处理好对他的愤怒，这样才能在我青春期过后，发展出与他的感情。我认为自己能有现在的驱动力，有一部分要归因于那段艰难的日子。

像许多人一样，这位女士的童年显然不够理想，但她能够客观地看待过去，平衡积极影响和消极影响，反思自己的理解如何随着时间而发生改变。她从记忆轻松地转移到了对记忆的反思，她提供了足够的细节，让我可以了解她的经历。

并不是每个安全的叙述都能表达得这么清楚有力，但当我们转向依恋关系不太安全的人的叙述时，你便会发现，即使是能非常清楚地表达自己日常生活的病人，在讲述自己人生故事的时候，也会出现不一致。

◇ 拒人于千里之外的心理

你可能已经发现，我在第 6 章对斯图尔特的治疗中，提出过一些成人依恋访谈的问题。让我们再来想一想，他是如何回答有关早期生活经历的问题的。虽然已是 92 岁高龄，但他依然能回忆起住在哪里、在哪所学校上学、主要的体育赛事以及第一辆车的颜色和构造等事实。与之相反，他的故事中没有涉及人际关系的问题，他坚持称自己"想不起来"童年时与家人在一起的经历了。而且，斯图尔特说，家庭生活对他的发展没有任何影响，除了父母为他提供了"良好的教育"外。他似乎急于继续下面的问题："下一个问题是什么？"

如果斯图尔特想不起来家庭生活，那他怎么知道家庭生活对他没有影响？这就是不一致叙述的例子，它是不合理的。换句话说就是，斯图尔特没有证据来支持他的陈述。对于一名律师来说，这个问题尤为引人注目，因为这说明他的童年整合受到了阻碍。左脑专门处理外显记忆中的事实记忆，斯图尔特拥有丰富的事实记忆；右脑专门处理自传式的细节，这是斯图尔特欠缺的。他占绝对主导地位的左脑模式有讲述人生故事的动力，但没有获得来自右脑的自传式细节。这造成的结果是，他"虚构"或编造了一个人生故事，里面充满没有事实依据的概括，比如他的童年属于"平均水平"或"还不错"。

斯图尔特表现出了成人依恋访谈类别中"拒人于千里之外"的心理状态的 3 个特点：对过往人际关系的回忆缺乏细节；回答非常简短；坚持称与家人的关系对自己的发展没有影响。根据我的临床观察发现，拒人于千里之外的状态通常与左脑占主导有关。

拒人于千里之外的成人通常曾是个过早独立的孩子，他们表现得像个"小大人"。减少右脑的参与能够避免他们狭窄的忍受窗口被对他人的需要而淹没。偏向左脑是一种适应策略，这样他们就不会因为渴望得不到的人际联结而感到万分痛苦。在那种情况下，这对他们而言是最好的选择。

你认为斯图尔特的儿子兰迪在小的时候与父亲的依恋关系属于哪种类型？我

们很容易想象一位为孩子提供优越的生活，但在感情上很疏远的父亲。斯图尔特也许会在儿子长大以后与他进行知性的交谈，但他却会忽视儿子的感情，也不能察觉儿子的非语言信号。按照斯图尔特妻子的话说，他是被"地球上最冷酷的人"抚养长大的，因此斯图尔特很可能与父母的依恋关系是回避型的，而兰迪和他的依恋关系可能也是回避型的。对兰迪来说，他幸运地拥有艾德丽安这样的妈妈，能够给予他身体上与情感上的联结。

拒人于千里之外的成人的叙述通常有一个中心主题：我总是一个人，要靠自己。独立自主是他们自我认同的核心。人际关系不重要，过去对现在没有影响，他们不需要其他人。当然，他们仍有需求，这就是为什么我能促使斯图尔特与自己的右脑发生更多的联结，最后与艾德丽安进行联结的原因。依恋研究者监测了参与过陌生情境测试中的婴儿在长大成人后，进行成人依恋访谈时皮肤的应激反应。尽管拒人于千里之外的成人在叙述中低估人际关系，但皮肤测试监测到大脑皮层下放电，这是焦虑的信号。

孩子与父母表现出类似的适应：关闭了依恋系统。尽管他们的大脑皮层可能适应了回避和拒人于千里之外的姿态，但他们的边缘系统和脑干依然知道，生活中需要联结。这种未被承认的驱动力推动着斯图尔特的治疗进程，最后出现了他将自己的手盖在我手上的那一刻。

对有着拒人于千里之外的依恋叙述的人来说，整合就像一颗休眠了几十年的种子，终于绽放出花朵。刚刚获得发展的右脑为参与人生做好了准备，并邀请大脑皮层下的连接进入到生活中。它也可以通过胼胝体来连接，形成双向的整合。现在，感情和事实一样重要了。并不是所有的事情都能恢复，像斯图尔特这样的成年人不会提取出童年时的自传体记忆，也许从来就没有这些记忆。然而，新的童年整合使他们得以创造出在当下对自我更丰富的社会性、自传式及身体的感知。"理解"不仅指对过去的事件有符合逻辑的理解，一致的人生故事还包含我们从头到脚的所有感知。当斯图尔特给我读他的日记时，当他告诉我艾德丽安的肩膀按摩"感觉很棒"时，我都能看到发生了这种"理解"。对于产生这种"理解"的人，以及与他们关系亲密的人而言，都会感到这是一个奇迹。

◇ **心事重重的心理**

如果同居 4 年的女友萨拉没有提前打电话告诉格雷格，她会晚点儿下班，那么女友的晚归便会让格雷格很惊慌。格雷格 35 岁，是一位长得很帅的演员。他的不确定感和焦虑与他自信、成功的公众形象完全相反。他经常质疑萨拉是否对自己忠诚，反复的质疑导致萨拉告诉他，她不能和他结婚，因为格雷格没有安全感。格雷格告诉我，他也对结婚感到很犹豫，因为担心他们的关系不能持久。他知道萨拉爱他，但又觉得不能相信萨拉说的话。之前，其他与他交往过的女人都离开了他，为什么萨拉就会不同呢?

当对格雷格进行成人依恋访谈时，我惊讶于这个聪明而且各方面都很有条理的人，居然在访谈中显得散乱无章。我问他对早年与父母的关系能记得什么时，以下便是他的回答。

> 嗯，这个问题可不是一两句能说清楚的。我的意思是，一开始我觉得自己和父亲的关系挺好。他过去常在周末陪我和哥哥玩，那感觉很棒。但是当我长到十几岁的时候，爸爸便无法适应我的独立了。我猜我在某种程度上失去了他，可能是他工作太忙。我妈妈就不同了。有时当我和她在一起的时候，她似乎很紧张，好像担忧一些我永远也无法理解的事情。这种紧张不安让我感到很奇怪。我不知道她和我哥哥在一起的时候，是不是也这样。我的意思是，她爱我们俩，但好像因为某种原因，她更偏爱我哥哥。当我和哥哥打架时，即使我打输了，她也会冲我嚷嚷。有一次，我甚至都受伤了，她还说是我的错。就像上周，妈妈坐飞机来这儿，即使我住得离机场更近，但她还是先去看望了哥哥。我的意思，她仍然更喜欢哥哥，我哥哥也知道这一点。昨晚，我们一起去哥哥家吃饭，她看起来很以哥哥为傲，我想她不会为我感到这么骄傲。哥哥有孩子、妻子和自己的房子。我只有事业、公寓、一条狗，还有萨拉。你知道，这不可同日而语。

我让格雷格回忆童年，而他的回答悄悄跑到了现在，突然告诉我一周前，他和妈妈、哥哥发生了什么事情。这是另一种不一致，尽管与斯图尔特叙述中空白的童年不同，但它也是不安全依恋的标志。这是在成人依恋访谈中，"心事重重"这个类别的特点，也就是源自过去的问题会不断地闯入当下的经历中。

当孩子盯着父母的脸看的时候，他是在寻找反映自己心理的回应。当孩子得到的回应是开放直接的、具有接纳性的、与他能保持协调的，那么孩子便能形成清晰的自我感。共鸣回路使我们能够在别人的脸上看到自己，也能使第七感镜头更清晰。然而，如果这面镜子被父母自己的偏见或心理状态扭曲了，情况会如何呢？童年时矛盾型的依恋关系，通常是因为父母与孩子的谐调不连贯，加之父母有干扰行为造成的。孩子在照顾者的眼里不能清楚地看到自己，从而造成了迷惑的自我感。心事重重的叙述的中心主题是：我需要他人，但我无法依靠他们。

理解矛盾型依恋的另一种方法是探讨"感情纠葛"。像格雷格这样的孩子，与妈妈有联结，但他不能进行差异化，拥有分隔开的情感生活或同一性。由于自身的焦虑，妈妈的回应是令人困惑的，这破坏了整合所必需的差异化与联结的平衡。尽管格雷格自己不觉得焦虑，但心中充满了妈妈的焦虑。无论开始时，格雷格的内在状态是什么样，妈妈的状态都会影响他的状态。他们俩不是可以在对方那里找到可靠联结的独立个体，而是互相纠葛在一起。他妈妈不能清楚地看到他，我们只能想象，她的困惑可能源于她自己的遗留问题，并融入了格雷格的第七感镜头中。整合受到了阻碍，格雷格走向了混乱的边缘，比如当萨拉回来晚时，他会陷入极度的焦虑。目前，格雷格无法把萨拉看成是单独的人，可以有各种回来晚的理由。他只担心萨拉的晚归意味着她对他有怎样的感情。

对于格雷格来说，成长的关键不是指责他的妈妈，而是理解为什么他会有不安全感，这样我们就可以一起努力，整合他的大脑。解释与借口之间有着巨大的差别。格雷格可以通过理解自己的人生来增强维持亲密关系的能力。

我最初的目标是扩展他前额叶中部监控过度唤醒的依恋系统（这与斯图尔特

关闭了依恋系统的情况正相反）的能力，最终实现降低唤醒程度。想象一下，格雷格在等待萨拉。随着钟表滴滴答答地走过了她应该到家的时间，格雷格的遗留问题——被抛弃感，控制了他的内心世界，他开始变得焦躁不安。当感到不确定，感到有可能失去萨拉时，格雷格的心理突破了他的忍受窗口，使他陷入混乱之中。现在他惊慌失措。这些遗留问题就像"热键"，是令他不能自拔的脆弱点，并主导了他对亲密关系的看法。

为了缓解他的这些感受，我首先利用觉知之轮，教他做整合意识的基本练习。我还教他如何通过关注呼吸以及想象安全之所来让自己平静下来。对格雷格来说，仅仅是学会如何安慰自己便是非常重要的一步。接下来，依赖觉知之轮的轮毂，也就是前额叶区，他多少能够让自己与右脑产生的情感、身体感觉和自传式形象保持一些距离。他不再被引起惊慌的不安全感所淹没，而是能够认识到，它们只不过是觉知之轮边缘上的感受。

我也利用大脑的手模型帮助格雷格理解他的右脑如何压倒了左脑，使他的前额叶无法应对。现在，他能够形象地理解我们正在努力实现的双向整合。当他学会"只是注意"身体的感觉是什么，尊重它们，不被它们吓倒或试图压制它们时，便提高了感知力整合程度。至于他妈妈偏爱他哥哥的问题，我们能够指明内隐记忆的现实，理解源于过往的深切痛苦如何没有经过海马的整合，因此才会在他意识不到的情况下被触发，使他在此时此地被"自己是不可爱的"感觉所淹没。一旦明白了内隐记忆是怎么回事，格雷格便能驯服它了。也就是说，他现在有了稳定的注意力，能够直接专注于这些内隐记忆，将它们整合为更加外显的形式。

格雷格渐渐明白，他对萨拉的怀疑其实来源于过去在情感上被抛弃的感觉。这些感觉被嵌在他的内隐记忆中，主导着他的右脑"数据库"。尽管没有创伤后应激障碍中的记忆闪回，但格雷格渐渐意识到，这些源自过往事件的侵入性的强烈情感，依然在驱使着他如今的生活叙述。有了新发展出来的第七感技能后，格雷格便能开始解开纠葛的过程了，这个过程至关重要，可以将内在顾虑与外在现实区分开。他的左脑模式便能设法对混乱的右脑模式数据进行分类、选择和排序，从而形成更一致的人生叙述。如今，他能明确地指出自己担忧的起源，使他能以新的方式来看待萨拉以及他们的关系。

在治疗了几个月后，格雷格骄傲地说："萨拉告诉我，她认为我更理解她了，或者至少我在试图理解她。她觉得我的性情更稳定了。我认为这对我们俩都有好处。"

◇ 未妥善处理的和杂乱的心理

有时，童年的人际关系留下的不仅是持续纠缠我们至今的遗留问题。如果我们的经历是可怕的、令人难以承受的，心理就会分裂，变得杂乱无章。我们内心世界的构造开始解体，令我们迷失了方向，有时既无法保持与他人清晰的联结，又无法保持自我的一致感。如果过去的创伤或丧失没有得到解决，我们的内在叙述就会瓦解。当我们试图向别人讲述自己的人生故事时，一些在更宏大的人生叙述中没有找到位置的感受或图像，也许会压垮我们。

"每当他哭闹时，我都会很抓狂。"朱莉对我说。她试图向我描述，她与两岁的儿子毕达哥拉斯的互动有什么问题。朱莉是一名41岁的高中数学老师，由于想不出养育第一个孩子的"方程式"，于是她来我这里接受治疗。她看起来比实际年龄显老，多少有些不修边幅的外表透露出她的苦恼，表明了她多么希望有个"方程式"能够干净利索、有条不紊地解决她的问题。

朱莉的丈夫以前结过婚，他有两个十几岁的女儿，也住在家里，但朱莉并不担心她们。"她们不会来烦我，"她说，"不像毕达哥拉斯，他真是要把我逼疯了。"朱莉知道，对于两到三岁的学步儿来说，开始坚持自己的意见是很正常的事情，但阅读书中对"可怕的两岁"的描述并没有带来多大帮助。她儿子的叛逆和反抗行为还是"按下了她脑袋里的所有按钮"，让她整个人都崩溃了。

朱莉的反应似乎超过了一般父母的忧虑，比如担心自己有时会"不讲理"或大发脾气。对于毕达哥拉斯的反抗，她感觉自己"彻底崩溃"了。她会跟儿子较量，会为刷牙或洗头这样的事情争执，并变得越来越烦躁不安。上床睡觉时间变成了每晚的危机，毕达哥拉斯会绕着房子跑，翻出他的小床护栏，直到朱莉痛哭起来。她说，在工作之后还要负责家里的事情实在太辛苦了，她觉得内心好像快爆炸了，根本不可能"心平气和地思考"。"我一开始觉得害怕、无能为力，接着担心会突然发生什么事情。我会大叫或咆哮，或者更糟，我还会动手打他。我觉得自己快疯了。"

朱莉给我讲述的毕达哥拉斯的轶事，听起来只不过是一个活泼的、精力充沛的孩子的正常行为。她的丈夫在管教孩子上没有经历过类似的问题。他告诉朱莉，毕达哥拉斯的活力让他很开心，他儿子是"真正的男孩"。当然，这让朱莉觉得孤立无援。

当我对朱莉进行成人依恋访谈时，她表现出了心事重重和拒人于千里之外两种状态中的一些元素。如果与照顾者之间具有矛盾型依恋关系，心事重重的状态就会显露出来，右脑模式的记忆和情感会侵入，阻碍左脑模式讲述线性的、用语言表达的、符合逻辑的、一致的人生故事。朱莉的叙述有时听起来很像格雷格的叙述。例如，她告诉我："我妈妈几乎从来不陪我，至少她没时间单独和我在一起。我的意思是，她关心我，但她很忙……不，她更像是心不在焉。这很奇怪。"我问她过去与妈妈的关系如何，她的陈述一开始会围绕着我的问题，但很快就转到了现在。

朱莉讲述的故事中缺少童年时的很多细节，并认为童年对她影响不大，这体现了拒人于千里之外类别的特点。这再次显示出我在斯图尔特身上看到的不一致性。如果朱莉无法回忆起过去的细节，那她怎么能那么肯定地说，过去对她没什么影响呢？

当我问到一个访谈中的标准问题时，一些新情况出现了。这个问题是，童年的她在什么时候会觉得很害怕。她盯着我看了几秒钟，然后说道："嗯，应该说我没有很多恐惧的经历，即使会感到害怕，次数也不多。有那么几次，但很少。一般是我爸爸，他是个酒鬼，喝完酒回家的时候，比如在深夜。大多数时候，他只是醉得不省人事。我能真切地听到什么时候汽车开进了车库，他'砰'地关上门的声音非常响。如果他喝得太多，就会直接昏睡过去。如果没喝那么多，就会变得喋喋不休。不知怎么的，我学会了衡量他喝了多少，你知道，就是推断……有一次，他喝酒的量只达到中等。尽管我不知道，但他那天晚上肯定跟妈妈吵架了或发生了什么情况，因为妈妈通常不会不在家。他疯了，当我在厨房看到他时，他跟我说话，嗯，我想……他那时拿着刀，切肉刀。他喝醉了……我想他并不是有意这样做的，他追着我跑，说我这样十几岁的女孩不应该待在家里，不应该穿那样的衣服，还有些我也不知道什么意思的话……我跑开了……跑进了浴室，但他撞开了门，我只是尖叫……那晚上的事情我都不太记得了……那真的很恐怖，我想应该是的。"

朱莉几乎说不出话来。她就坐在我对面，但我觉得自己够不到她。她似乎退缩到了很远的地方，迷失在她的内心里，那里充满了当时的恐惧。她再也无法向我讲述她的人生故事，于是离开了。重新经历过去在我看来，就像进入了分裂状态。

在此，请回顾我在第 8 章介绍的分裂机制，这会对我们有帮助。发生威胁生命的事件时，应激激素的泛滥、恐惧的内在状态以及无助感，都会关闭海马。因此，内隐记忆的原始素材便没有被组合成更具整合性的外显记忆。如果感知出现了分裂，比如为了生存，将注意力只集中在经历中能够承受的方面，就会将创伤编码成仅止于内隐的形式。

这类内隐记忆很可能会让我们体会到突如其来的情感、知觉、行为反应和身体感觉。很久以前的战斗—逃跑—僵住不动的反应可能会保持仅止于内隐的状态，在某些情况下，受到很小的一点儿刺激，就随时可能引发反应。当这些内隐元素被某个与创伤有关的线索，比如孩子的眼泪和哭号提取出来时，埋藏在心底的痛苦就会淹没我们此时此地的体验。与创伤有关的线索也可能是内在的。朱莉对儿子的哭闹感到很无助，觉得安慰儿子是很重要的，这些想法有力地唤起了她爸爸喝醉酒回家时她的感觉。重申一下，大脑是联想器官，一起放电的神经元连接在一起。大脑同样是一个预言机，不断发生的经历刺激大脑在我们意识不到的情况下，进行联想性的联结。在朱莉的情况中，她会不可避免地对儿子说"不行"，而儿子的愤怒和反抗会触发她极度的恐惧状态。她的反应并不像是唤起了过去的记忆。朱莉的记忆联想网络是内隐的，它们彼此没有联系，而且未得到解决，因此会瓦解她平常有序的大脑。

惊恐的孩子面临着生理上的矛盾。他的生存神经回路在尖叫："逃离恐惧的来源，你有危险！"而他的依恋神经回路却大叫："去你的依恋对象那里寻求安全和慰藉！"如果同一个人同时激活了大脑的"逃离"和"趋向"信息，这种恐惧就是无解的，这是一个无法解决的困境。因此，这个孩子的自我在回避型依恋中是分离的，在矛盾型依恋中是困惑的，他的自我感会变得四分五裂。这就是紊乱型依恋。它的特点是，创伤及丧失处于未妥善处理的状态，还有朱莉所经历的那种分裂。

让我们来总结一下。内心未得到解决的创伤或悲痛，使得对与之相关的人生阶段的叙述变得方向不清、杂乱无章。这种模式就是未妥善处理的、杂乱的模式，其主题大致是"有时我会崩溃，所以我不能指望自己"。

由于有未妥善处理的创伤，因此当讲述者超出了忍受窗口时，一致的人生故事就会突然变得支离破碎。这是瓦解的迹象。类似地，父母与孩子的关系可能是协调而安全的，但出现某些应激源时，他们应对能力的空洞就会显示出来，忍受窗口明显变窄，出现崩溃行为。在这些情况下，未妥善的状态会产生低劣的反应，使我们大发雷霆或失去理智。朱莉有理由担心她可能会打毕达哥拉斯，或者冲他大喊大嚷地吓唬他。如果这种不理智的爆发很强烈或很频繁，便有可能对孩子造成创伤。除非由此造成的分裂得到了修复，否则孩子可能会形成反映父母自身童年经历的紊乱的联结。

我开始慢慢地帮助朱莉检视她与父亲有关的经历。一开始，她没能使自己与内隐记忆保持距离的一致性叙述，也没有来龙去脉能帮她明白，她的反应是可怕的过往经历的遗留物，而不代表此时此地她与儿子关系的现实。她一直停留在觉知之轮的边缘上，完全与心理的轮毂失去了联系。

当朱莉和我探讨她的过去与现在的联结时，某种叙述主题开始显现。她看到与毕达哥拉斯相处时的失控感实际来自她与父亲相处的经历。在治疗中，她还出现了被背叛的感觉，不仅被爸爸背叛了，还被妈妈背叛了。当朱莉在爸爸醉酒后的暴怒中饱受折磨时，妈妈却对此视而不见。朱莉有很多理由记不住那些时刻的细节，那时的经历无疑使她的叙述出现了拒人于千里之外的特点。难怪她会采取左脑模式，以获得庇护，并躲避在抽象的数学世界中。现在她开始看到了以前自己对儿子不理智的、无法解释的反应背后的逻辑和渊源。

在那段时间里，朱莉加入到一群学步儿的妈妈中，分享她们带有夸张与幽默成分的看法，并发现这很有帮助。她还参加了家庭互助会（Al-Anon），以帮助自己理解并分享与酗酒的爸爸相处的经历。同时，朱莉还从正念练习和记日记中获益更多。记日记激活了心理的叙述者功能。已经有研究发现，只是写下我们对充满挑战的经历的解释，就能缓解生理反应，增加幸福感，即使我们从来没有把自己写的东西拿给别人看。

有一天，朱莉来接受治疗，她告诉我，他儿子又大发脾气。接着她说："我能看到，我的内心正准备爆发。看着毕达哥拉斯怒气冲冲的脸，实际上那是我爸爸的脸，我知道自己有麻烦了，我看到了两张脸。"她把这次经历写在日记里，并在做正念练习时反思，她逐渐将这种挑战性的时刻看成机会。几周之后，她评价道："我知道这听起来很疯狂，但我现在很感激毕达哥拉斯的强势态度。我必须料理好自己的问题，治愈自我，不再陷入陷阱中，把这看成是他有问题，而不是我有问题。我知道还要付出一些努力，但我认为我已经知道了开始的方法。"

治疗扩宽了朱莉的忍受窗口，这样她便能将可怕的右脑影像与左脑的理解能力结合起来。治疗也给予了她外部的安全资源，一个受保护的空间以及与某人的联结，也就是与我——她的治疗师的联结。我的目标是帮助她看到自己的心理，摆脱扭曲的过去。在一开始，这是必不可少的，后来她逐渐认识到，她加入的团队，她的朋友和丈夫也是支持之源。随着心理轮毂的加强，她开始能够将来自边缘的原始经验数据组合起来，形成有关她是谁，以及她希望成为谁的一致的人生故事。

有勇气接近过去的创伤，而不是去逃避，使得朱莉摆脱了内隐记忆对她心理的束缚。为了实现叙述的整合，她利用了我们探讨过的所有其他整合领域，包括觉知力整合、感知力整合、左右脑整合以及记忆整合。她现在真正地活在了当下。看着朱莉逐渐获得了为人母的自信，真的感觉很好。她逐渐意识到，她确实能够依靠自己。

并不只有朱莉能从这个治疗过程中获益。毕达哥拉斯将会和朱莉形成安全的依恋关系，他这一生都会从这种依恋关系中汲取回复力。朱莉彻底阻止了虐待与恐惧代代相传的过程。这就是为什么第七感不仅对我们自身的幸福非常重要，并对我们能够给予孩子（以及其他人）什么也很重要的原因。治愈自己的心理，给自己及周围人带来因治愈、整合而产生的同情与友善，无论什么时候都不嫌晚。

⋯⋯ 照亮我们的人生 ⋯⋯

当我们看到其他人的内心时，便在彼此的关系中引入了好奇、开放和接纳等性质。这些性质在我看来，是被过度使用的、通常被误解的"爱"这个词的本质。我认为好奇、开放、接纳与爱的姿态是安全型依恋关系的核心。在一致的叙述者与他自己的关系中，你就能够觉察到这种姿态。

在人生早期，如果我们与照顾者之间具有一致的、连续的联结，也就是安全型的依恋关系，那么自我同情、自我接纳就会自然而然地显现出来。不过，在"争取到的安全型依恋关系"中，也会出现自我同情与自我接纳，就像我那位有着艰难童年的朋友丽贝卡。正如丽贝卡所说，当我们觉得自己在他人的心里时，爱的烛光便在彼此的内心熠熠生辉，并照亮了我们的生活。

对大多数人来说，是父母点燃了那支爱的蜡烛。对丽贝卡来说，那个人是她的姨妈。即使置身于混乱的家庭环境中，能感到被姨妈感知也会给予她真实而宝贵的自我感，最终使她拥有一致的人生叙述。如果与亲戚、老师、咨询师或朋友的关系是积极的，那么我们便有了与自我建立起积极关系的道路。之后，便能用第七感照亮自己的内心世界，将人生看成是完整而有意义的故事。这是我一直鼓励老师和咨询师与学生和来访者建立稳固、协调的联结的一个原因。当人们感到被感知，感到自己的内心被包容在另一个人的心里时，神奇美妙的事情就会发生。

丽贝卡现在有了自己的孩子，孩子们很幸运，他们和妈妈之间能够拥有开放的、充满爱意的关系。如果你看到丽贝卡和她的孩子们在一起，你绝对猜不到她的童年会那么痛苦。早年的经历并不是命运。如果我们能理解自己的过去，整合自己的叙述，便能够从跨代传递的痛苦与不安全依恋中摆脱出来。丽贝卡的故事一直鼓舞着我，她展示出了对自己的心理负责如何能使自我得到解放，以及如何能获得为下一代提供爱与养育的能力。

> 早年的经历并不是命运。

·10·
m1nds1ght

自我
身不由己的 "钻石王老五"

当 5 年中第四任女友毫无警告地摔门而去，也在他们的关系 "砰" 地斩断时，马修
知道自己有麻烦了。至少他在一开始讲述自己的故事时是这样开始的。我很快
发现，在马修的心里，有很多能表明 "事情不对劲" 的警告信号，他觉得他正眼睁睁
地看着自己无法控制的行为模式一再重现。

马修是一位 41 岁的投资银行家，他和蔼可亲，善于做精明的商业决策，因此在业
内颇有知名度。在公众眼里，他很自信，而且容易相处，但在私人生活中，他似乎无
法维持亲密的关系。有些事情会让他 "身不由己"，由此造成最糟糕的梦魇——失去伴
侣，再一次独自一人。

在工作中，马修可以毫不犹豫地做数额巨大的投资决策。他思路清晰，对自己充
满信心。然而，在他第一次来见我的时候，我发现，事业的成功就像表面的薄膜，掩
盖着没有人了解的，甚至连马修自己都没有完全意识到的痛苦深渊。他当然不知道他
的生活为什么会有这样的分裂——坚如磐石般的工作和支离破碎的个人生活。

马修让很多人变得富有起来，他的声誉基于良好的业绩，良好的业绩又带来了
更多的投资机会。这是一个有利可图、向上发展的循环，既带来了经济收益，又带来
了社交好处。用马修的术语来说就是，他成了单身社交圈里的 "热销商品"。那些年
里，金融市场一路走高，马修身边的女人就像他在工作中交易的那些昂贵而抢手的商

品一样，魅力十足、万人迷恋，只有少数人能一亲芳泽。然而，在办公室之外，商业策略却奇怪地没有产生收益。马修有很多约会，就像工作中的客户和经手的美元一样数目可观，但事实上这并没有让他认为自己值得这么多的关注。治疗了一个月后，他向我承认，尽管事业很成功，但他心里觉得"自己就像个冒牌货，就等着别人揭穿了"。

马修年轻的时候，一直渴望"猎艳"。追逐女人，和她们上床，然后再也不见她们。他告诉我，他是最彻底的"一夜情男人"。快30岁的时候，他对这种生活感到厌倦了，渐渐觉得"这些性游戏是那么空虚。我征服了，但一无所获。这非常令人痛苦"。30岁时，马修决定去改变，但事情并不像他希望的那样。

30岁后的几年里，马修的女朋友换得像走马灯似的，让人眼花缭乱，但他并没有得到自己想得到却又无法真正说清楚的东西。马修花了很多精力来追求这些女人，他很高兴自己超越了年轻时一夜情的阶段。但在马修赢得了她们的芳心，她们逐渐了解并接纳了他之后，马修内心的某些东西发生了改变。他本希望在约会几个月后，自己会深深地被对方吸引，但是相反，他会越来越厌恶对方的关心。

与一个新认识的女人刚开始交往时，马修会感到很兴奋。他会给对方送花和小卡片，突然拜访她工作的地方或她家，给她惊喜。他的痴情有一种令人亢奋的驱动力，让他"上瘾"。马修非常喜欢挑战，会被几乎不可能实现的事情所吸引。这让他在工作中充满了激情，而且这也是他面对感情生活的方式。他喜欢选择一个即使以他的地位而言，其社交条件和外貌仍"高不可攀"的女人。他自认为"身价悬殊"能激发他的决心，要让对方对他感兴趣。有时，他会觉得自己迷失在了某种熟悉的追逐中，对追逐本身的兴趣超过了对人的兴趣。他像被某种强大的药物所驱使，这种药物与亲密关系无关，只与挑战有关。

······ 在熟悉的地方迷路 ······

一开始，我的假设之一是，就像马修自己说的，他对追逐带来的刺激感"上瘾"了。用大脑的术语来说就是，其中涉及化学信使多巴胺的大量释放，多巴胺在奖赏与驱动力方面发挥着中心作用。所有的上瘾行为，无论是赌博，还是使用可卡因这类的药物或酒精，都包括多巴胺系统的激活。在实验中，老鼠会不吃不喝，只吃可卡因。可卡因导致的多巴胺激活非常迅速而强烈，没有哪种行为或物质能够与之匹敌。启动奖赏的神经区域似乎压制了调节更复杂行为的前额叶，使我们无法选择自己的行为，药物替我们做了选择。奖赏神经回路接管了大脑，大脑皮层产生的有意识的心理成了上瘾驱动力的奴隶。

不过我很快意识到，马修的上瘾行为只是他人际关系历史的一个元素。如果驱动力只来自对多巴胺的渴求，便会体现为马修20多岁时的典型行为，即冲动而混乱的性游戏，不考虑安全性或不加选择。然而从那之后，马修的行为模式发生了改变，为了征服，他现在会制订并执行长期的计划。他可以等待、计划，非常耐心地追求恋爱目标，而不是那种受多巴胺驱使的行为模式。当马修和我进一步探讨他最近的恋爱经历时，他承认，他觉得通过赢得"高不可攀的女人"来证明自己的能力，在某种程度上能确立他的价值。也许用与他交往的人来向自己和他人证明自己的价值，并不是很罕见的目标。然而马修的痛苦在于，这些关系都不能持久。他似乎无法获得自己想要的东西。而且无论怎么努力，甚至连他需要的都无法获得。

马修追求的女人通常在一开始时是冷淡的，但有些人很快就会对他一往情深，开始深切地关心他。然而，马修不会把这看成是关系成功的迹象，或是他的价值的象征，而是失去了与这个女人相处的动力，突然开始做一些会让这个女人离他而去的行为。一旦新女友显露出喜欢他的迹象，她对马修的性吸引力就会开始消退。更有甚者，如果女友在卧室以外的地方表现出对他的爱，他就会对女友的关切行为感到厌恶，甚至恶心。即使他试图通过做爱来克服这种态度，但他缺乏性欲的表现也让一切更加明显。他变得不自在，根本不可能做爱。接着，马修发现自己会做一些疏远女友的事情。他经常会表现得烦躁而沮丧。如果对方的反应是关心，他便会感到更加厌恶。他不回女友的电话，或者在一起时也会忽略对方。通常到这时候，他们的关系也就完了。

一个主题开始显现：马修陷入了令人疯狂的矛盾的循环中，反复破坏他相信自己正试图获得的东西。我在临床上获得的印象逐渐整合了起来。马修似乎在试图消除某种深刻的自我否定感。如果你认为自己没有价值，那么其他人的赞扬反而会引起令人不适的感觉。正如格鲁乔·马克思（Groucho Marx）的名言："我不屑于加入一家会接收我这样的人作为会员的俱乐部。"伍迪·艾伦在他的经典影片《安妮·霍尔》（*Annie Hall*）中引用了格鲁乔的名言，他也许会搂着马修，让他振作起来，但对马修来说，被拒绝的痛苦可不是一笑了之的事。他经常发现自己很孤单，付出大量时间、金钱和努力去追求一些人，但她们拒绝了他。可是如果她们接纳了他，他就又会自己先撤。

⋯⋯ 未妥善处理的冲突 ⋯⋯

第七感 访谈

m]nds]ght

马修对成人依恋访谈问题的回答，为我们进入他的内心世界开启了一扇门。他爸爸有慢性肺病，患有肺气肿和哮喘。在马修的童年里，他爸爸大多数时候都卧床不起。马修记得被妈妈推到一边，并被告知不可以打扰爸爸，如果他做了让爸爸难过的事情，就等于"杀了他"。他的两个姐姐忙于学业，还要给人做保姆。他妈妈在结婚前是很有天分的钢琴演奏家，但当他爸爸无法工作时，她便找了份中学音乐老师的工作。她毫不掩饰对自己处境的失望与愤怒。在回顾往事时，马修逐渐意识到，妈妈同样感到非常害怕与孤独。

在最初的探讨中，马修主要描述了与妈妈疏远的感觉。然而有一天，我们进行了更深入的探索，试图发现为什么与女友外出吃饭通常会让他感到焦虑和烦躁。他的眼睛里充满了泪水，他开始啜泣。后来他告诉我，他妈妈渐渐确信，爸爸的病是因为营养不良而造成的。他说："为了让我们保持健康，妈妈会为家人准备成堆的食物，以及他爸爸根本没力气吃的食物。如果我吃不完妈妈堆在我盘子里的食物，她就会把我赶回我的房间。等我的两个姐姐去做保姆工作了，爸爸睡着之后，妈妈就会来到我的房间，严厉呵斥我的过失。有时妈妈会用皮带抽我，让我知道她有多关心我。"

在探索马修过去经历的早期治疗中，他有时会进入一种关闭模式，后来他把这称为一种形式的"崩溃"。当处于这种模式中时，他觉得"被束缚住了，不能动弹"。他不再说话，只是望着房间，似乎陷入了深思。等他回过神来后，会试着向我解释内在瘫痪的状态，他的描述听起来像战斗—逃跑—僵住不动反应中的"僵住不动"。好像他的大脑发现了威胁生命的危险，崩溃与无助是唯一可能的反应。

然而，一向与人相处融洽的马修也开始表现出反应系统中的"战斗"反应。对于一些小事，他的反应是不理性的。有一次，我在治疗前忘了把手机调到震动，铃声激怒了他。"我花钱买了这段时间，我希望你放尊重一点儿。"他凶巴巴地说。他对于被打扰的反应是可以理解的，但他的敌意，正如后来他承认的那样，"有些过分了"。

马修的妈妈造成了她儿子紊乱型依恋关系在生理上的矛盾性：马修害怕他妈妈，他想逃离恐惧之源。同时，马修大脑中的依恋回路又使他趋近依恋对象，以获得安慰。正如我在第9章探讨的，问题在于，这两种相反的驱动力都在同一时刻指向同一个人。这种矛盾是无解的，它是朱莉面对酗酒的父亲时所出现的"无解的恐惧"，这种恐惧是紊乱心理的关键所在。

这些在马修青春期之前反复与妈妈发生的事件，不仅在当时令他感到恐惧，还在马修的大脑里印刻了另一种状态——羞耻状态。

······ 从对幸福三角形的研究开始 ······

◇ 大脑中的羞耻

想象一辆油门能够正常工作的汽车。当我们想被他人看到并理解时，依恋神经回路就会加速运转，我们便处在了寻求联结的状态。一旦需求得到了满足，我们便会快乐地前行，继续自己的生活。然而，如果没被看到，如果照顾者没有与我们协调一致，我们便会体验到被无视、被误解的感觉，神经系统会突然激活调节回路中的刹车部分。猛踩刹车会造成特别的生理反应：胸部感到沉重，腹部感到恶心，眼睛向下看或转向别处。我们会退缩回来，远离通常连自己都意识不到的痛苦。每当被忽视或者别人发出了令人困惑的信号时，这种感到恶心及慌乱的变化就会出现。这是一种感到羞耻的状态。

如果父母经常不关心孩子,或者经常不能与他们协调一致,孩子就会处于羞耻状态。当源自不协调沟通的羞耻与父母的敌意混合在一起时,有害的羞辱感就会接踵而来。这些孤立的存在状态——被羞辱感强化的羞耻,会成为突触连接中的烙印。现在,僵住不动反应导致的猛踩刹车,与愤怒之下的猛踩油门结合在一起,造成了巨大的痛苦。在未来的日子里,当面对与最初的情境类似的情况时,我们便会对复活的羞耻或羞辱状态非常敏感脆弱,就像马修需要被一位女性——无论是他童年时的妈妈还是成年后的女友,看到并关心时所发生的情况那样。

随着孩子渐渐长大,大脑皮层发展得更加充分,羞耻状态便会与具有皮层构造的信念联系起来,即相信自己是有缺陷的。从生存的观点看,"我很糟糕"的视角比"父母是不可信赖的,他们随时会抛弃我"的视角更安全。对于一个孩子来说,感到自己有缺陷,比意识到自己依恋的对象是危险的、不可靠的或不值得信赖的更好。羞耻的心理机制至少保全了他对安全感的幻觉,使他不至于变得疯狂。

正是从这里开始,我们看到马修许多潜在的问题,以及羞辱、愤怒、恐惧、焦虑、羞耻、吓得发呆等状态,在发展与神经方面的渊源就是战斗、逃跑和僵住不动。由于他没有将这些反应状态整合到自己的叙述中,因此当应对这些状态时,他就像小时候看到妈妈阴沉着脸,拿着皮带走进他房间时一样感到无助。

在生活中,我们会尽量做到最好,但由羞愧引发的自我缺陷信念经常隐藏在深处,在大脑皮层意识层面觉察不到的地方。如果这种信念一直隐藏在潜意识层面,便随时有可能在暗中搞破坏。尽管这种潜藏的羞耻会推动我们去获取成功,证明自己很优秀,值得别人尊重与艳羡,但任何压力或失败的迹象,都有可能使在发展中形成的"自己是瑕疵品"的感觉浮现出来,让我们反应过度,与别人保持距离。我们要阻止别人以及自己,发现我们阴暗的过去,将糟糕的自我真相隐藏起来。在个人生活中,亲密的他人会渐渐走近我们公众形象之下的真实自我,我们会越发感到脆弱,害怕自己有缺陷的真相被揭穿,使亲密的关系遭到影响。

这有助于解释为什么马修会那么努力地要赢得最初对他不感兴趣的女人的芳心，为什么"高不可攀"的女人那么吸引他的注意力，因为她们让他不知不觉地想起了妈妈。马修投入到这种"征服—接纳—厌恶"的循环中，就好像他要靠此生活一样。从某些方面来看，设法说服父母，让他们相信他是值得他们去爱与注意的，的确是他童年时的生存方式。即使在长大成人后，他依然保持着这种熟悉的做法，总是试图去证明自己，去说服几乎不可能被说服的人。他会找到象征他妈妈的挑战性目标，那就是他那些高不可攀的女友，通过追求她们来证明自己的价值，努力缓解他甚至不曾觉察的羞耻感。

然而，只要女人开始对他充满深情，他便赢得了这场证明自我的游戏，而真正的危险便开始了。他无处可藏，除了逃掉，没有其他的办法，或者就是让那个女人离开。令人痛苦的是，童年时所感到的孤独感在成年后再次出现。这就是羞耻如何反复使得马修迷失在那些熟悉的地方。他陷入了孤立无援的循环，吸引与厌恶的交替将他逼进了死胡同。

◇ 多重自我

在前面的章节中，我们已经看到，分裂涉及的范围很广，从每天沉溺于白日梦到精神疾病。在分裂障碍中，意识正常的连续性被打破了。当记忆破碎，病人便失去一致的自我感，也失去了与身体的联结感，会感到不真实。分裂范围的一个极端情况就是被称为"分离性身份识别障碍"（dissociative identity disorder）的精神疾病，也曾叫多重人格障碍（multiple personality disorder）。

尽管马修状态的转换会产生被超出他控制能力之外的某物"操控"的感觉，但他没有觉得自己消失了，失去了记忆或与现实失去了联系，就像分离性身份识别障碍经常会出现那样。他并没有觉得这些状态好像不同于"他"。事实上，他觉得这些心理状态是他人格的一部分，是对各种事情的"自然的"反应。

随着治疗的推进，我听到他与女人的关系的更多细节。他表现出了充满冲突的心理状态，比如愤怒、羞耻和恐惧。这些心理状态都是根基牢固、反复出现的模式，并在他的生活中处于未整合的状态。我在这里所说的未整合的含义是，这些状态会触发自动化的、不受欢迎的行为，这些行为对马修主观的改变努力没有反应，它们会造成社交生活中的严重功能紊乱，并带给他内心世界中的苦恼。简言之，如果某个人的状态是未整合的，他就会感受到内心的痛苦，并倾向于混乱或僵化，或者两者兼有。他的行为也会受到不良影响，在与他人的互动中不能做到灵活并有适应性。马修所经历的从一种强烈的情绪状态到另一种情绪状态的突然转变，是对未妥善处理的创伤后适应的特征。

理解马修的状况的另一种方法是，从正常发展的视角来看待它。青春期早期通常充满了各种状态间的紧张，存在着一开始不会被意识到的冲突。到了青春期的中期，这些冲突能够被意识到了，但十几岁的孩子依然缺乏有效的解决策略。青春期的孩子可能对朋友是一种行为方式，对兄弟姐妹、老师、父母或曲棍球队的队友是另一种行为方式。服装、发型和举止行为成了不同角色以及角色间强烈冲突的象征。在青春期的后期，大多数年轻人发展出了更有效的方法，来应对这些状态间不可避免的紧张。健康的发展并不是指创造出均质的、统一的单一"自我"。相反，健康的发展包括逐渐承认、接纳，然后整合自己多样化的状态：发现迥然不同的状态如何能联结在一起，甚至互相合作，形成一个由很多部分组成的统一整体。然而，马修在发展过程中，没有掌握这种关键的策略。

第七感 研究

mIndsIght

很多研究认为，如果没有发生这种状态间的合作，青少年便会出现心理功能失调，比如焦虑、抑郁或身份认同问题。而另一方面，学会在不同状态间斡旋的青少年，则能找到让自己的多重自我感到舒服自在的场景、朋友和活动，他们会不断得到蓬勃发展。整合，再一次与幸福同在。

◇ **心理状态**

此时你也许会问，我们每个人都有哪些"状态"或"自我"呢？从大脑的角度来看，每个状态都是由一组神经放电模式构成的，这些模式里隐含着特定的行为、情感基调，以及通往特定记忆的入口。心理状态能使大脑更有效地工作，它用"神经胶水"在某一时刻将相关功能（有时分布很广泛）联结在一起。拿打网球为例，每当你穿上短裤和运动鞋，拿起球拍，前往球场时，你的大脑就会主动地产生"打网球的心理状态"。在这种状态中，你的运动技能、竞争策略，甚至以前比赛的记忆，都会做好启动的准备。如果你熟悉对手，就会回忆起他的动作，他最有力的击打以及他的弱点。所有这些记忆、技能，甚至竞争和攻击的感觉，都会被共同激活。

有时，保持共同被激活的"黏合剂"是可变通的，这使我们具有开放性和接纳性，因此可以引入新的感官数据以及新的行为方式。你可以向对手学习，并随着比赛的进展而做出回应。此刻你的心理状态是独特的，是神经放电独一无二的组合，但它还是会受到过往经历的影响。你做好了准备，并对新事物保持着接纳的态度，但一些根深蒂固的状态非常具有"黏性"和制约性，它们将我们限制在神经放电的旧有模式以及之前习得的信息中，促使我们以刻板僵化的方式做出反应。

这种锁死的状态就是"反应性"，它意味着我们的行为在很大程度上是由以前的学习决定的，它往往基于求生本能，而且是自动的。我们会反射性地做出反应，而不是开放地做出回应。一名有经验的网球运动员和一名技能出众、对他造成威胁的年轻选手比赛，如果对方取得了领先，他可能会心神不宁，如果他没有调整自己的打法，便有可能会输掉自认为稳赢的比赛。

对于任何活动，我们都可以是接纳性或反应性的。接纳或反应的特性可以出现在任何状态中，无论是辅导孩子功课、演讲、买衣服，还是做爱。如果反复做这些活动，其中的感觉、技能、记忆、行为和信念就会联结成一个统一的整体。有些状态经常出现，因此有助于定义一个人。这些所谓的自我状态组合在一起，就创造出了我们的人格。自我有很多种，无论是接纳性的还是反应性的，都组成了被我们称为"我自己"的那个人。

当马修与女友在一起的时候，他的自我状态被激活了，其核心是羞耻以及创伤性的战斗—逃跑—僵住不动的生存反应。它们促使马修以典型的方式来回应，而在这种情况下，他处在自动驾驶的状态，主要被旧有的内隐学习驱策着。当女人对他充满深情时，他发现自己会退缩，但他却意识不到这种已经操控了他的心理的状态。我想搞清楚这些状态，但自我状态是每个人生活的一部分，即使我们没有创伤史。

马修来接受治疗的时候，经常处于职场状态。成功的交易让他很有活力，很兴奋，散发着自信的光芒，快乐地与我分享他的成功。然而，只要将注意力转向他最近的人际关系，他的激情与自信就会逐渐消失，进入了焦虑和不确定的状态。这是令人痛苦的，但接受治疗的来访者认为这也是正常的。很多自我状态是以我们基本的生物性驱动力（biological drive）为核心，有时也被称为动机性驱动力（motivational drive），它来源于大脑皮层下的神经回路，受到具有调节功能的前额叶皮层的影响。这类基本的驱动力包括探索、掌握、玩耍、繁衍、资源分配、行政控制、性与归属。

例如，如果我非常喜欢垒球，那么在工作后加入部门的垒球队便具有多层原因：它能满足我归属与玩耍的基本驱动力；每次用球棒击球，每次调整场上的位置，都会涉及我的行政控制与掌握的驱动力；比赛的不确定性与开放性，满足了我探索的需求。当比赛结束时，我正饶有兴味地抛球玩，我的资源分配回路也许会提醒我，我饿了，而且因为明天要上班，所以我需要休息。于是在充实的一天过完后，我打道回府吃饭睡觉。

显然，这些动机性驱动力将身体、脑干和边缘系统的输入汇聚在一起，但大脑皮层同样在自我状态中发挥着重要的作用。如果我们再次检视大脑皮层的结构，便能非常容易地理解它的作用。

·····皮层柱：了解心理状态的入口·····

具有强大的感知与计划功能的大脑皮层是由 6 个神经元细胞互相堆叠起来的，这些神经元细胞堆，即"皮层柱"（cortical columns），像蜂巢一样聚集在一起，彼此相连。相邻的皮层柱通过类似的方式调节信息流。例如，视觉功能是由位于大脑皮层后侧的枕叶中的皮层柱来执行的；而听觉功能是由位于大脑两侧的颞叶中的皮层柱实现的；触觉功能是由侧面更高位置的顶叶中的皮层柱实现的。当我们计划一项感知运动活动时，前额叶的皮层柱就会被激活。当我们形成自己的心理或他人心理的图像时，前额叶中部皮层柱中的神经元就会放电。

为了理解以前的学习如何塑造了心理状态，我们需要了解另一个惊人的事实：经过皮层柱的信息流不只是从输入流向输出，它不是单向的，而是双向的。对于理解马修的心理状态，以及所有人的心理状态，这都是关键所在。

传入的感官数据经过脑干向上，进入大脑皮层最底层的神经元中，然后继续向上，这被称为"从下往上"的信息流。当一个学步的孩子看到一朵玫瑰时，他一开始可能会被玫瑰花鲜艳的红色所吸引，接着闻一闻花的香味（气味直接从鼻子传送到大脑皮层），摸一摸花瓣，甚至想吃一瓣（直到被他妈妈发现）。这种方式接近直接感知或纯粹的从下往上的感知，每个人都有过。

然而，如果我们以前看见过玫瑰花，那么对很多成年人来说，这种假设适用于我们见过的任何种类的花，类似经历的丰富的记忆存储就被激活了。以前的学习会将相关信息从皮层柱的上层向下传递，从而影响我们对所见、所听、所触、所闻或所尝的感知。并不存在"纯净的知觉"，知觉最终都是我们正感受到的感觉与之前学会的经验的混合。

看一看你是否能够想象以下内容：感觉从第 6 层向上移动到第 5 层，然后到第 4 层。这些"从下往上"的输入遇到了从第 1 层到第 2 层和第 3 层的"从上往下"的影响。"从上往下"的影响包括我们现在的心理状态、记忆、情绪和外部环境。在皮层柱的中间位置，也就是第 3 个和第 4 个神经元的位置，两条信息流融合在一起或发生冲撞。我们意识到的并不是我们感觉到的，而是信息流汇合后形成的结果。

例如，设想一下，你看到我把手举过头顶。如果你和我都在大街上，你可能会认为我在叫出租。如果我们在教室里，你便会知道，我要提问或发表意见。手势是相同的，但背景环境不同，以前的学习也不同。你不必思考我的手势是什么意思，而是会自动地 "知道" 它的含义。这就是心理状态的好处，它创造了高效的从上往下的过滤系统，通过这种过滤，便能获得对世界的诠释（这也是镜像神经元在发挥作用的例子，运用以前的学习来判断一个行为的意图）。

不过，心理状态也会扭曲我们的感知。如果你在童年时遭受过身体虐待，而此刻的背景环境又暧昧不明，比如我们正参加一个聚会，并进行着热烈的讨论，那么对行为进行诠释就会变得比较困难。在这种背景中，如果我迅速地举起手来强调一个观点，你可能会感到害怕，以为我要打你。你从上向下的信息流会主导从下向上的视觉输入，因此完全误解了我的意图。此时，你的镜像神经元会扭曲你清楚地认识我的意图的能力。这就是遗留问题和未妥善处理的创伤如何能形成一种从上往下的反应性的过滤作用。如果不是这样，你也许会很喜欢我们之间热烈的争论，对我的观点持接纳的态度，或者只是走开。同样是手势，却再一次产生了不同的结果。

了解皮层柱的结构如何塑造了感知，有助于马修逐渐理解自己未整合的心理状态。在我解释与父母的互动如何影响了我们的神经发展以及从上往下的过滤作用时，他听得很专注，并对 "具有不同的，甚至相互冲突的心理状态是正常现象" 的理念很感兴趣。他渐渐明白，挑战不在于消除从上往下的影响（我们无法做到），而在于当某种心理状态是反应性的，是源自过去的，而没有对当下持接纳的态度时，自己能够觉察到。

我还想让他明白，从上往下的信息流对与从下往上的输入的支配作用是多么强有力。当处在自动驾驶状态时，认知会"相信"它所感觉到的一切。其中没有第七感，而且我们会觉得依赖于状态的感知、情绪反应、信念及行为反应是合乎情理的，等同于绝对现实，而不只是一些心理活动。在接受治疗前，马修的"直觉"和"第六感"告诉他，女友是令人厌恶的，而他完全相信了这种从上往下的被扭曲的信息。从上往下的力量会在一眨眼的工夫里影响我们的思维，扭曲本能反应的可信度，并挑战最被珍视的自由意志。

那么，我们还可以依靠什么？我们如何能知道自己真实的自我，什么对我们是有益的，什么是真实的？如果我们有这么多的心理状态，那么哪一个能定义我们，我们应该选择哪一种？这些基本问题的答案都来自状态的整合。

······ 状态整合："之间"、"之内"及"我们" ······

状态整合至少包括生活中三个不同的维度。

整合的第一层是不同状态间的整合，即"之间"维度。我们必须接受自己的多重性，即在运动、智能、性欲、灵性及其他很多状态中，我们都会表现得非常不同。拥有多种多样的状态是人类完全正常的特点。幸福的关键就是状态间的合作，而不是某种严格同质的统一体。认为我们能够拥有单一的、完全一致的存在方式的想法既是理想化的，也是不健康的。

第二层的整合发生在某种状态自身的内部（即"之内"维度）。一种状态必须有内在的一致性，才能正常地运作，有效地实现目标，避免内在的分崩离析。例如，我决定去健身房健身，好让自己更健壮。如果我向来很少运动，小时候常因为自己的笨拙而被人取笑，而现在仍能感到以前那种害怕与困惑，那么我将需要进行一些自我反思。否则，遗留下来的思想包袱很可能妨碍我实现目标。我也许不喜欢在健身房里学的东西，并发现自己去的次数越来越少。

整合的第三层涉及在人际关系中的自我定义，即"我们"维度。我们的经历决定了我们如何使"我"的存在感成为"我们状态"的一部分，又不会因为这种结合而消失。要对"我们状态"持开放的心态，需要放下防范心理，采取接纳的态度，这对很多人来说都很难。由于童年时的马修没有安全的"我们状态"，因此他发现，现在也不可能达成这样的状态。

接下来，我和马修就要开始这三个层面的整合工作了。

◇ **"之间"维度：解开羞耻的心结**

你也许会问：马修摆脱掉这些羞耻状态不就可以了吗？为什么他不这样做呢？在马修的内心，那个以结果为导向的生意人有着类似的冲动，他想"擦去"他不能承受的那部分自我。不幸的是，这种将状态分开并摧毁的方法不管用。我们的每一种状态都在满足某种未得到满足的需求。为了进行状态之间的整合，很重要的一点是，去接近这些深切需求，辨认它们，找到更适合、更健康的方法来满足它们。

如果基本的动机性状态是互相冲突的，那该怎么办？有些状态能够很好地协作（例如性和玩耍），但有些是互相冲撞的。因此，我们需要找到方法来包容互相对立的强烈的动机性驱动力，比如对掌握的需要与对无限制的玩耍的需要；监测资源（时间、精力、金钱、食物等）的驱动力与繁衍的驱动力（孩子会花费我们大量精力、金钱和食物，这不仅适用于早期的人类，也适用于现代城市居民）；探索的需要（追求个人具有创造性的兴趣）与社会归属的需要（要成为家庭或社区中的好成员，就需要与他人保持一致）。这些内在的矛盾使得状态的平衡与多样成了我们健康心理的关键。

以下内容介绍了马修和我如何应对让他心烦意乱的冲突状态。

我们很容易便发现，他的一部分非常渴望拥有一位终身伴侣。"我已经不想再过 20 多岁时的生活了，我现在希望安定下来，但好像就是找不到合适的人。"他边回顾高中之后的性生活边说。

事实上，在他人生的这个阶段，马修需要找到的"合适"的人正是他自己。当一个自我想得到亲密关系时，另一个自我却要保护他的脆弱性，还有一个自我要证明他的自我价值。在马修的大脑中，这些状态按照不同的放电模式聚集在一起，它们对感知的过滤作用完全不同于"寻求亲密关系"的状态。

让我们来想一想马修的皮层柱：在亲密状态中，他看到这个有吸引力的女人，他的女朋友。在这种状态中，他认为女友从很多方面看都是"合适"的伴侣，她聪明、性感、性格好、很幽默。这些都是她能吸引马修的原因。然而，随着她越来越喜欢马修，随着她渐渐喜欢上那个很棒的他（他确实很棒、很亲切），他内在的"某些事情"发生了改变。马修和我逐渐认识到，这种改变源于另一套自我状态的激活。围绕着羞耻，马修的自我状态组织成一些彼此相关但各不相同的集群。

一种状态是自我保护性，会担心如果女友开始对他感兴趣，便可能逐渐了解他，发现他其实是个傻瓜，最好在女友发现之前离开她。这种状态也会保护他免受性障碍的威胁：如果他真想与女人保持亲密的关系，如果他们的关系确实很重要，他可能会"把事情搞砸"的想法就会令他很痛苦。因此，最好在搞砸之前就结束这段关系，就像他在 20 多岁时那样。最好和他不在乎的女人发生性关系，这样无论他表现得怎么样都没关系。这就是当女友太喜欢他时，马修之所以会变得不自在，失去性欲的多层次原因中的一个原因。

另一个基于羞耻的自我状态更苛刻。如果女友真的喜欢他，那么马修怎么能原谅她？这个推理过程听起来是不是不合情理？逻辑是这样的：如果一个女人喜欢我，那么她一定有什么地方不对劲。因此，我为什么要和她在一起？羞耻感可以使这个推导过程成立。如果我们相信自己是有缺陷的，那么所有"不合理"的反应就都会变得合理了。

马修的征服驱动力是第三种基于羞耻的自我状态。当他选择"高不可攀"的女人时，一部分的他会觉得非要赢得对方的心不可。他从来不会选择一开始就喜欢他的女人，就算是没有明确态度的女人也不会对他有吸引力。对于仍试图战胜过去的创伤的自我状态，"最好的"方法是再次形成尽可能与最初遭受创伤时的放电模式相近的神经放电模式。对此，临床上的术语是创伤重演（traumatic reenactment）。用脑科学的术语来说就是，他在寻找引发记忆的事件，从而激活某些自我状态，使他能够随时应对像母亲那样、有可能伤害他的冷漠女人。马修很擅长找到这样的事件，至少从表面上看是这样。

然而，来自马修童年的第四种自我状态也同样活跃：需要爱与联结的年轻的状态。他的一些女朋友发现了这种状态，并向他敞开了心扉。听到马修能在这些片刻接受一个女人的爱，真是一件很美好的事，即使他基于羞耻的自我破坏很快就会再次出现。

因此，我们能怎么办？状态整合要求马修稳定他的第七感镜头，就像第 5 章中乔纳森做的那样。我打算暂时不理会他的风流韵事了，在接下来几周的治疗中，我将重点放在教授他各种反思技术上。马修喜欢觉知之轮的比喻，也喜欢心理练习能够加强心理轮毂的理念。尽管一开始他感到有些怀疑，但他发现身体扫描确实有帮助。他在做这些练习时，就像在工作中那么投入：只要我为他指明目标，他就会全力以赴。

不过，马修很快发现，要接受这一切就需要有新的感知类型。对他来说，对内心世界保持开放，而不试图去控制它，是一件困难的事。拿他与一个女人在一起时会感到强烈的厌恶为例，他需要观察这种厌恶感的出现；客观地认识到，这只是他自我定义的一部分；还要对造成这一切的深层的痛苦保持开放。

当我将"共处"的练习介绍给马修时（在第 7 章中，我教给过安妮），他对以看似矛盾的方法来使用心理力量很感兴趣，一方面只是保持好奇与开放，另一方面要接纳自己的内心世界。我告诉他，从很多方面来看，好奇、开放与接纳是爱的基本成分。马修说，这些正是他童年生活中缺失的事物。

就像对安妮的治疗一样，对马修的治疗也需要双重焦点，一个去追踪他过去的经历，或他跟现在交往的女人相处的经历；另一个立足于当下，和我一起待在这个房间里。经过很多次困难重重的治疗，我们逐渐看到，他童年时被拒绝及恐惧的经历仍未得到处理，而要与这些经历共处，他需要支持。为了将这些未经处理的内隐记忆转化成更灵活的外显形式，马修还需要整合很多方面，例如，整合感知力、整合左右脑、整合记忆以及整合童年。

第七感 治疗

在一次治疗中，马修回忆起自己 6 岁时有一次走进父亲的房间，看他是否能陪自己玩。他妈妈冲进来，抓着他的胳膊，把他拖了出来。"我要告诉你多少次，不要去烦爸爸。"她训斥道。就在我的办公室里，马修的胳膊开始颤抖，他看到了妈妈的脸，回忆起妈妈的愤怒让他感到多么害怕。我让他"与愤怒共处"，用心理感知它。我们伴着他的恐惧一起坐着，体会着恐惧如何转变为悲伤。马修开始哭泣。

我教给他一个姿势，让他把一只手放在心脏的位置上，另一只手放在肚子上。对很多人来说，这个姿势能够提供强有力的自我安慰感。除了逃避，马修从没有找到什么方法来应对羞耻所引起的痛苦。我希望这种方法能帮助他扩大忍受窗口。过了几分钟，他说这种方法很有帮助。我们发现，将左手放在心脏上对马修而言最具安慰作用（不过对大多数人来说，将右手放在心脏上最具安慰作用）。通过拥抱着自己，他也能拥抱着自己渴望被爱、被接纳、被关注的童年的内隐记忆。

待马修变得更平静之后，更多的记忆显现出来了。他告诉我，他一满 12 岁，就迫不及待地去送报纸赚钱。他用自己赚来的第一笔钱给妈妈买了一台搅拌机，这样她就可以给爸爸做奶昔了。"她几乎没说声谢谢，"马修说，"我的功课很好；会给她买花；后来我在周末洗车，这样我就能给妈妈一些钱，但似乎没有什么事情能打动她。"然后他停顿了一下，告诉我说，他明白了某些事情：无论交往过的女人对他如何，他都无法证明妈妈是和蔼的、爱他的。无论他拥有过多少女人，都无法向父母证明，他是一个可爱的人。马修终于开始解开羞耻的心结。

从那之后，在我们反思性对话所营造的安全避风港里，在马修的心里，新的自我状态似乎开始出现。有一天他说："我觉得在我的内心有一个稳固的地方，在那里，我可以只是观看，把一切尽收眼底。"他平静地说着，对自己的发现带有一点儿吃惊，而我对此则怀有感激之情。

◇ "之内"维度：找到核心

在适应与人格的所有层面之下，是否存在核心自我？我已经探讨过多重自我状态，每种状态都承担着满足我们动机性驱动力的使命，比如寻求联结、创意或舒适。其他状态围绕着特定的活动：我们在某项运动上具有专长，精通某种乐器，或者具备工作中、学习中所必需的一套技能。其他状态还在我们的社会角色中发挥着作用：领导一个社区组织、寻找恋爱对象、参与家庭生活、交新朋友或与老朋友保持联系。

不过我相信，在所有这些自我状态之下，确实有一个核心自我，它的中心是接纳性。有些研究者将这个核心称为自身性（ipseity），这个词源于拉丁文 ipse，意思是"它本身"。自身性是我们的"本性"，是我们所有自我状态的活动背后的存在。许多人很难想象出接纳性的自我，更不要说感觉到它。然而，它是叙述、记忆、情绪反应及习惯背后本质的"你"。正是从这里开始，我们可以暂时不受从上往下的信息流的影响，逐渐接近所谓的"人之初的心理"。当马修说他发现内心"稳固的地方"时，所描述的就是接纳性的自我，它存在于很多自我状态的背后，会在我们的日常生活中被激活。如果他继续发展，这个自我就会变成他内在的庇护所，对一切保持开放，准备接纳可能来临的一切，将自我所有的方面邀请进他内心的庇护所。

根据我及其他很多人的经验，发展第七感镜头能使我们进入多层次适应方式背后的接纳性自我，甚至超越我们此刻的心理状态。当发展出宽阔的接纳性心理时，我们便能将内心的活动，包括心理状态，看成是心理的活动，而不能决定我们是谁。停留在心理的轮毂中，我们便能够感知到自己的接纳性自我，开放自己，面对充满新的可能性的世界，创造状态整合的潜在条件。

◇"我们"维度：联结的我们状态

随着时间的推移，马修开始与不同类型的女人约会，是那种他觉得有趣、有吸引力的女人，而不只是具有挑战性。一开始，他满心都是想要"追逐"的感觉，每当有人喜欢他，他就会感到不自在、感到厌倦。然而在经过很长时间的治疗后，他的感觉开始变得不同了。联结成了他对彼此关系的新关注点，而不再像以前那样，只想引诱和征服对方。最后，他确实找到了他很在乎的人，现在他正学习如何适应带有不确定性的生活，而亲密关系必然包含着不确定性。

成为"我们"的一部分迫使马修感知自己的脆弱性，活在当下，而不是战斗、逃跑或僵住不动。他的羞耻感仍会在各种情况下出现，但现在他通常能在采取行动前，先注意到自己的反应性。他新获得的技能让他摆脱了自动模式的束缚，因此他可以自己选择回应的方式。他和我都相信，他现在能与一个女人、与自己创造出他很久前就应获得的爱的联结。

人际关系
幻灭的夫妻

丹妮丝阔步走进我的办公室,显得自信而有安全感。跟在她后面的是她的丈夫彼得,他慢悠悠地拖着脚走,眼睛向下看,浑身散发着沮丧之气。他们是来接受第一次夫妻治疗的。丹妮丝笔直地坐在椅子上,彼得没精打采地歪在沙发上,而且一坐下就把一个大枕头抱在腿上,摆出一副防御的姿态。就算你不是心理医生,也能看出这对夫妇有问题。

"他是个没用的家伙,"丹妮丝说,"他还总缠着人,真让我受不了。"

彼得说话的时候好像上气不接下气,但这并不妨碍他的回击。"用不了多久我们就会发现,治疗是没有用的。我娶了一个自恋狂,真不知道我当时哪根筋不对了!"

你可以想象,带着这样毫不掩饰的敌意与鄙夷,这段婚姻关系已经到了无法挽救的地步。不过,在这对夫妇愤怒与幻灭的背后,我感觉到了悲伤与孤独,也许还有一丝渴望,可以促使他们做一些改变。

丹妮丝和彼得结婚10年了,有两个年幼的孩子。他们都说爱孩子,但总是不停地为孩子的事情争吵。丹妮丝和彼得都将近40岁了,对自己的事业都非常投入。丹妮丝是位建筑师,彼得是一所知名音乐学校的老师,有时会参加演出。他们尝试接受过一段时间的婚姻咨询,但发现"打开沟通通道"的努力完全没有效果。丹妮丝说,他们接下来本想去见律师,但觉得为了孩子们,应该再试一次。一位朋友建议他们给我打电话。

丹妮丝继续吐露心中的不满。在结婚之初，她觉得一切都"挺好"，但随着时间一年年地过去，她渐渐认为彼得"非常没有安全感，要求太高"。她的强调语气与坚定信念在我心里形成了一个像霓虹灯广告牌一样鲜明的形象：他有病，需要帮助。她一直觉得彼得是个"多愁善感的男人"。她说，直到有了孩子，她才意识到彼得真的很"软弱"。她告诉我，彼得不能或不愿意对抗他们两岁的女儿，她把爸爸"玩得团团转"。在丹妮丝没时间处理孩子的乱发脾气时，彼得就那么受着。他也没什么好办法来应付他们5岁的儿子。丹妮丝抱怨道："他会说些甜言蜜语，跟儿子谈判或发表长篇大论，而他们的儿子根本不理他。其实，只要他告诉两个孩子闭嘴，做他们该做的事情就好了。"她最后总结道："也许我以前还是尊重他的，但那点儿尊重现在已经荡然无存了。"

彼得的烦恼主要集中在婚姻中的孤独感上。"丹妮丝太独立、太强势了。她对孩子们很严厉，对我也是。我从没见过她温柔地对待孩子们，她就像一个没有感情的老板。"彼得继续说着，他觉得丹妮丝不关心他，因而感到很孤独。他对我说这些话的时候，眼睛没有看着我，也没有看着丹妮丝。他的话语中充满了悲苦与无助。

······ **寻求接纳** ······

大脑是社会器官，我们彼此间的人际关系是生存必需的养分，而不是奢侈品。丹妮丝和彼得都陷入了深深的苦恼中。很明显，他们交往的方式绝不会带来幸福。我们希望在治疗中获得什么？他们任何一方或作为一对夫妇，能否做足够的改变，让他们的关系恢复和谐？有时，最好的婚姻治疗师能帮助夫妇们发现，他们不适合对方，因此他们会分道扬镳，继续自己的生活。显然，如果丹妮丝和彼得曾有过被对方"感知"的体验，现在肯定就是体验不到了。他们的婚姻关系缺乏一种最重要的养分，那就是与了解你的人在一起，他想与你建立联结，时时把你的需要放在心上的感觉。

◇ **当生活中失去了和谐**

在提出治疗计划之前，我要求分别与他们单独见面。在会面中，我确信他们都真心希望能挽救这段婚姻，他们的关系中没有出轨、背叛或证明这段婚姻已经无可挽回的证据。当我同时与丹妮丝和彼得会面时，他们会表现出对对方的轻蔑和恶意，这使治疗像是注定会失败。然而，当他们分别与我单独在一起时，我在第一次会面中所感知到的、隐藏在表面之下的渴望就会浮现出来。他们来找我，并不只是"为了孩子"。彼得的语气会变得不那么逆来顺受、不那么消极。他聊到自己尊重丹妮丝，他们曾经是"合作得很好的搭档"。丹妮丝一开始很冷漠，但随着谈话的继续，她似乎开始软化了，不像是在两人一起接受治疗时，总是一副挑毛病的架势。她告诉我，她想知道自己能为改善状况做点儿什么。这真令人吃惊，同时也进一步让我感到了希望。即使他们最终不能相守在一起，我至少也能帮助他们好聚好散，使他们对对方怀着最少的敌意，共同抚养孩子。

因此，我告诉他们，我很乐意与他们一起努力，他们也同意接受限定数量的治疗。在治疗 6 次后，我们会重新评估当前的状态，并一起决定如何继续治疗。我觉得第一步可以利用他们单独与我在一起时所表达出来的积极意愿，帮他们将防御性、反应性的模式转变为对对方开诚布公、显露出脆弱性的模式。

具有讽刺意味的是，在一段关系之初，一个人最具吸引力的方面往往正是日后让我们抓狂的特点。在接下来的联合治疗中，我问起他们刚认识时的情况。彼得说，他最初是被丹妮丝的"独立、力量和强烈的观点"所吸引，并认为这些特点正好可以弥补他的不足。丹妮丝说，最初吸引她的是彼得的"外貌、敏感和他描述自己感受的方式"。她不知道自己为什么会喜欢这些特点，但"就是喜欢"。当丹妮丝说这番话的时候，彼得看起来有些吃惊，甚至充满了希望。然而，丹妮丝接下来又重复之前的抱怨，说现在她发现彼得"太情绪化"，而且"特别没有安全感"。她评判性的语气令彼得脸上刚刚呈现出的开放性一扫而光。

从浪漫的爱到婚姻，有些事情改变了。他们都忙于自己的事业，彼此的关系被置于次要地位。随着时间的推移，孩子的降生，他们发现自己常对对方感到不耐烦，而且这种感觉还很强烈。

彼得描述了他们之间一个典型的不和谐：他"本想与丹妮丝亲密些"，跟她聊一聊这天过得如何，或者下班回家后能和她拥抱一下，但是丹妮丝要么忙着处理孩子们的日常事务，要么离他远远的，躲进她在家的书房里，一个人待着。对于丹妮丝的躲避，彼得的反应是想更加强烈地接近她。"我无法忍受她像那样将我挡在外面。"彼得说。（当他说这些话的时候，丹妮丝的脸上看起来毫无表情。）如果彼得提出抗议，丹妮丝就会对他吼叫，说他的要求太过分了。彼得说，他逐渐开始怀疑自己的感情了。他有权利要求和自己的妻子或任何人亲近吗？

经过一段时间，他的接近与她的躲避逐渐发展成为一种疏远的互动关系。他们并不能明确指出从哪次争执或哪个事件开始，他们之间出现了问题，但彼得说，在女儿卡丽出生前，他们的关系就完蛋了。虽然彼得觉得自己就像"垂死的葡萄藤"，但丹妮丝一开始还说，只要"他不来烦我"，他们就可以"安然度过"这些冲突。在过去一年里，他们几乎没有性生活，丹妮丝说，这对她来说无所谓。"对我来说可不是无所谓。"彼得回击道。我还发现，在他们的关系出现问题的早期，丹妮丝曾建议彼得去接受治疗。彼得确实接受了治疗，但无论是他还是丹妮丝，似乎都毫无改观。尽管他们也许确实需要接受单独的治疗，但丹妮丝和彼得的"我们"迫切需要被关注。

这种互动模式背后的问题不仅止于过去他们在咨询中试图解决的"沟通问题"。丹妮丝和彼得其实能进行不错的沟通，至少从表面上看是这样。两个人的表达都很清晰，而且都能倾听对方，他们都超过了沟通的入门级水平。不过，他们的婚姻中缺乏对彼此的宽容与同情。丹妮丝和彼得在谈起对方时，主要谈论的都是各种烦人的、伤人的或有缺陷的行为。没有谁表达了对对方心理的尊重或对对方内在感受有多大的兴趣。缺乏洞见和共情使他们不能找到解决彼此差异的共同基础。

◇ 接纳性与反应性

利用第七感对夫妻进行治疗的方法与其他策略有所不同，我们曾密切关注过信息流、能量流如何受到心理的调节、如何被大脑塑造，以及如何在人际关系中被分享，是时候向丹妮丝和彼得介绍幸福的三角形以及整合的理念了。在给他们展示如何用手做个大脑模型时，我特地强调大脑会创造两种不同的心理状态，我会在他们身上观察到这两种状态，使他们理解开放、接纳性的状态与封闭、反应性的状态之间的区别。

第七感 练习

m\]nds\]ght

为了使他们直接体验到这种区别，我让他们做了一个简单的练习。我告诉他们，我会重复说几遍某个单词，让他们注意身体有什么感觉。第一个单词是"不"，我以坚决而略微有些严厉的方式说了 7 遍，每遍之间大约间隔两秒。接着，停顿了一会儿后，我清晰而比较温和地说了 7 遍"是的"。丹妮丝说，在我说完"不"之后，她感到"快窒息了，这真的让我很恼火"。彼得说他觉得"被禁锢着，全身紧绷，就像在被人训斥"。与之相反，"是的"令他感到"平静，内心获得了平和"。丹妮丝说："我很高兴你开始说'是的'了，但我还为'不'生气呢。我过了一会儿才放松下来，感觉不错了。"

现在，他们对反应性状态与接纳性状态的区别有了直接的体验。我继续解释说，当神经系统是反应性的时候，它实际上就处于战斗—逃跑—僵住不动的状态。在这种状态下，我们是不可能与其他人建立联结的。我指着我的大脑手模型，解释当我们感到身体或心理受到威胁时，脑干会如何自动且快速地做出反应。如果将全部的注意力都集中在自卫上，那么无论做什么，我们都无法开放自己，无法准确地倾听对方说的话。心理状态甚至会将中性的意见听成是充满火药味的言语，扭曲所听到的，使它符合我们的恐惧。

我继续解释说，相反，当处于接纳性的状态时，脑干中不同的分支就会被激活。他们对"是的"的反应已经说明了会发生什么变化：面部肌肉及声带会放松，血压和心率趋于正常，我们对他人所要表达的内容会更加开诚布公。接纳性的状态打开了联结彼此的社交系统。

接纳性与反应性

- 接纳性是我们感到安全和被关注的体验。
- 反应性是战斗—逃跑—僵住不动的求生反射。

我对丹妮丝和彼得提出的第一个挑战是，让他们只去留意他们在开始讨论时自己所处的状态或正在浮现出来的状态。如果其中一方处于或接近反应性模式，他们便应该暂停下来，而另一方应该予以尊重。他们花时间逐渐让自己平静下来，直到双方都做好了准备，同意继续沟通。

随着治疗的展开，丹妮丝和彼得开始认识到，在实时的互动中，这些状态的感觉是怎样的。开始，当他们有一方变得具有反应性时，我不得不作为喊暂停的人，我会举起手——这是我们事先商定好的暂停信号。很快，他们都学会了觉察自己内在的反应性感觉，当他们在不知不觉中远离接纳性时，便会启动暂停阶段，让自己恢复过来。他们有些奇怪地发现，当对方正在说话的时候，要求暂停竟是那么困难，而当他们自己就是说话方的时候，暂停的要求就更难以接受了。

彼得说，丹妮丝的暂停信号曾一度让他觉得，她只是在说"闭嘴"（对此，丹妮丝皱起了眉头），但他接下来继续说，他明白丹妮丝也是在让自己停下来。听到这里，丹妮丝紧绷的脸放松了，我能看到，她的目光也变柔和了一些，就像她发现了什么隐藏的重要的东西。接着，她略带微笑地向彼得保证，如果她的意思真是"闭嘴"，她就会直接对他说"见鬼去吧"。这次简短的互动以幽默的方式结束了，这是一个带来希望的迹象。这说明彼得能学会辨别和调整自己的感知，而丹妮丝也能够认识到彼得的做法，并对自己的行为有更全面的看法。这是短暂的联结与合作。

在后来的治疗中，彼得有一次对丹妮丝说，她又表现出自恋的一面了。虽然他说得很平静，但不难发觉他的愤怒，以及想攻击丹妮丝的意图。要在过去，丹妮丝肯定会盛气凌人地反击，嘲笑彼得在情感上的"需索无度"，但这次她举起了手。"我要变得反应性了，我们必须停下来。"他们都暂停下来，将注意力集中在呼吸上。我真喜欢房间里有台摄像机，能够给你演示这个转变的过程是如何发生的。在暂停之后，彼得承认自己刚才的攻击是出于恐惧。这让丹妮丝能够准确地了解彼得进行攻击的原因，并原谅他。曾使他们的婚姻关系更趋恶化的事件，现在却成了修复和重建关系的机会。

⋯⋯⋯ 打开第七感镜头 ⋯⋯⋯

由于丹妮丝和彼得在很多时候都处于反应性的状态，因此要想进入接纳性的觉知状态，他们需要加强基本能力。为了帮助他们忘记旧有的模式，学会新模式，在第三次治疗中，我花了很多时间给他们介绍觉知之轮，以及基础的正念呼吸练习。我用大脑的手模型给他们解释，集中注意力如何能有助于开发前额叶中部，并解释了这对我们的治疗有怎样的支持作用。

彼得年轻的时候练过瑜伽，他很快发现这些基础练习能令他平静。不过，这种方式对丹妮丝来说是全新的，她告诉我，她觉得这些练习很奇怪，没有什么帮助，而且多少有点儿令人困惑。我鼓励她只去注意奇怪的感觉，而不要期望练习能达成什么特定的目标。值得称赞的是，丹妮丝坚持了下来，并在家里进行练习，但花了比较长的一段时间，她才找到了清晰或平静的感觉。

当然，到目前为止，你已经知道整合意识的练习不只是为了获得平静。我的目的是让丹妮丝和彼得能够因此而增加能力，找到他们个人适应策略背后的核心位置，以及隐藏在反应性防御层之下的接纳性状态。在第5章乔纳森的案例中，前额叶神经回路的强化使他能够暂停下来，避免被疯狂摇摆的情绪所淹没，并让他大起大落的心理稳定下来。我对丹妮丝和彼得也有类似的希望：通过扩大前额叶中部的"轮毂"，从而使他们超越自己的反应性，看到彼此。我也相信，这能帮助他们发现自我。

◇ 理解过去，释放当下

在第4次和第5次治疗中，我决定对丹妮丝和彼得分别进行一次依恋访谈，并让一方倾听另一方讲述人生故事。我直接问他们，他们是否会尊重其中包含的脆弱性。他们用语言以及我能清楚地感觉到的非语言信号表示，他们会尊重对方在访谈中显现出来的内心世界。这种承诺，加上他们在单独治疗时所表现出来的良好意愿，让我觉得我们能够以尊重的态度来进行这项工作。

简言之，彼得的叙述属于心事重重型，显露出他一直在意童年时遗留下来的问题。丹妮丝的叙述则属于拒人于千里之外的类型，无论是在童年还是现在，她都将对他人的需求降到最低。

彼得是四个兄弟姐妹中年龄最小的，在他出生后不久，妈妈就出了车祸，造成了长期的背部问题。他妈妈经历了几次手术、住院治疗以及长时间的在家康复，而彼得的爸爸为了养家糊口，做了两份保安的工作，有时要值夜班。彼得的大姐玛吉比他大 12 岁，是彼得小时候的主要照顾者，但她十几岁的时候就染上了毒瘾（她起初是服用妈妈的止痛药，后来发展为服用巴比妥类药物和酒精）。玛吉会把彼得甩给他的其他姐姐，一个 5 岁，另一个 7 岁，彼得说："她们只顾自己。"

他回忆道："我会自己试着找妈妈，有时还不错，我的意思是，她会在意我。我们亲密地在一起待一会儿，那时我还很小。我知道她通常与玛吉在一起的时间比较多，相对于其他姐姐和我，妈妈更喜欢玛吉。不过大多数时候，她要么把自己锁在房间里，要么看起来漠不关心。她从来没有关心过我，至今我仍感到孤单。"彼得的总结多少有些怨愤。这种过去时态与现在时态的混用，不仅揭示出他心事重重的心理状态，还暗示出一些彼得对丹妮丝的看法。

在彼得的整个童年时期，他爸爸每天抽两包烟以"缓解压力"，在彼得 14 岁的时候，他因心脏病发作去世了。在那之后，彼得的妈妈稍微康复了一些，开始担任代课老师，但彼得再也没有对她产生过亲密感。她是个悲伤、抑郁的女人，后半辈子孤苦伶仃。（她 10 年前去世了，就在彼得与丹妮丝结婚前不久。）彼得说，他一直觉得对妈妈的悲伤负有责任，特别是他作为最小的孩子离开家之后的那些年。音乐成了彼得的避难所。他的天赋为他赢得了在家很少能得到的称赞，也为他提供了发泄创造性能量的方法。音乐，还让他获得了一所位于国家另一端的音乐学校的奖学金。

当彼得离开家去学校的时候，他下决心要保持经济独立，这样"我就不需要为任何事情依赖任何人了"。他和姐姐们失去了联系，每年义务性地去看望妈妈一次或两次。他的学业很好，对爵士乐很感兴趣[1]，还获准进入一家

---

[1] 有趣的是，爵士乐的即兴表演需要前额叶的积极参与，这与演奏古典音乐正相反。

顶尖的音乐理论研究院，但他发现与他恋爱的女人经常"对他要求太多"，她们从来没有让他觉得"自在"。他说，他永远没有办法让她们快乐。他可以确定，她们会离开他，并担心她们不离开他。这种动荡的关系让他喜怒无常、烦躁易怒，而且"不稳定"，他经常会"情绪失控"，甚至在爵士乐的表演中也开始受到影响。"我不能进入忘我的状态，进行那种即兴的表演。我其实想过重新回去演奏古典乐曲，那样就可以照着谱子演奏了。"

就在读研究生的最后一年，彼得在朋友的聚会上遇到了丹妮丝，和她在一起，彼得觉得"很安全"。她对他从来没有很多要求，这让他如释重负，觉得在他们的关系中，"有了让我感到舒服的空间，我可以做我自己"。他的爵士表演进步了，在结婚的第一年，一切似乎都走上了正轨。

丹妮丝的故事完全不同。她的父母很健康，她回忆不起来有什么"特别的问题"。她说，除了她的童年"很普通，跟正常的童年没什么两样"，她想不起来童年的很多细节了。你也许还记得，这种含混的总结，对具体细节的掩饰，是拒人于千里之外的叙述的特点。当我更直接地问她与父母的关系，在她感到不舒服或与父母分离时，会发生什么情况时，丹妮丝说："我妈妈把我照顾得很好。她很爱干净，而且很擅长做饭。没有什么特别的事情，我的意思是没有什么事情让我感到不舒服。我妈妈是个秘书，我们家总是井井有条。其实，也并不一定非要这样不可，但我们选择如此。"注意，我的问题是关于"关系"的，而丹妮丝的回答聚焦在相关的个人身上，这在小时候有回避型依恋关系，成年后拒人于千里之外的人中很常见。

接下来，我们进行了有关失去亲人的依恋访谈。丹妮丝回答道："是的，当我还是个孩子时，确实有亲人离去。在我 7 岁那年，弟弟得了白血病，当时他才两岁。自从他死后，我们再也没有谈论过此事，其他的我什么都不太记得了。爸爸妈妈像原来一样，我觉得生活好像没有太大改变。现在，又剩下我们三个人了。"丹妮丝用一种相当平淡的语气说，她有时会疑惑，为什么没有人谈起弟弟的死。我几次尝试着探究，家人对于失去她弟弟的情感反应，但丹妮丝不断转移话题。

尽管她是一副"关系并不重要"的姿态，但我希望丹妮丝有对联结的基本需求，而且我相信如果小心谨慎地处理，她能进一步地感知到这个需求。正如我所提及的，研究发现，拒人于千里之外的人表现出的生理迹象表明，他们的边缘系统和脑干仍能认识到人际关系的重要性。只是更高的、产生意识的大脑皮层区域，为了在情感贫瘠的时期生存下来才关闭了这种感知。关键在于，我必须密切感知这些深埋在底下的神经回路，增强丹妮丝将它们整合进自己生活的能力。

在对丹妮丝的访谈即将结束的时候，我又回到了她弟弟的话题并对她说，也许在一个一切都那么"有序、整洁"的家庭里，在一个不让家庭成员对孩子的死亡产生情感反应的家庭里，也许感受自己的情感是不安全的。她只是眼睛睁得大大地看着我。这与她第一次阔步走进我的办公室时所展露出的自信目光非常不同。她没有说话，只是看着我。我的内心注意到，她内在的某些东西已经发生了改变，那是某种必须被尊重，而不是被审视的东西，但我们不应该在她刚敞开内心世界这个脆弱的阶段来公开对其进行探讨。

丹妮丝和彼得都尽了最大努力，安然度过了艰难的童年时期。他们的适应方式让他们在发展上存在着一个差距，而在他们相识之初，对方正好神奇地填补了这个差距。我们都有意识或无意识地渴望自己过去没能得到的东西，以及现在不曾拥有的东西。丹妮丝本可以利用彼得接近自己情感的方法，以及他自发地与内心世界建立联结的能力。彼得本可以利用丹妮丝与自己的情绪和需求保持距离的能力，以便稍微远离一点儿令人苦恼的体验。然而，他们没有互相合作和学习，而是退回各自的极端状态，就像很多陷入困境的夫妻那样。现在，他们就困在了彼此相隔很远的两个极端。

◇ **早期情感体验**

我们要描绘出丹妮丝的心理如何塑造了大脑，才能使她在情感沙漠中生存并成长。作为对与父母双方回避型依恋关系的回应（这在很大程度上能解释她拒人于千里之外的叙述），她关闭了大脑中需要亲密与联结的回路，也就是负责人际关系、情绪与身体感觉的右脑。这就是为什么她变成了"没有感情的老板"，她与自己情感的内心世界以及身体感觉失去了联结。就像斯图尔特一样，她似乎在逻辑性的、线性的、语言文字的左脑模式中找到了避难所。也像断绝脖子以下所有感觉的安妮，丹妮丝似乎与她的大脑皮层失去了联结。甚至作为一名建筑师，她在工作中也侧重于办公室或工业建筑的设计，而非住宅或很多人聚集在一起的地方，比如图书馆、学校或博物馆。

现在的问题是，丹妮丝是否想继续这种在情感上保持一定距离的生活。我想，接近她最安全的方法是，从科学性的讲解入手，并利用建筑师高度形象化的思维。我用比实物更大的塑料脑部模型给她展示大脑的两个半球，指出胼胝体如何连接左右脑，并解释这些连接可能被中断的方式。我还借给她一本写给父母的书，书中描述了大脑的适应性。随着她越来越能清晰地感知到这些神经方面的现实，我又提醒她，大脑一生都是可以改变的。由于大脑会对注意力的集中，以及我们有意识地创造出来的体验做出回应，因此那些没有实现的神经连接仍有希望被刺激并获得发展。

我把这种观点表达为我的邀请以及成长的机会，而不是为了满足彼得的需求，她不得不做的事情。这是非常重要的一点。有些人的依恋史使他们很容易迎合他人的期望，而有些人则拒绝周围人的任何输入。这些状态会扭曲改变的动机。合作的邀请比发布最后通牒——"改变，否则后果自负"的效果更好。我对丹妮丝说，她可以选择保持不变。最终的选择还是要由她来做。我让她在接下来的一周里考虑考虑，决定要走哪条路。

对于彼得来说，他需要知道时不时将他淹没的感受与他早期的情感体验有着怎样的联系。任何方式的忽视、不被关注，对他来说都是强有力的触发事件。在与孩子们协商时，他有时会突然跳起来，对他们大喊大叫。当他与丹妮丝的意见不一致时，如果丹妮丝突然停止讨论，他便会在家里生闷气。然而，如果丹妮丝退回书房，把门锁上，他便会情绪失控，使劲砸门，要求进去。在他执教的音乐学校，如果学生课程计划的改变没有征求他的意见，他就会充满挫折感，并大发脾气（他认为领导忽视他、不尊重他）。这些不理智的反应说明，他的前额叶皮层很容易断线，右脑的作用会压倒左脑的平衡性影响。事实上，彼得倾向于混乱，而丹妮丝倾向于刻板僵化。他们陷入了整合河流相对的两岸。

如果像丹妮丝一样，你曾在情感沙漠中度过童年，那么与他人的联系不仅不能带来有利于成长的协调，还可能造成调节异常。你对共同联结，尤其是深入的亲密关系的忍受窗口，会变得很窄。有一种适应策略是关闭相关的神经回路，以免它反复提醒你缺失的东西。如果丹妮丝的父母在她弟弟死后从来没有说起他们的感受，如果他们从来不承认这个丧失，那么丹妮丝很可能在内心世界的任何地方都不会感到安全。那里没有什么联结，没有什么能创造"我们"的共鸣时刻，也没有什么亲近能缓解她的孤独感。

彼得童年时有一位负责任但经常不在身边的爸爸，妈妈和姐姐对他的照顾时有时无，这以另一种不同的方式塑造了他的共鸣回路。妈妈和姐姐给予的支持断断续续，姐姐的上瘾、妈妈对止痛药的依赖也许在很多时候让他面临着无法应对、无法预测的交流。同时，抑郁也使他妈妈变得情感迟钝。研究显示，如果妈妈抑郁，那么这将显著影响孩子在成长过程中的大脑发育。对孩子来说，这就像生活在长期的"静止脸"实验中一样。在彼得生命的早期，他需要扩展他的依恋回路，尝试任何类型的联结，而他对失去联结的忍受窗口变窄了，以至于任何被拒绝的暗示都会导致他退缩回悲伤中，或喷发出混乱的怒火。

我小心地向丹妮丝和彼得解释，尽管彼得现在的心理状态一部分来自于他艰难的过去，但彼得现在所体验到的孤独与绝望，是对当下与丹妮丝相处时真实体验的回应。然而，在童年时形成的回应模式进一步推动了他和丹妮丝深陷其中的消极反馈循环，丹妮丝反应性地不理会彼得的需求，将他进一步推向了孤独与无助。我们可以将工作的重心放在他们当前的生活上，过往会伴随着我们，随时准备接受探索与阐释。

当前的问题是，彼得能否安抚他的苦恼，为彼此创造出一个治愈的空间，这样便能在他们个人的内心以及他们的关系中，获得更多的联结。打破焦虑不安和失去联结的循环，不是某一方单独的责任。我们必须改变这种两人参与的系统，改变夫妻共同作用造成的不和谐。

彼得的选择是，如果他想作为丹妮丝的伴侣一起进步，就要学会更有效地调节自己内在的痛苦，这样丹妮丝的各种回应便不会让他陷入混乱。丹妮丝的任务包括学会更多地建立联结，首先是与自己的身体和情绪，然后是与彼得的内心世界。她还面临着扩大忍受窗口的挑战，她需要接纳彼得的信号，这样彼得的需求就不会自动地让她产生躲避行为。我将这些描述为两个"成长方向"，这也是较长期治疗的第一个关注点。

经过一周的反思，彼得和丹妮丝决定，在经过 6 周的初始阶段后，他们会继续一起努力。

◇ 扭曲的镜子

在下一次治疗之前的某个早晨，我醒来时突然想起自己最喜欢的歌曲，那是詹姆斯·泰勒（James Taylor）的《我心中的卡罗琳娜》（*Carolina in My Mind*）。不过，我为这首歌填了新歌词。

我的内心，被镜像神经元驱使着。
你无法看到意图，
也无法感觉到情绪。
那不就像从背后悄悄走来的历史，
因为我的内心，被镜像神经元驱使着。
在我们之间，聚集着其他人的神圣宿主。
也许我们走在道路黑暗的一侧，
它好像一直延续，没有尽头。
你必须原谅我，
因为我的内心，被镜像神经元驱使着。

我并不打算与丹妮丝和彼得分享我的音乐创作，但这些歌词提醒我，我们前进的方向在哪里。附录中的"大脑剖析3"指出，镜像神经元就像触角，它能觉察其他人的意图和情感，并创造了情感共鸣以及模仿行为。我们自动自发地进行反射，不需要借助意图或有意识的努力。在我看来，让我们"走在道路黑暗的一侧"的"其他人的宿主"就是生命初期人际关系的不良影响，它模糊或扭曲了我们的镜子。

镜像神经元系统通过将我们的内在状态与我们在其他人眼中看到的自己的内在状态联系起来，来进行"学习"。在向丹妮丝和彼得解释了这一点之后，我让他们思考过去的个人生活如何创造了他们现在所体验到的对方的反应性。我说，在我单独对他们进行访谈时，每个人不仅对我是接纳的，而且对对方的优点也会开诚布公，这一点令人印象深刻。然而，当他们在一起时，一切似乎都土崩瓦解了。"也许我们应该住在两套房子里。"丹妮丝开玩笑地说。在我们三方参与的治疗中，她第一次完全展露出笑容。

她用到了"我们"一词，这也是个好迹象。我已经注意到了，在谈论彼得和她自己的时候，她很少用"我们"。我疑惑她是否从来不借助这个词来思考。回避型依恋关系阻碍了右脑信号的分享，并会让人觉得联结是不重要的。正是利用这些信号，镜像神经元系统刺激了存在于我们内在的他人，并构建了相互依赖的自我意识的神经地图。这就是我们如何能够既是"我"，又是"我们"的一部分。丹妮丝似乎没有发展出多少这种能力。

现在让我们来想一想彼得的镜像神经元。婴儿时期的他为联结做好了准备，准备将他在其他人内在看到的与他自己的行为以及内在的感知联结起来。然而，如果其他人有时与你协调，给予你清晰的信号，而更多的时候与你很疏远，甚至是引起困惑并具有干扰性的，那么情况会如何呢？彼得小时候在其他人的内心看到的都是反复无常和混乱，这塑造了他对自己心理的体验，甚至影响了他如何创造并了解自己。简单来说就是，他拥有一个混乱的内在自我。

彼得成年后心事重重的叙述暗示了他童年时具有矛盾型的依恋关系，并在随后产生了更强烈的依恋需求。他会反复陷入警觉的反应性状态。我的依恋对象能安慰和保护我吗？我能依赖她，相信她会照顾我，保证我的安全吗？这些体验影响了彼得的大脑，妈妈的抑郁以及爸爸去世后，妈妈无法解脱的悲痛尤其具有挑战性。他无法治愈妈妈的抑郁及悲痛，正如他曾说的："无论我多么努力地练习和表演，无论我多么努力地尝试。"这些经历成了他内隐记忆的一部分，它们是来自过去的心理状态，自由飘浮着，能够塑造彼得现在的心理状态。

第七感 研究

m1ndslght

已有研究表明，具有矛盾型依恋历史的人的大脑事实上对消极的反馈会更加敏感：他们边缘系统中的杏仁核在面对愤怒的面孔时，更有可能放电[①]。彼得对丹妮丝的敌意与拒绝很敏感，因此正符合这一研究结果。同样的研究还发现，在具有矛盾型依恋历史的人中，社会奖赏的神经回路实际上受到了抑制：他们对微笑的面孔比较没有反应。

以上研究有助于解释丹妮丝为什么会抗拒彼得积极的联结尝试。如果丹妮丝和彼得能够看到，他们的差异一部分源自大脑敏感性的差异，那么他们也许能够摆脱互相指责的习惯。

◇ **身体扫描**

我知道丹妮丝和彼得很难理解这么多的理念，但我希望他们能清楚我们工作的框架：他们俩都不应该为目前的状况而受到责备，他们需要对方支持自己在个人以及人际关系方面的成长。另外，为了切实地理解对方，他们需要对所有大脑皮层下的感觉，包括边缘系统、脑干和全身的感觉，保持开放的态度，这样才能创造并展现出共鸣。在他们能够变成"我们"之前，我必须帮助他们找到与自己身体的联结，我会通过教给他们身体扫描来实现这个目标。

---

① 纹状体（striatum）在创造驱动力方面非常关键，当童年时具有回避型依恋关系的人看到微笑的面孔时，纹状体的活性会降低，而童年具有矛盾型依恋关系的人看到敌意的面孔时，杏仁核的活性就会增加。

在接下来的治疗中，我谨记这些想法，当看到丹妮丝和彼得一起专注地进行身体扫描时，我被深深地感动了。当他们结束内在练习时，我可以感觉到房间里一片平静，无法用语言描述。他们的脸变得柔和起来，丹妮丝的语调听起来也更加放松，彼得脸上的担忧消失了。在第一次练习之后，他们之间还出现了开放性，我想他们俩也能感觉到。我对此没多说什么，但我们三个人似乎都松了一口气。

在后来的治疗中，简化的身体扫描成了我们每次治疗的起点。当他们的互动变得具有反应性，需要暂停下来时，我也会请他们诉诸身体扫描，将自己立足于这个身体的内心世界中，为双方创造一个安全之所。

◇ **差异化与联结**

互相协调的夫妻在心理的做爱中联结在一起，这是心理的联结，双方在其中创造出美好的共鸣感，变成了"我们"。由此绽放的亲密感可能是令人惊叹的，但到达并保持这种状态的过程是艰辛的。为了联结成"我们"，夫妻也需要分化成两个"我"。

丹妮丝的成长方向要求她扩大心理轮毂，以使她安全地、慢慢地感知到身体的感觉，以及边缘系统的情绪状态。之前，它们则被排除在她有意识注意的范围之外。我教给她一种简单的方法，让她可以有意地接近之前被她排斥在外的感觉、影像、情感和想法。利用感觉、影像、情感和想法作为清单，我让她分类整理对日常普通事件的反应。丹妮丝通常能感知到自己的想法，因为她非常适应左脑的逻辑性。不过，有一个全新的世界需要她去探索，那就是右脑的感觉、影像和情感，其中包括从童年起就被深藏起来的渴望。用这样的清单对体验进行分类整理，有助于丹妮丝渐进并安全地开始探索。

彼得在他的成长方向上努力着，以扩大对独处的忍受窗口。随着与自己的身体越来越协调，他利用左脑逐渐显现出来的能力，对自己的感受"进行识别并驯服它们"。当丹妮丝需要时间内省，或在讨论中需要时间找出解决方法时，彼得就会感到自己的心脏开始狂跳，紧咬着牙齿，握紧了拳头。之后，他会利用在正念练习中学到的心理概念，比如愤怒、挫败或失望，来标示自己的感受。他发现，如果暂停下来，感受的急流就会在心理的空间中上升，然后回落。正如他学会的一种说法，"感受不是事实"。

能够驾驭心理的轮毂之后，彼得现在就能利用左脑的力量来标示、描述这些感受，并去接近它们，而不是退缩。他仍具有右脑的所有力量，内在的感受以及身体地图还都存在着，但他的内心世界却不会再将他抛到混乱中。

一旦丹妮丝和彼得开始在自己的内心世界中创造出了更多的整合，我便感到他们为直接聚焦于彼此的关系已经做好了准备。我想帮助他们怀着尊重之心来感知对方的心理，并能分享他们的记忆与叙述。然后，他们能从夫妻的角度理解各自过去的经历，理解他们在一起的历史如何在一定程度上受到童年时适应方式的影响。现在，他们可以共同去发现"我们"的世界了。

◇ **成为对方内心世界的守护者**

我给他们提出了挑战，希望他们成为感知和尊重他人心理的专家：带着好奇、开放和接纳，每个人都可以作为诠释者和支持者来接近对方。我说："你们的任务就是，成为对方内心世界的守护者。"

> 带着好奇、开放和接纳，每个人都可以作为诠释者和支持者来接近对方。

带着这个任务，丹妮丝试图读懂来自彼得的非语言线索，让自己的身体对感知到的彼得内在的一切都保持接纳性。她可以让自己的镜像神经元系统沉浸在彼得的信号中，并改变自己的内在状态。如果是在治疗的一开始为丹妮丝布置这个任务，她就会打退堂鼓，但她如今则不仅能保持接纳性，而且已经成了彼得积极的守护者。

第七感 实践

m|nds|ght

有一天，当这对夫妇来接受治疗时，彼得告诉我，两天前，他得知一位新教师被提拔为他所在音乐学校钢琴部的主任。彼得的资历更老，他一直想获得这个职位，而现在这位新人将会成为他的老板。如果在过去，丹妮丝会对彼得工作上"温和的做法"发表一大堆意见：她会反复指出，这种做法使他不能坚决地维护自己的权利，不能得到丹妮丝认为他应得的一切。

然而现在，丹妮丝意识到，作为彼得的守护者，不只是要认可他的音乐天赋或捍卫他得到提拔的权利。这一次，在彼得回到家的时候，她能够开放地对待他的失望感。彼得说："她问我有什么感觉，她想知道我如何听到这个消息的以及我如何做出回应的所有细节。在过去，她只会埋怨我是个没用的人，告诉我应该怎么做。我无法相信她竟然想倾听我的诉说。这感觉真好。"

有那么一个片刻，我担心丹妮丝会将注意力放在"没用的人"这个问题上，并觉得被冒犯了，但她只是微笑。她直接对彼得说："你知道，我能感觉到你走进家门时有多沮丧。在你告诉我那家伙的事情时，我知道这一定让你很难过。我想到了玛吉，以及你妈妈如何偏爱她，而领导恰恰以同样的方式来对待你。"丹妮丝没有再给彼得增加屈辱感，而是让自己切实感受到他的内心世界，成为他真正的守护者。

用彼得自己的话来说就是，丹妮丝真的能够"看到"他，并捍卫他拥有自己感受的权利的事实，让他"无比震惊"。反过来，彼得也有意识地尽量尊重丹妮丝对"保持一点儿距离"的需要，特别是在她感到有压力时。当丹妮丝不能马上满足他亲密的渴望时，彼得也能将她的需要放在心上，而不是冲动地表达自己的失望。这种做法对彼得来说是全新的。他正学着利用大脑皮层的力量，将来自前额叶中部的"伽马氨基丁酸黏液"喷到被激发起来的杏仁核上，以缓解它的放电。他们两个人都在有意识地延展各自在早期形成的适应方式，互相迁就，实现某种折中。

我希望这些目的中所包含的美好意愿能够激活丹妮丝和彼得内在的安全感，使他们的"警觉模式"放松下来，获得一种联结和开放的感觉。这就好像位于他们神经回路顶端的前额叶中部正在学习一种新的存在方式。关键在于，不要把他们自己的或对方的旧有反应模式太当回事，或者以为是针对自己的。简单来说就是，反应性阻碍了清晰的洞察。在一起创造出新的、更具有接纳性的状态之前，他们必须忘记这些旧的自动化的反应。

当丹妮丝逐渐领会到彼得的努力，以及他开始能够给予她"空间"的新能力时，她自己也在成长。她开始注意到新的内在感觉，比如喉咙发紧，胸口有重压感，或腹部有空虚的感觉。她正在学着"顺其自然"，而不是将这些感觉赶走。有时她知道它们意味着什么，但她通常只是和这些感觉共处。她说她开始相信，身体会让她知道什么是重要的。"即使我的头脑告诉我，什么事情也没发生，但我还是能感觉到某些事情，它们像是一种内在的警告，会告诉我真相。"

随着治疗的继续，丹妮丝渐渐感到对这些感受变得更加开放了，同时也能开放地面对自己想接近彼得的需求。她成长的起点是对自己及彼得内心世界的好奇。我们一起探讨，作为一个孩子，她从没得到过别人对她内心世界的关注，或是别人对她的感受的支持，而这正是她和彼得正在分享的东西。她开始回忆起弟弟夭折时，她所感到的孤独与恐惧，以及之后充斥在家里的奇怪的沉寂。她没有突然回忆起很多，因为具有回避型依恋历史的人通常没有形象生动的自传体记忆。然而，现在身为人母的丹妮丝可以利用想象和共情来感知小时候的自己。尽管她没有哭，但在那一刻，我们仍能感到她的脆弱。

那天与丹妮丝在一起时，我好像在看着一条新的生活道路正向她展开。某些积极的东西开始在她的内部生长起来，你能感觉到那是一种活力，是对她自己、对彼得、对她的孩子的一种新的豁达与慷慨。

◇ **"我们"的觉知之轮**

在接下来的几个月里，丹妮丝和彼得欣然接纳了过程中的起起落落。尽管在最初开始治疗时，他们都怀疑改变的可能性，但他们现在正见证着自己的努力成果。我们会在每次治疗中，花一些时间来探索这一周发生的问题，比如对管教孩子的意见不一致、对社交计划的误解以及触发他们旧有模式的事件等。我们的工作持续关注着他们共有的叙述，在现在的体验与过去的意义之间建立联结，这样挑战就会成为未来成长的机会。

第七感 实践

m1nds1ght

有一天，丹妮丝想谈一谈一周前的一个夜晚，当时她为了完成一个大型项目，不得不在办公室工作到很晚。她曾告诉彼得可能会晚回来，但彼得忘了。当发现丹妮丝没有回来吃晚饭时，他有些生气了。他怒气冲冲地给丹妮丝的办公室打电话，丹妮丝也回敬了他的健忘——他居然不记得这个对她来说非常重要的大项目。"我告诉他我会晚些回家，他根本没认真听我说话。"她说。不过那天晚上，他们没有继续扩大自己的不满，而是决定关注对方的感受。

"我简直不能相信丹妮丝回家时的表现，"彼得边说边充满赞赏地看着她，"她走上楼说，'哇，你已经让孩子们上床睡觉了？'然后她问，我们是否能坐下来聊一聊。"

丹妮丝继续说："我说我希望我们能够听一听对方想说什么，就像我们在这里做的那样，承认我们的感受，而不是推卸责任或指责。说实话，我很惊讶孩子们已经上床了，而不是在满屋子地跑。谢天谢地，那时候不用再去应付他们。（彼得一直在努力给孩子们设定清晰的界限，为他们定规范——他自己却从来没有规范。一开始，这种强制让他觉得内疚，觉得'缺乏爱心'。对彼得来说，在他承受不了之前，能够心安理得地说'不'是一种新体验。）彼得说他很期待那天晚上和我一起吃饭，因为那天之前他刚刚参加了一场大型音乐会，他想与我分享他得到的超级棒的反馈。因为我不在，他感到好像被拒绝了。如果在过去，我会告诉他少废话，但现在我能感受到他的悲伤，于是我倾听着。事实上，我的确忘了那场音乐会，没有意识到这次表演对他有多么重要。我把事情搞砸了。我承认了这一点。"

我能看到，丹妮丝的公开与坦诚反射在了彼得的脸上。接下来，他说："你知道，细节不是很重要。我们已经不像过去那样，对每个词、每句话都吹毛求疵，看谁能想出最恶毒的语言。"丹妮丝伸出手，拉住彼得的手。"当丹妮丝告诉我，她因为我没有记得她的大项目而感到伤心时，我能够理解。我们在交谈的时候，多数情况下我都会觉得放松，而不像过去，我会大发脾气，她会不理人。"彼得停顿了一会儿，然后说道："你知道吗？我真的了解自己的大脑了，我有一个薄皮的大脑。我不能让它战胜我。"

彼得和丹妮丝正在逐渐成为一个"我们"。两个人对他们自己的内心世界——现在是对他们共同的内心世界，都变得更好奇、更开放，也更接纳了。丹妮丝提到，她还觉得他们与孩子的联结也在变得更紧密。"这听起来可能有点儿好笑，但我确实觉得我在与他们的感受进行协调，而不只是对他们的行为做出反应。两者有很大的不同。"彼得只是微笑，赞许地点着头。

在治疗结束的时候，彼得帮丹妮丝穿上大衣，我注意到丹妮丝在转身跟我说再见的时候，把手放在了彼得的肩膀上。"他们"离开了，向他们共同营造的家庭与生活走去。

这就是第七感的本质：在我们能够清楚地描绘他人的内心世界和心理之前，必须向内看，了解自己的内心世界。随着了解自我的能力不断增长，我们能以更接纳的态度去认识彼此。随着"我们"在镜像神经元中的形成，我们的自我意识也会被联结的光芒照亮。当拥有内在的感知与共情、自我培养的力量与彼此的联合，拥有差异化与联结时，我们便能在大脑的共鸣回路中创造和谐。

12
mɪndsɪght
不确定性
害怕桌角的小女孩

在我十几岁的时候，有时会在傍晚从家骑自行车去海边，在大海边宽阔的沙滩上漫步。我看着海浪，心里充满了惊叹——对人生、对潮汐、对大海的惊叹。月亮的力量召唤着海水，让它上涨到悬崖边，然后又将它拉回礁石滩中，回到大海里……我想，这潮汐在我从地球上消失很久以后，依然会继续着它们永恒的循环。

有这类想法的青少年不止我一个。青少年的大脑会发生改变，特别是前额叶，因此我们开始反思自我与人生、反思时间与死亡，认识到周围的一切以及我们自己的存在，都是短暂的。

到三四岁的时候，孩子就开始用具体的表达方式来思考死亡了。他们意识到人和宠物都不能永远活着。到那个时候，前额叶也得到了足够的发展，可以开始编织人生故事了。在上小学的那些年里，记忆不断发展，时间被嵌入到我们的世界观中。在青少年时期，我们进入了前额叶感知时间能力的另一个阶段——我们开始梦想未来，思考人生意义，努力应对死亡终将来临的现实。

当大脑发展到能够表征时间的程度，伴随着神经放电模式的心理就会面临一个重要的挑战。大脑皮层具有创造连续及连贯的感觉的倾向，这使得我们的叙述会将过去、现在和未来联结起来。这些大脑皮层联结形成了一种确定感，让我们觉得自己能够了解并控制自己的生活。在这些放电模式中，还存在着一种渴望永恒的驱动力，拒绝承认死亡就是最后的结局。然而，除了让心理产生这些永恒、确定及不朽的梦想之外，大脑同样是一个信息处理器，它为我们提供了看清楚现实的工具。尽管我们也许没有准备好接受这些现实，但前额叶皮层让我们明白，人生实际是无常的、不确定的，有生就必然有死。正如弗拉基米尔·纳博科夫（Vladimir Nabokov）在他的回忆录《说吧，记忆》（*Speak, Memory*）开篇中所写的："摇篮在悬崖边摇摆，它试着告诉我们，我们的存在只不过是两个永恒黑暗之间的一丝亮光。"

······ 短暂、不确定性、时间、死亡 ······

在我的孩子进入青春期的时候，他们问我，我们养的狗是否会担心死亡这类事情。我告诉他们，由于狗没有前额叶，因此它们的感知相对比较简单，只在乎当下，过着简单的生活，不会担心未来。我们现在知道，一些哺乳动物，比如大象，拥有复杂的悲痛形式，还有很多哺乳动物在预期会受到伤害时，确实会感到痛苦。由于我们无法进入它们的内心世界，因此不知道它们拥有多少人类拥有的能力，有些能力也许应该被称为"负担"，能够对自己表征复杂的生命及死亡的意象，以及随时间发展的人生历程。

虽然许多不同种类的动物都具有能够预期未来事件的神经系统，比如在条件性学习实验中，它们能够学会在灯光闪烁之后伴随着一个奖赏，但为未来进行筹划似乎是前额叶的职责。创造表征，想象未来，都是前额叶发展的产物。无上光荣的前额叶的能力，让它脱离当下，为明天做计划，并使我们能够建造建筑、开创教育项目，甚至是飞向月球。从很多方面来看，前额叶可以被称为"人类皮层"，因为对于很多人类所独有的特征来说，它是不可或缺的。

正如我们所看到的，大脑皮层下的很多脑区都涉及此时此地的身体及感官的过程，例如消化和呼吸，或者理解来自外部世界的信息。这是我们对外的五个感官以及内感受（即身体第六感）的作用。当我们向前移动到大脑皮层，也就是大脑手模型的前端指关节及指甲的区域时，神经便能感知到并非直接来源于我们眼前的物质世界的事物了。这就是我们的第七感。第七感使我们能够感知到心理，创造时间的表征，而不只是感觉日子一天天过去。它告诉我们万物都会消亡，没有什么能够永恒。感知模式的能力让我们明白，一切都在改变，无常是生命的法则。同时，我们能感知到自己影响周围事物与人的力量，因此我们试图进行预测和控制，让我们的世界充满安全感和确定性。

没错。前额叶使我们的心理能够计划、梦想、想象和反思，并随着生活的继续，不断彻底改造自己。它似乎为人类的心理创造了无限的潜能，但这些能力的获得都需要付出代价。

◇ "王子" 之死

我 14 岁的时候，负责照看家里的后花园。我们家是一栋西班牙风格的一层旧宅。我们在南加州炽热的阳光下种了柑橘、李子、桃，还有无花果。我的任务是照看这些植物，采摘果实，最重要的是，要给果树浇水。我觉得这是很棒的工作。

那年夏天，雨水出奇的多。草莓一个劲儿地疯长，像章鱼一样四下伸展着它长长的枝蔓，并长出新的植株。蜗牛也很多，徜徉在潮湿的环境中，欢畅地享用着草莓的叶子和刚刚长出来的果实。一个放学之后的晚上，我从车库里取出蜗牛诱饵，把它喷洒在藤蔓上，希望能保留一些果实给农夫，给我们这些人类。

我读着蜗牛诱饵盒子上的标签，上面写道："注意! 有毒! 不要让小孩和宠物接触。"没问题，虽然我在家里最年幼，但我完全知道要洗手。而至于宠物，我们后院的天竺鼠养殖场已经关闭好几年了，其他动物都养在家中的笼子里。我当时养了一只叫爱默生的小狗，它是我的老狗"王子"的小儿子。"王子"是一只会拉雪橇的混种狗，它齐膝高，很活泼，还给自己找了位"妻子"，那是一只漂亮的流浪犬，是比利时牧羊犬和边境牧羊犬的混种。我们卖掉了它们的 6 只狗宝宝，只留下爱默生，并给狗妈妈找了个家。在学习之余，还要照料花园和一大缸的热带鱼，以及两只狗，已经让我很忙碌了。

然而两个月前，在"王子"的一次远足中，一辆汽车撞了它。远足是"王子"

10 年来养成的习惯。一个邻居哭着来到我家，告诉了我们这起事故。我哥哥把"王子"带回了家，我们在它临死前与它道别，它的尸体被带走了。我还没从失去"王子"的悲痛中恢复过来，所以只要我在家，就会把它的儿子爱默生带在身边。为了纪念它的爸爸，也许是为了让"王子"以某种方式继续活着，我们将它漂亮、聪明、目光敏锐的儿子的名字改成了"小王子"。

我清楚地记得，我一边读着蜗牛诱饵盒子上的标签，一边在想，我最好告诉父母，最近不要让"小王子"出来，因为他们过去经常让它四处闲逛。我写完作业后，刷牙洗脸，上床睡觉，我的小朋友就睡在我旁边。当我醒来时，"小王子"死了。

很长一段时间，我都无法看着镜子里的自己，为镜子里的自己感到羞愧。我记得那天晚上，我喷洒了诱饵，读着盒子上的标签，自己思忖着，做作业，洗脸时看着镜子里的自己。生活显得那么简单、平静而安定。接着早晨来临，我才意识到我毒死了自己最好的朋友，甚至更糟，我没有把洒药的事情告诉任何人。

事实上，我读了标签，知道如何保护"小王子"，但就是忘了告诉别人。我专注于写作业，忘记了自己的担忧，以及盒子上的警告。没有进行检查，以确保该做的事都做了。

◇ 海边的不确定性

一转眼，11 年过去了。我成了医学院高年级的学生，在波多黎各西北海岸的一个小城镇附近的一家公立医疗诊所实习。我修过基层医疗及热带疾病的相关课程，现在作为"医生"，为生活在冲浪天堂中的贫困居民提供医疗服务。我不冲浪，但上过潜水课程，希望在放假的时候去探索加勒比海的暗礁和岩洞。

看了一上午的病人，正值午饭前，我的腹部有一种模糊的不舒服的感觉。我在想着巴勃罗，他是我前一天诊治的一个两三岁的孩子，当时他在发烧，而且耳朵很疼。我用刚刚学会的蹩脚的西班牙语询问了他的发病历史，并给他做了体检。我与主治医生确认之后，给他开了抗生素，我们认为他显然是中耳发炎了（我小时候经常中耳发炎，我仍记得那种疼痛和恐惧）。我看着巴勃罗和他妈妈离开，他妈妈左手抱着巴勃罗，右手拿着处方。

不过，我后来觉得不对劲，脑子里浮现出巴勃罗中毒的影像。我开的抗生素是否没问题？如果药量太大，那么不仅会杀死他中耳内的细菌，还会破坏他内耳脆弱的听毛细胞，那是能让他听到声音的细胞。我告诉自己，我过于担心了，不要再去想它了。我与主治医生确认过，写了处方，一切都没什么问题，我在心里对自己说。然而，让人不得安宁的感觉就是挥之不去。

在前台，我找到了巴勃罗的表格，想查看一下我实际写下来的剂量到底是多少。我发现自己只记录了药品的种类，没有写数量。接下来，我查找了他家的电话，发现他们住在城镇中很偏远的地方，那里没有电话。我再次告诉自己，也许一切都没问题。不过，我就是无法安心。我来到海边，不是为了去那里吃三明治放松一下的，而是向着巴勃罗住的社区开始了长途跋涉。棕榈树在大风中摇曳。我跨过散落的椰子，跨过棕榈树错综纠结的树根。我仍记得空气中刺鼻的味道，芒果挂满了枝头，前方住家的院落里传出的猪的尖叫和气味。

我在没有标示的街道上徘徊，反复用西班牙语问："瑞欧家住在哪儿？瑞欧太太住在附近吗？"我不得不让人们说得慢些，后来我终于知道巴勃罗家住在下一条街，靠近一块空地。当我来到他家时，巴勃罗和他妈妈正在前门口，很吃惊地看着我。我要求看一下药瓶，我解释说，我想核实一下剂量。

我知道根据巴勃罗的体重，应该写下的剂量是多少。然而在药瓶上，我发现了自己的第一个重大的用药失误：我计算的每日剂量是正确的，但我写下的是一天三次的总剂量，而不是每次的剂量。过量服用一天药物，可能还不会引发问题。但如果是 10 天，便会杀死听毛细胞，对巴勃罗的听力造成永久性的破坏。

我不知道我是怎么知道自己的错误的。那是一种全身的感觉，一种心脏和肠胃里让人痛苦的不安感，而且挥之不去。有什么事情出问题了，促使我必须找出来。

我调整了剂量，当我跟巴勃罗拥抱告别，跟他妈妈说再见时，我内心那种有事需要核实的感觉被彻底满足了。我有获得确定感的驱动力，也许是因为"小王子"的死，也许是因为我承担了新的责任。我们的心总是在与不确定感进行着抗争，但我现在从事的职业时时刻刻都会激活我想要知道、想要确认的驱动力。对不确定性的整合并非奢侈的想法，而是照顾他人的工作的核心与必需。

如今的医学比以往任何时候都更要与这些问题抗争。计算机程序给我们提供了精确的、循序渐进的清单，可以帮助医护人员准确地完成复杂的手续。在一些领域，这些清单显著降低了人为错误，以及由此引发的并发症，其中包括死亡。不过，无论采用多少清单，我们都需要对整个自我的智慧保持开放，倾听直觉的声音，这也是前额叶皮层的赐福。这样，我们不仅能清晰地核查，还能在最终感觉到，我们已经注意了所有应该做的事情。

·······寻求确定性·······

就像海浪从远处翻滚着涌来一样，我们的心理也会感知到连续性，有时这种连续性并不存在。我们看到大海深处的一个大浪，看着它涌向海岸，但实际上我们远远看到的卷起的海水，并不是几分钟后冲上海岸的海水。海浪的连续性只是幻影。

许多认知实验都表明，我们的知觉建立在大脑皮层将不连续的现实构建成流畅的感知流的驱动力之上。例如，尽管眼睛会经常眨动，但大脑调整了视觉输入的间隔，构建出一幅完整的图画。大脑具有一种使世界显得稳定而牢固的偏好。这同样说明了我们如何从第 10 章所探讨的多样化的状态中发展出连续的自我意识。当我们还是小孩时，一旦学会了因果关系，便能在各种经验中寻找因果链，甚至在不存在因果关系的情况下自己去编造。追求连续性、可预测性的驱动力也直接进入了我们对暂时性和不确定性的感知。我们如何解决现状与努力要实现的目标之间的冲突，便是整合不确定性的本质。

在我上高中的时候，曾有一个阶段，总是无法克制地思考无常与死亡。我记得自己曾给一个同学打电话，约她出来约会，至少我认为自己是在与她约会。"劳拉，"我开口道，"你这天过得如何？"她告诉我放学后她跟朋友们去了公园，之后去逛街，买了新鞋。

"丹尼，你放学之后干什么了？"她问道。

我一向不是个说话绕弯子的人，便说："嗯，我在想有一天我们都会不存在了。我真搞不懂我们为什么要把事情那么当真，比如作业、分数以及是否能得冠军。我们现在在这里，但有一天我们都会离开。"

电话那端是一片沉默。"劳拉……你还在听吗？"在听到她挂上电话的"咔哒"声的时候，我知道我又要和我的忧虑形影相吊了。

与暂时及死亡的抗争最终需要我们潜入永久性的幻觉之中，寻求生命更深层的意义。我们用各种方式，从宗教到科学，从共享的仪式到充满激情的个人追求，来寻求安慰与意义。其中有些追求是我们勇敢面对与存在有关的焦虑的形式，而有些则是逃避它们的形式。一位同事曾告诉我为什么他一周要工作7天，有时会24小时连续工作，因为"如果我不为解决这些科学难题而工作，我便会思考死亡，充满了焦虑与抑郁。我这样工作，是为了避免变得闷闷不乐"。

人类花了很多精力来逃避面对现实。逃避策略有许多种形式，从像我那位同事那样的工作狂，到对外貌的沉迷。有时我们会专注于日常生活中能满足我们基本需求的琐事，因为即使我们不是花费了大多数时间，也是花费了很多时间去做家务、上班、遛狗和刷牙。我们同样也会在物质世界中寻求安慰，沉迷于物质产品的消费，或是对导致肾上腺素急剧上升的活动上瘾。然而，这些都是临时的逃避方法。当我们暂时停止被驱使而做的行为时，便会被焦虑感吞没，或是迷失在内在的空虚感之中。如果不具备对不确定性的整合，我们就会漂流向混乱的或僵化的河岸。

人类的机智以及技术能力使我们能够掩饰根本的不安全感。甚至是第一个钻木取火的人，也一定能感觉到自己对大自然新的掌控力。知识意味着生存，无论是通过辨别植物有没有毒来寻找食物，还是通过预测斑马和角马的季节性迁徙来捕猎。我们具有找出可预测情境的内在驱动力。而且，先天的生理特征使我们具有了对熟悉面孔的偏好，这是大脑了解谁是可信任的或辨别谁是我们氏族成员的基本系统。这些远古的感觉，这些想与人联结、寻求确定性的驱动力通常与当代文化的需要相矛盾。我们可以在一座现代化的城市里这样度过一天：看到成千上万的面孔，却不认识任何人，在不知道姓名的人群中迷失自我。由掌控的驱动力所主宰的全球化社会给予我们太多的知识，每天不计其数的有关灾难的新闻将我们淹没，可以在一瞬间破坏我们的安全感。只要点一点鼠标，在这边的人们就能知道在那边发生的事情。

我们能做什么？人类能够适应并学会生活在有几百万人口的大都市中，整天被来自世界各地的信息轰炸着。然而，我们要么麻痹自己来应对现状，要么痛苦地意识到自身境况的脆弱性。我们如何能找到内心的平和？哪里有能够作为心理庇护所的空间？让我们可以安心地睡觉，对个人和集体的生存具有确定感。对简单与庇护的渴望，仍在我们的突触回路中骚动不安。

⋯⋯ 是什么造成了不确定 ⋯⋯

12 岁的仙蒂知道自己不应该害怕桌子尖锐的边缘，不应该担心鲨鱼会游进邻居家的游泳池，然而当描述自己的这些恐惧，以及她形成的应对这些恐惧的仪式时，她留着长长刘海儿的脸上露出了害怕和难为情的表情。

仙蒂的父母告诉我，在刚上初中的前 4 个月里，她在学校里表现得不错，交了新朋友，与大家相处融洽。不过在过去的 6 周里，仙蒂开始出现了令人苦恼的恐惧和强迫行为。

仙蒂告诉我，只要一想到桌子的边缘或鲨鱼，她就不得不在脑子里数到一个偶数，或者用双手的指尖敲击到偶数次。她也担心其他灾难，比如地震摧毁了她的家（毕竟这里是洛杉矶），或是大火席卷了整个城镇。她相当认真地问我，鲨鱼有多大可能性会通过下水道进入马桶，并咬到她。外界的事实是，最近曾有一次地震，城镇北面的小山着火了，冲浪者遭到了鲨鱼的攻击。新闻中报道的这些事件为她的强迫思维提供了一些内容，但仙蒂的心里显然随时为危险做好了准备。

我问仙蒂，如果她不用手指敲出偶数次或不在脑子里数到偶数，将会发生什么。她停顿了一会儿，看起来很害怕，然后说："我不想知道。"她又谈了一些对火灾、地震以及邻居家游泳池里出现鲨鱼的恐惧。仙蒂的家人把她带到我这里来之前的那个周末，她曾在整个下午的聚会中都只坐在游泳池的边上，甚至连脚都不敢放进去。

◇ 进入危险检测系统

在我看来，仙蒂可能得了强迫症，这是焦虑的一种形式。强迫症的特点是，反复出现的想法使人沉迷于可怕的图像或不理性的观点之中。患有强迫症的人经常会觉得陷入了一种他们无法摆脱的思维模式或行为习惯。他们可能会有持久的自我怀疑感，这迫使他们反复检查，以确保锁好了门或关好了炉子。他们也会表现出外在的强迫行为，比如长时间反复洗手，因为他们内心总觉得有事情不对劲。他们相信，如果做强迫行为或以某种方式思考，比如数数或重复一个特殊的语言模式，那么坏事都能够被避免。他们常常担心，如果没有正确地执行这些强迫观念或强迫行为，那么有些事情就会出现严重的问题，比如某人可能会死去或生病，他们要为没有阻止这样的事情而负责。还有一些强迫症患者苦恼于某种信念，比如认定自己是杀人犯、虐待儿童者或不道德的人，并相信强迫行为在某种程度上能抵消这些罪孽，或者在一开始就预防他们犯罪。

接触链球菌可能导致强迫症的突然发作。链球菌表面的一种蛋白质能引发免疫反应，激发强迫症背后的神经回路。仙蒂没有链球菌感染历史，近期也没有明显的应激源，没有事故及家庭生活的重大改变。唯一值得注意的事件是她开始升入中学。我把这件事记了下来，如果她来找我接受治疗，我就会与她探讨这个问题。

第七感 研究

mǐndsǐght

有些医生在诊断病人患有强迫症后，不管发病的情境是什么，都会马上给病人开抗焦虑的药物，甚至对孩子也是如此①。然而，由于这些药物有潜在的副作用，尤其是对正在成长的孩子，而且这些药物只能在服药期间暂时缓解症状，因此我决定采用不同的方法开始治疗。在加州大学洛杉矶分校进行的研究，第一次证明了将认知及行为疗法，再辅以正念技术以及对大脑的探讨作为成人治疗方案的一部分，能够产生与药物治疗一样，可缓解症状并改变大脑的功能，而且效果更持久。我们没有对孩子进行这类研究，但我已经开发出了一套策略，采用类似的方法以适应儿童发展的需要。我的临床经验显示，对少年及成年人有效的策略，对儿童也同样有效。

我之所以想采用非药物治疗方法，还有一个原因是，仙蒂的强迫症刚刚发作，它并不像我见过的那种长期、严重的强迫症案例，会让人丧失能力。如果忧虑的神经回路在长时间内被反复激活，便有可能根植在大脑中，很难改变。然而，仙蒂患病的时间相对较短，因此我觉得情况不是那么急迫，可以看看我建议使用的策略是否有效。如果初期的迹象不乐观，那么我们可以尝试其他认知疗法，必要的时候再采取药物治疗。

我当然想给仙蒂开些药，让她立即摆脱那些侵入性的念头以及仪式化的行为。不过，我更想给她提供一个机会，让她发展出新的、大脑层面的自我调节技能，这会让她终身受益。

第七感 访谈

mǐndsǐght

我最初的目标是揭秘仙蒂大脑中发生的情况，从而多少让她觉得不那么"疯狂"与恐惧。在她父母也在场的情况下，我告诉她，每个人都有经过几百万年进化而来的大脑神经回路，它们能保护我们。这些神经回路包括脑干中的战斗—逃跑—僵住不动系统、边缘系统中产生恐惧的杏仁核，以及产生忧虑并制订计划的前额叶皮层。求生反射及恐惧的情绪促使大脑皮层去发现

① 选择性5-羟色胺再吸收抑制剂是治疗强迫症的常规药物。在这段文字中，你将看到一个公认的观点，即药物不应该是首选的治疗方法，特别是对儿童或青少年。

危险，有时威胁确实存在，有时危险的感觉只是大脑制造出来的。由于这个大脑系统会检测危险，因此我喜欢称它为"检测者"。

我告诉她，这个检测者已经存在了几亿年，在出现人类之前很久，它就帮助动物们检测危险，它很忠于职守。我问仙蒂，如果检测者休假了，而你正要过马路，那么会发生什么事情？仙蒂的眼睛睁得大大的，她惊叫道："会被汽车撞到！"正是如此，没有检测者的史前动物才会灭绝了，它们没有发现喝水的地方有剑齿虎，结果在繁衍后代之前就被吃光了。仙蒂补充道："是呀，只有那些有检测者的动物才能生孩子，所以它们的宝宝也有检测者，它们也能生孩子。"我知道，她已经理解了遗传和进化的基本理念。

我接着说，好心的检测者有时会过于兴奋。想一想这样的情况，如果一个朋友来找你，想和你一起骑自行车（仙蒂曾告诉过我，她喜欢骑自行车），不过他连续不停地骑 45 小时，你会说什么？仙蒂大笑着说："不可能。"

很好。不过，如果不只是说不行，而是要提出一个你们俩都能接受的选择，那该怎么说？如果你说"好的，但是让我们只骑 45 分钟，而不是 45 小时"，那又会如何呢？仙蒂承认，她和朋友都会玩得很开心。

对于检测者也是如此，我继续说。要让检测者控制它的热情，而同时你也要知道，检测者从内心深处是想保护你的。

在第一次评估结束的时候，我能感觉到仙蒂放松了一点儿。她知道所有人都有检测者。只不过，有些人的检测者比其他人的更活跃，但这是人类正常的部分。掌握了这些知识后，仙蒂和她父母便同意我教给她一些正念练习，以及其他直接作用于检测者的技术。当她妈妈说她也苦恼于类似的问题时，我并没有非常吃惊，并问她能否参加我对仙蒂进行的一些治疗。仙蒂从没听到过妈妈也有检测者的问题，她很高兴可以和妈妈一起努力来克服。她妈妈有类似的症状说明了焦虑症或强迫症可能有遗传性，但我知道，我们仍然可以做一些必要的工作来改变她们的大脑。

◇ SAM

在仙蒂治疗的初始阶段，我会与她的父母会面，与她单独会面，再和全家会面,这样我能从有关治疗进展的不同角度来获得反馈。在单独与仙蒂在一起的时候,我问她是否有过危险的遭遇,或是让她害怕的争吵,或是被人不当地触碰过。她说没有,因此我推测她爆发症状的原因可能一部分在于学校的变化,以及进入青春期后身体和情感的突然变化。

正如我在第 5 章中探讨的,前额叶皮层在青春期前和青春期时会经历重塑的过程,这些改变本身足以干扰孩子们在面临恐惧时的自我调节能力。在这个阶段,检测者过于活跃的现象并不少见。如果回顾一下你自己的青春期,你也许会想起各种各样的仪式和反复出现的念头,以及经久不衰的迷信(敲木头,不要走在梯子下面,在比赛的日子要穿特别的衣服)。这些都是检测者在温和地发挥作用。

另外,如果仙蒂具有焦虑的遗传倾向,那么听到最近发生的自然灾害可能会让她的恐惧回路处于高度警觉状态。当周围的世界以及她自己的青春期世界中充满了不确定性时,为了获得控制感,为了安抚自己,她能做些什么呢?一种方法是"假装",假装她可以通过自己的努力来影响事件的结果。

检测者是神经的预测功能的最高表现。没有什么能像检测者系统那样应对危险,帮助我们处理不确定性,至少从表面上看是这样。检测者创造了一个由三部分组成的策略,我喜欢称之为 SAM。首先检测者扫描(scan)危险,对可能伤害我们的事情保持警惕。其次,每当具有威胁性的事情好像要发生时,检测者就会听到恐惧和焦虑的警报(alert)。最后,检测者促使(motivate)我们采取行动,预防危险的发生。

在正常情况下,检测者提醒我们,过马路的时候要看两边,当看到一辆卡车向我们疾驰而来时,检测者会发出尖锐的警报,促使我们尽快离开马路,要么退回人行道,要么加速向前,去马路的另一边。这是检测者在发挥它最有帮助的作用。仙蒂需要知道,检测者的 SAM 过程是她的朋友和卫士。

不过,如果检测者过于活跃,工作热情过于高涨,我们可能会被它的活动吓得动弹不得。检测者也许会不停地想象最糟糕的场景,即使事实上并不存在任何危险。过于活跃的检测者所采取的策略是，最好的防御就是为最坏的结果做准备，这样你永远都不会大惊失色。当检测者走了极端时，它不仅会表现为过度警觉，还会表现为强迫症典型的强迫观念和强迫行为，并且不理智地相信这些行为能阻止灾难。尽管很多强迫症患者痛苦地意识到，自己的行为和思维模式不合理，但检测者会产生一种无法忍受的内在感觉，让你觉得有事需要完成，有事必须执行，采取这些行为能暂时缓解令人不得安宁的恐惧。就像我的一位年轻病人说的那样，强迫症就是过于活跃的检测者在进行部署。

现在，请想象你听从了强迫观念或执行了强迫性的仪式。如果没有糟糕的事情发生，没有发生地震、火灾或鲨鱼攻击，那么你的大脑会让你相信，你能生存下来都是因为你的强迫行为。检测者是对的：这是一个简单的因果关系问题。检测者成功地保护了你和其他人的安全，因此它的策略被强化了。病人通常相信这是事关生死的真理。毕竟，检测者专门负责我们的生存，而且检测者的基因已经传承了几亿年，这可不是闹着玩的。

﹍﹍ 集中心智，改变大脑 ﹍﹍

你也许好奇，包含对内心世界进行反思的干预措施，如何能帮助已经受到焦虑与强迫观念困扰的人。我们是不是更应该帮助仙蒂"认真地对待生活"，而不是更深入地专注于她的心理。事实上，这种帮仙蒂将她的症状重塑为正常的而不是过度活跃的大脑回路的一部分，并教给她正念觉知策略的方法，可以从两个方面发挥作用。它不仅能使人平静下来，缓解症状，还能启动增强自我调节神经回路的过程。

在第二次治疗的一开始，我与仙蒂回顾了过度活跃的检测者的概念，然后讨论了过去这一周她在家和学校的情况。接下来，我教给仙蒂和她妈妈一些我在本书中一直使用的基本冥想方法。她们很快学会了进入一种状态，在这种状态中，她们能感觉自己的呼吸，并变得有觉知力，仙蒂后来告诉我："我就像在从自己以外的地方观察自己。"她和妈妈达成一致意见，决定每天早上一起练习 5 ~ 10

分钟。就像许多儿童和青少年一样，仙蒂告诉我，她有时会觉得就那么坐着观看脑子中的自己挺古怪的。然而，随着她渐渐习惯了这个练习，这种观察的感觉会伴随着放松感。有时她会意识到，她可以就那么与自我一起坐着，不必因为自己的想法而采取任何行动。

尽管这种敏锐感知本身并不能消除仙蒂的担忧或敲击手指的驱动力，但这确实减轻了它们的强度。她告诉我，她如何悄悄地数数，或是在学校时如何把手藏在桌子下面，这样就没人能看到她在敲手指了，但是如果不数数或不敲击，可能要发生灾难的想法还是会让她很忧虑。

在第 3 次和第 4 次治疗期间，我开始跟仙蒂讨论强迫行为。我想在她自动化的仪式与仪式之前的冲动之间，创造一个小小的空间。我让仙蒂试着确定检测者开始放大声音、变得激动起来的时刻。在这样的时刻，她的内心世界中发生了什么？她可以觉察到恐惧或担忧的某些内在感觉吗？随着正念觉知能力的出现，我觉得她能够意识到自己的强迫观念和强迫行为是检测者活动的结果。这是我在第 6 章提出的"识别它并驯服它"策略的一种变化形式。它运用左脑模式的作用来安抚边缘系统的放电。如果她能辨识出检测者在运作，承认检测者也有它自己的驱动力和需求，她便能从之前纯粹的恐惧中分化出检测者的作用。了解这只是她大脑中一个独立的神经回路，而不是她的全部，是帮助她摆脱焦虑驱使的自动化想法和行为的关键步骤。

◇ 尊重检测者，并与其合作

当仙蒂能够觉察到自己强迫观念或强迫行为的冲动时，我们便开始了治疗的第三个阶段。现在，她不仅能观察到检测者在发挥作用，还能进行我在之前的会面中描述的内在对话。内在对话有时也被称为"自我对话"，是我们每时每刻的心理运作中正常且非常重要的组成部分。我想利用这种内在对话来帮助仙蒂安抚她的焦虑。

仙蒂很喜欢这个跟检测者聊天的主意。她已经习惯了扫描、警报、促使这三个词的简称"SAM"，并把它转换成了人名"萨姆"。我认为这是一个令人鼓舞的迹象，她可以像对待朋友那样对待自己令人苦恼的部分。我们开始在不同场合进行角色扮演。设想她在邻居的后院里吃午餐，这时检测者变得活跃起来，它会说什么？

> 萨姆（检测者）："不要太靠近游泳池边。它们会跳出来，抓住你。"
>
> 仙蒂（在自己的脑海中）："谢谢你的爱和关心，萨姆。我知道你想保证我的安全，我也想让自己安全。不过，你太过热情了，对于保证我的安全来说，这是不必要的。"

在这个阶段，我告诉她，你不必改变你的行为，但要开始进行对话。如果你想坐得离游泳池尽可能远些，或是想敲击手指或数数，都没问题，只是要保证先和检测者谈一谈。

这种对话与治疗之前通常会出现的内在抗争形成了鲜明的对比。仙蒂的妈妈告诉我，以前当她开始担忧时，她常常会批评自己："这些担忧非常愚蠢、非常可笑，赶紧停下来！"或者："我不敢相信自己竟然这么蠢，简直是个白痴！"如果你与自己打架，谁会赢？

当我们把检测者看成是一种心理状态，它需要被接纳，而不是被破坏时，我们便会取得进步。为什么要接纳？因为帮助我们的祖先生存了几百万年的神经回路需要我们来欣赏、感激它的努力工作。如果它玩忽职守，你也许就不存在了。而且，无论你现在是 12 岁还是 92 岁，与至少 1 亿岁高龄的神经回路争斗，你可能都没有什么胜算。在整合的方法中，能够获胜的策略是尊重与合作。

仙蒂与检测者建立的新关系为下一个步骤提供了开端：通过谈判减少仪式化的行为。只要仙蒂出现了令她害怕的想法，她就会敲击 14 下手指，她总是会敲偶数下，而这种情况一小时就会发生很多次。我们曾探讨过敲击仪式背后的动机，这是"确保不会有糟糕的事情发生"的一种方法。

第七感 练习

m1nds1ght

我和仙蒂约定，在接下来的一周，当检测者让她敲击手指时，她可以敲10下，而不是14下。我告诉她，检测者可能每次都会提出抗议，但仙蒂应该回答它："谢谢你的分享。我知道你认为敲击能保证我们的安全，但10下就可以了。"再下一周，仙蒂会将敲击次数从10下减少到8下，在之后的数周里，逐渐减少到6下、4下和2下。她会继续感谢检测者，并让它安心。

当然，我希望在仙蒂减少敲击次数的过程中，新闻中别再报道什么意外事件。幸运的是，山上没有发生山火，海边也没有出现鲨鱼，这样检测者就没法说"我早就告诉过你"了。因此，仙蒂取得了稳步的进展。在必要的时候，甚至在上学的过程中，她也会关注呼吸，让自己平静下来，或者采用我们一起发展出来的安全之所的想象。只是当仙蒂从最后一个偶数2降低到奇数1时，才出现了问题。萨姆看起来喜欢对称性，因此降到1下似乎比减少总次数更困难。这个阶段花了好几个星期才完成。

最后一个阶段是仙蒂与萨姆谈判，减少敲击的频率。首先，她允许检测者一小时敲一下，然后是一天敲5下，等等，最终降到一天敲一下。有一天下午，仙蒂来接受例行的治疗，她告诉我："我才意识到，我昨天没有敲手指。"

◇ **过度活跃的神经回路**

我们始终没搞明白，为什么仙蒂害怕的是书桌，而不是餐桌、柜台或其他长方形的水平表面。是因为新学校充满挑战的课业让她感到紧张吗？那么鲨鱼又是怎么回事呢？作为一名潜水者，接受的训练让我要害怕鲨鱼，但在仙蒂的情况中，好像就是因为看了鲨鱼攻击人的新闻才感到害怕，甚至在卫生间里也会很不安。鲨鱼会不会是关注仙蒂身体变化的中学男生的心理象征呢？在治疗中，我留出时间让仙蒂聊一聊学业负担的加重，聊一聊男孩子以及中学里各种具有挑战性的社交情境。

然而，要让失去控制的检测者停止活动，我们应该做的通常不仅仅是发现恐惧背后的原因，有时甚至不需要知道原因。很多年前，当时的治疗师对病症涉及的神经回路几乎一无所知，他们会花大量时间来弄清楚症状的起因。因此，他们有时发现自己一个接着一个地追查强迫症患者恐惧的对象，虽然一种恐惧消退了，但它只不过是被另一种恐惧所取代。直接处理恐惧背后的神经回路，则为缓解恐惧提供了直接路径。

过度活跃的强迫症回路也包括前额叶中部提醒我们犯了错的大脑皮层。在通常情况下，比如我给巴勃罗开抗生素的经历，前额叶区激活临近前扣带回，从而产生焦虑感。正如我在第 7 章中探讨的，前扣带回与情绪和躯体功能相关，因此焦虑会影响我们的心脏和肠道，使我们产生内在的恐惧感，这促使我们去找出错误，并纠正过来。

在强迫症患者中，大脑更深层的区域——尾状核，也同样高度活跃。尾状核帮助我们"变换齿轮"，从而改变思考的方向或行动的路线，这是弥补错误不可或缺的步骤。然而，如果前额叶与尾状核之间的连接卡在了"开启"的位置，便会形成一个没有终结的担忧与焦虑的循环（人们之所以认为链球菌感染会引发强迫症，是因为链球菌会刺激尾状核）。接下来，这个失控的回路会激活脑干深层的警报系统。脑干的求生反射，加上恐惧情绪，会给大脑皮层反馈，促使我们搜寻危险，不管是否真的有危险。

事实上，我们正在对仙蒂的恐惧进行逆向操作。脑干中的一些警报被激活，接下来产生恐惧的杏仁核觉察到这些警报，并进行放大。这些信号来到大脑皮层："出事了，有危险！采取行动！"现在大脑皮层也加入进来，将聚焦范围缩小到某一特定物品——书桌的桌角、鲨鱼，以及为内在恐惧状态提供存在理由，或任何能够让我们一开始的恐惧变得合理的事物。之后，大脑皮层策划内在行为（强迫性的想法）或外在行为（强迫性的仪式），以防止想象中的威胁对我们造成伤害。整合的第七感的方法承认，检测者在试图保证我们的安全，在不确定的世界中给予我们一些控制感和确定感。

这种方法的关键在于要有积极的合作姿态，否则整个策略都会失败。这就是第七感为什么是如此强有力的工具的原因之一。第七感教会我们好奇、开放，对出现在内心的一切保持接纳。学会观察、辨别，并进行对话和谈判之后，仙蒂现在能够监控自己的内心世界，并能调整自己的想法和行为了。她也许还有冲动，但可以选择不把冲动变成行动。

> 第七感教会我们好奇、开放，对出现在内心的一切保持接纳。

仙蒂的症状在 4 个月的时间里显著减少了，到 6 个月的时候，症状完全消失。她停止了治疗，但还会定期回来看我，我们俩对此都乐在其中。三年后，仙蒂对自己心理的本质，对自己作为一个人的存在，都具有了深刻的智慧。她不再害怕靠近游泳池，已经能够自如地在里面潜水了。她告诉我，有时她仍能听到头脑中有声音告诉她，会有糟糕的事情发生，特别是当她感到有压力时。当发生这种情况的时候，她会有敲击手指的冲动，此时她就会进行一些安抚性的自我对话，如"谢谢你为我担心，萨姆，但我能应付"，接下来她便能不太困难地继续生活了。检测者已经从一个强制性的"监狱看守"，变成了为她留心危险的友好的"内在哨兵"。我希望，这能成为她在以后的生活中随时携带在身边的一种资源。

┈┈┈┈ 接纳不确定性 ┈┈┈┈

正如我确保仙蒂明白的那样，我们有与生俱来的驱动力，会扫描危险，警告自己和他人有些事物会伤害我们，做一切能保证我们安全的事情，这并没有任何问题。在"小王子"死后，我的检测者发现，有理由变得更活跃一些，而且行医的过程不断证明有检查的需要。不过，经验也告诉了我们控制的界限。即使我们付出了最大的努力，事故还是会发生。人生是不可预测的。整合不确定性要求我们放弃确定性的幻觉，这样我们不仅能尽量保证安全，还能同时不会不理智地追求全知和全能。

匿名戒酒者协会所采用的优美而宁静的祷告词，告诫人们就此放手。祷告词是这样写的："愿我能平静地接受我不能改变的，有勇气改变我能改变的，并有智慧区分这两者的差别。"平静、勇气和智慧是整合不确定性的核心。

> 我的好友安吉拉，亲如我的姐妹，最近她得了罕见的致命性疾病。她被送到一家社区医院，她的家庭医生在那里具有入院权，一大堆专家为她进行了诊治。
>
> 在我打电话给她的时候，我问她要不要帮她找一位对她的病有专门研究的学术界的研究人员。她说："如果这让你觉得好受些，你就找吧。"当然，我并不是从我的感受来考虑的，而是希望她得到"适当的"治疗。我为她找了一位最近刚搬到加州大学洛杉矶分校的研究者，他的研究领域正是安吉拉目前所面临的问题。我给安吉拉打电话，告诉她我们会把她转入大学医院接受治疗。她拒绝了。她说，她已经习惯了目前给她诊治的医疗团队，作为一名处于恢复中的酗酒者，感到与她信任并熟悉的人保持联结是很重要的。不过，她还是感谢我为她提供的建议。
>
> 我不知道该怎么办。安吉拉的话听起来很合理，但我知道她的病情可能让她的思路不太清晰。然而，如果她转院了，要是手术没有取得明显的效果，我又会有什么样的感觉？我应该介入多少，即使我的初衷是为了挽救她的生命？我给她的朋友打电话，探讨转入大学医院的好处。她告诉我，她赞同安吉拉的意见，安吉拉的决定会让她自己感到舒服。之后，我给安吉拉打电话，说我理解她的决定，只是想问问她现在的情况如何。她听起来很坚强，充满了她在匿名戒酒者协会中学会的平静、勇气和智慧。幸运的是，手术很成功，安吉拉现在恢复了健康。

我从这件事中体会到，死亡的威胁是如何强烈地引起了我控制的驱动力的。我们想要相信，我们能够永远拥有健康和青春；我们想否认生命无常的现实。不接受最初提供给我们的医疗方案，寻找有可能带来不同诊断或治疗计划的其他意见，有时是很好的做法。然而，控制的尝试有时只是为了避免不确定性而做的努力。当我们发现内心有追求确定性和持久性的驱动力，并将注意力重新集中在我们应该存在的位置时，平静、勇气和智慧，这些正念的特质就会显现出来。

·······联结的安慰作用·······

我想以汤米的故事来结束本章。汤米是我的来访者，他 12 岁，对死亡有偏执的想法。三年前，在一位和他很亲密的叔叔去世之后，他来到我这里。当时，汤米 9 岁，要与人生中第一次丧失做斗争，这改变了他看待世界的方式。我们承认他的痛苦、他对失去叔叔的恐惧，以及叔叔的死带给他的悲痛，帮助他慢慢度过了危机。经过 6 个月的治疗，并在他父母的帮助下，汤米重新获得了家庭中的安全感，又开始和朋友们玩耍了。在之后的三年里，他妈妈告诉我，他一直很快乐，看上去是个无忧无虑的孩子。然而现在，汤米确信自己会在 16 岁之前，死于某种自然灾害。他告诉我，即使在他不忧虑这个灾祸的时候，他也总会思考变老和死亡会是什么样。

"为什么我们要知道自己会死？"他问。我满眼都是汤米的痛苦，他在同时还提起了他的叔叔。在早期的丧失发生之后，孩子们通常会在各个发展阶段以不同的方式重新体验那份悲痛。由于现在他正处于青春期，因此我知道汤米前额叶的变化使他能够在更宏大、更抽象的背景中思考他叔叔的死亡，并将它与自己的死亡联系起来。我告诉汤米，他的大脑正在发展，他正在获得前额叶的能力，这同时也给他带来了负担，让他感知到了时间的飞逝和必然面临的死亡。鉴于他大脑的变化，以及他无时无刻有关存在的担忧所带来的痛苦，我认为是时候教汤米一些正念技巧了。

在第一次进行冥想时，他就有很不错的反应。他说他"从来没觉得这么平和过。这太不可思议了！我觉得没有任何问题，一切都很好，这真神奇"。在接下来的治疗中，我们继续练习正念冥想，而且我让他每天早上在家练习 10 分钟。我还给他介绍了海洋的比喻，以及海洋表面之下的安全之所。我希望关注呼吸的练习能带给他深层的平静。在内心深处，他能够将自己对死亡的担忧看成是心理海面上的波浪，他可以看着这些担忧流进流出他的觉知，而不会对它们感到恐惧。我鼓励汤米只是去注意他的想法、担忧和恐惧，不去做判断，也不要试图将它们赶走或从他的感知中消除，而是接纳它们，把它们视作自己的心理活动。

在一次治疗即将结束的时候，汤米告诉我，他有一个发现："我意识到，如果我被某人了解，比如我的家人或朋友，那么当我死的时候，我就不会消失。被人了解让我感到很放松，我不再担忧了。"

我们静静地坐着，一起反思着这个深刻的洞见。他睁大了眼睛，说道："如果我被人了解就不会消失，那么当我死的时候，我就会变成所有事物的一部分。"

我点点头。

"我会认真地考虑这个问题。"汤米说。

"我也会认真地考虑这个问题。"我说。我们的治疗结束了。

汤米和我在这段人生旅途中成了旅伴。当我们彼此联结在一起时，无论是父母与孩子、来访者与治疗师、学生与老师，还是读者与作者，我们都会发现我们的问题没有终结，只有不断出现的挑战，对所遭遇的一切保持开放，无论是痛苦还是快乐，无论是混乱还是明晰，一步步地穿越时光的旅程。

mindsight

第三部分

提升第七感

拓展自我

创造意义感和幸福感

19 50年，爱因斯坦接到一位拉比①的来信，他本有两个女儿，却因为一次意外失去了一个。拉比问爱因斯坦，可以提供什么智慧，以帮助他另一位深陷失去姐妹的痛苦之中的女儿。爱因斯坦的回答如下。

人类是整体的一部分，我们将这个整体称为"宇宙"，人类被局限在一定的时间和空间里。在他的体验中，他的自我、想法和情感与其他人的相隔绝，这是一种由意识产生的错觉。这种错觉是我们的牢笼，它将我们局限在个人的欲望中，并只对少数与我们最接近的人产生感情。我们的任务是，扩大悲悯的范围，将自我从牢笼中解放出来，拥抱所有的生灵以及自然界中的一切美好。没有人能完全实现这个目标，但为了实现这个目标的努力，本身就是一部分解放，就是内在安全感的基础。

⋯⋯ 跨越整合领域，呼吸生命 ⋯⋯

我在刚开始治疗各种各样的来访者时，是以提升8个整合领域为框架的。当涉及对他们生活中僵化或混乱的模式进行治疗时，我会探索他们为什么会变得执

---

① Rabbi，犹太人中的一个特别阶层，是老师、智者的象征。——译者注

迷，并确定在哪个领域中，差异化或联结会受到阻碍。随着工作取得进展，随着这些领域被加强，幸福的三角形变得越来越稳定，我通常能观察到他们会逐渐出现一种新的整体感。通过各种方式，病人表示他们逐渐感知到自己成了一个更宏大整体的一部分，所居住的世界比开始治疗前更广阔。许多人担心心理治疗和冥想是一种"自我放纵"的活动，但清晰的第七感镜头所引发的状态，其实与只关注自我的短浅目光或向内的偏见完全不同。相反，第七感似乎会直接让人们产生想要回馈他人、扩展关注的焦点以及认同更宏大目标的感觉。超越直接的人际关系和社交世界，成为整体的一部分的感觉，会扩大爱因斯坦所说的"悲悯的范围"。

这可以以细微的方式发生，就像 12 岁的汤米与他对死亡的恐惧进行抗争时发生的情况一样。当我们一起为整合不确定性而努力时，汤米发现，与他人的联结减轻了恐惧与孤独感，因为"当我死的时候，我就会变成所有事物的一部分"。在马修这个经历了一次又一次失败爱情的孤独男人身上，这种情况则以比较宏大的方式出现。马修逐渐渴望投入超越自我的事业之中，他发现修复环绕社区的一片海湾，能够让他充满目标与热情。他运用自己的商业才能和人脉来保护自然资源，这不仅能造福那些他并不认识的周围人，还有益于子孙后代。其他人，比如彼得和丹妮丝，通过人际间的整合，成了彼此的守护者，他们受到触动，开始为慈善事业捐款，为那些因疾病而受到重创的家庭提供支持。当然，这种做法对他们个人也具有意义，虽然他们在童年时经历了不幸的丧失，但他们关注的圈子已经超越了身边的人，发展为更广泛的社会责任。

我看到人们在 8 个领域中变得更加整合，他们的自我认同感得到扩展，可我却无法用一种简单的方式来描述这种观察。他们"自我"的边界变得完全开放。最后，我选择用"升华"这个词，代表我们如何跨越这 8 个整合领域而生活。升华是消除我们狭隘的自我意识的方法，从而成为更广阔的同一性的一部分，成为甚至比人际关系还要广大的"我们"的一部分。这就是我们如何"整合各种整合"。

很重要的一点是，我们应该注意到，实现这种跨领域的存在并不需要发展出第七感的基本反思技能以外的特殊能力。达到升华性整合的人们，可能具有各自不同的起点，被各种不同的原因激发，而去发展各个整合领域。有些人面临着急迫的挑战或急需解决的冲突，有些人则在处理很久以前未妥善处理的丧失之痛，以及未治愈的创伤或失败。由此看来，要实现更深入、更具反思性的心理感知，能够更敏锐地看到内心世界，提升跨领域的整合，似乎并没有单一的、必然的路径。

自从有了冥想记录，冥想练习似乎都描述了一种与万物存在真实联结的感觉。然而，在人类很长一段历史中，尤其是在现代社会中，我们通常将自己看成是孤立的存在体，是一个小舞台上的独角戏演员，旁边还有几个经过挑选的悲剧演员。其他剧场根本不重要，也许还会和我们的表演存在竞争。我们为什么如此局限对自我的定义？

······ 我们 VS 他们 ······

如今，我们能从科学与神经学的角度来探索狭隘的自我定义。当共鸣回路启动时，我们便能感知到他人的情感，产生一种皮层印记，从而知道其他人的内心可能是什么样，因为他们的内心与我们的内心是类似的，这时我们的心理和大脑便打开了第七感机制。我们摘掉内在镜头的镜头盖，仔细地看着别人的脸，想看到外表之下的心理。

然而，如果我们不能认同其他人，共鸣回路就会关闭。我们把其他人看成是客体，是"他们"，而不是"我们"。我们没有激活相应的神经回路，没有认为他人也是拥有内在心理生活的。同情回路的关闭也许是解释人类在历史上之所以会产生暴力行为的原因之一。如果没有第七感，其他人就变成了客体，而不是像我们一样的主体，具有值得尊重与了解的内心。在面临威胁时，我们会扭曲对他人的看法，将自己的恐惧投射到他们的意图上，并想象他们会伤害我们。我们也会无中生有地感知到怨恨，启动受到威胁时的心理状态，撤退到战斗—逃跑—僵住不动的求生反应中，然后想尽办法除掉威胁我们的客体。

受到威胁的感觉控制了我们的感知。有时这对我们是有益的，比如我在山路上，离儿子几步远的地方"看到了"蛇，而到后来才感觉到害怕。然而，在其他时候，同样的大脑机制会显著影响我们对他人的行为。图像研究显示，当看到暗示着危险与威胁的照片时，比如一把枪正指着我们，或者一起致命的车祸，大脑就会变得高度警觉。即使照片一闪而过，意识还没来得及辨别它们，这些潜意识的图像也会影响我们的心理状态和行为。这类"死亡提醒"研究一再显示，对于"像我们"的人，我们会变得更友善，更关心他们的幸福。他们被视为我们部落的成员，同一洞穴的居住者，我们保护他们免受我们潜意识里害怕会发生的伤害。相反，如果这些人"不像我们"，我们可能就会以轻蔑和冷漠的态度对待他们，好像他们是潜在的敌人或会带来伤害的人。我们会轻易地驱逐他们，对他们的过失处以更重的惩罚，对他们的评判也更苛刻。

如果在发生威胁的时刻，我们意识不到这种区分"像我们"和"不像我们"的心理机制，我们的人性就岌岌可危了。在如今这个全球化、信息即时传递和高科技的世界中，如果没有第七感来解除这些迅速产生的、大脑皮层下脑区驱动的警报，就必然会产生可怕的后果。

当我们被求生的驱动力驱动时，便会失去前额叶9项功能中的部分功能或全部功能，就像芭芭拉在"丢失了灵魂"后一样。我们可能会采取不理智的行为。当处于反应性的状态时，我们可能会恢复祖先们原始的行为，缺乏灵活性和同情心。我们可能会冲动行事，丧失了平衡情绪的能力，无法进行道德推理。未经检验的自动化的神经反应，不仅会对个人行为产生影响，还会塑造共同政策。如果我们不再接受理解与同情的指引，缺乏第七感的行为反应就会变得充满敌意，变得不灵活，我们便会失去道德的罗盘。

····· **扩展同一性** ·····

积极心理学的研究显示，投入比自己更宏大的事业，能够创造出意义感和幸福感，这是幸福不可或缺的组成部分①。例如，当我们为他人花钱时，会觉得比给自己花钱更满足。这种基于意义、联结与平静的幸福，被古希腊人称为"积极"的幸福，被现代人称为"内在"的或"真实"的幸福。具有讽刺意味的是，个人的幸福需要我们极大地扩展原本被狭隘定义的个人执念。我们天生是要成为"我们"的，当我们以非常有意义的方式与他人联结起来时，便进入了一个更圆满的状态，也许是一种更自然的存在方式。一个有生命的机体将不同功能的部分联系起来，如果没有这种整合，它就会死亡。

科学显示，真正的幸福来自将自我定义为相互联结的整体的一部分，以真诚的方式与他人、与自我建立联结，打破隔绝自我的边界。我们可以通过发展清晰的第七感镜头来创造这种联结，它使我们能够追踪自我内部以及人与人之间的信息流和能量流。培养感知信息流、能量流的能力，有助于我们将"自我"扩展到身体边界以外，并揭示出一个根本真理，即我们确实是相互联结的世界的一部分。我们的"有机体"是所有生物共存的得到扩展的社区。

这并不是一个能够轻易完成的任务。摆脱由大脑放电模式形成的、被我们的文化实践所强化的固定的心理知觉，并不是简单的任务。人际关系使我们早期的感知模式变得根深蒂固，加深了我们看待世界的方式，并对自己的内在叙述深信不疑。如果没有教会我们暂时停下来，进行反思的内在教育，我们也许会屈从于文化及大脑皮层的影响，让它们将我们推向孤独，过着自动化的生活。

我们需要直接检视大脑皮层如何创造了从上往下的影响，这些影响来自过去的经历，它们会模糊我们的视野。在获得幸福的道路上，我们面临的部分挑战在于，发展足够的第七感，清楚地看到这些带有局限性的自我定义，这样我们便能够在个人和集体的生活中，向着更高程度的整合发展。

---

① 这是坦普尔顿积极心理学获奖者、积极心理学先锋派领袖乔纳森·海特（Jonathan Haidt）在其著作《象与骑象人》中提出的观点。他提出了 5 个能让人感受到"人生本身"目的的要素：爱与工作，全心投入，肉体、心理及社会文化的跨层次一致性，群体选择，超越自我的意义感。《象与骑象人》简体中文版已由湛庐文化策划、浙江科学技术出版社。——编者注

·······清楚地看到内心·······

如果心理能自动地对我们的自我意识形成局限，使我们将自己看成与他人隔绝的个体，那么作为个人和社会，如何能采取步骤，扩大我们的慈悲范围，摆脱这些从上往下的自动化的过程呢？有效策略似乎能帮助我们看清彼此的内心。

清楚地看到内心不仅在改善大脑、心理及人际关系健康的同时，促进了各个维度的整合，还能帮助我们消除彼此隔绝的错觉。我们不仅对自己以及自己所爱的人更有同情心，还扩大了我们慈悲的范围，将世界的其他面向包含进来，超越了眼前关注的小圈子。这种升华性的意识让我们感到自己是更宏大世界的基本组成部分。当我们看到自己的行为会对这个所有生物相互联结的网络产生影响的时候，物理上的分隔和差异就不再那么重要了。当我们将自己视为根本性的联结，联结着过去的一切，以及身体消亡很久之后未来的一切，时间间隔与距离的自我界定性就会降低。这就是升华的本质。

伴随着整合，我们的自我同一性也会得到扩展。当我们拥抱这种相互联结的现实时，关心体贴更宏大的世界便会成为我们生活方式中的根本改变。当我们感知到关心彼此、关心地球的重要性时，便会看到除了创造意义和幸福之外，升华以及从中发展出来的整合，也许是我们生存所必需的。

从生理和遗传上看，我们的大脑在过去 4 万年里，也许没有进化很多，但我们的心理得到了很大的发展①。如今刚出生的婴儿可能与几万年前出生的婴儿大致相同，但如果我们能将现代社会中一位成年人复杂的神经结构与 4 万年前一位成年人的大脑做比较，便会发现彼此的巨大差异。不同的文化环境会形成完全不同的经历，因此每种文化中成熟的大脑都会有非常不同的神经连接，并据此对信息流、能量流做回应。

---

① 许多研究资料探讨了社会因素在大脑进化，包括大小和复杂性的进化中发挥的重要作用。基因决定了大脑发展的潜能，文化体验直接影响着个体大脑的发展。

　　当信息流、能量流的模式在一种文化的人群中被传递，并遗传给下一代时，在进化的人类社会中，塑造大脑成长的正是心理。有关这种科学视角的好消息是，在现代生活中，我们能够有意识地使文化演化向着积极的方向改变。通过培养对自己、对他人的第七感，我们便能够滋养孩子们的这种内在认知，使它成为一种存在的方式。为了现在活着的每一个人，以及将来会行走于地球上、呼吸这里空气的子孙后代，我们可以选择倡导心理的本质。

| 附 录| 大脑剖析

·····**大脑剖析 1：手掌中的大脑**·····

形成第七感的基础是联结遍布各处的各种神经输入的信号，不仅包括来自全身、各个脑区的信号，还包括从别人那里接收到的信号。理解这种联系是如何形成的，有助于我们将大脑想象成一个不同部分间互相联结的系统。

在我第一次为琳恩以及她的家人画出芭芭拉前额叶区的草图之后，我实验过几种三维的大脑模型。做演讲时，我永远都不会忘记带上以下这种模型。在阅读本书时，你甚至都不用从椅子上站起来就可以使用这种模型。尽管它很简化，但是它的确帮我的很多来访者形成理解自己的感受所需的第七感。

◇ 用手做个大脑模型

将大拇指放到手掌中间，弯曲其余四根手指，盖在拇指上面，这就是一个非常简化的大脑模型。

想象指关节的前面就是脸的方向，手背则是头的后部。手腕代表脊髓，从脊柱向上延伸，大脑就在脊柱上方。如果张开四根手指，打开大拇指，你就会看到代表内脑干的手掌。把拇指再放回去，你就会看到边缘系统的大致位置（理想的情况是，我们有两个拇指，左右各一个，这样就能形成一个对称的模型）。现在，弯曲四根手指，盖在拇指上方，你就会看到大脑皮层了（参见图 F-1）。

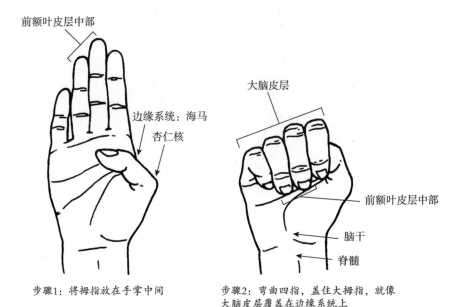

步骤1：将拇指放在手掌中间

步骤2：弯曲四指，盖住大拇指，就像大脑皮层覆盖在边缘系统上

图 F-1　用手做个大脑模型

脑干、边缘系统和大脑皮层这三个区域构成了所谓的"三位一体"的大脑，它们是在人类进化的过程中一层层发展出来的。大脑的整合在最低限度上应该包括连接这三个区域的活动。它们是从下而上分布的，即从位置最靠里、最下方的脑干区域往上到边缘系统，再到最靠外、最上方的皮层。我们可以称之为"感知力整合"（详见第7章）。大脑同时还分为左右两半，因此神经整合必然包括连接大脑左右半球的功能，这可以被称为"左右脑整合"（详见第6章）。了解主要脑区的功能能够帮助你了解如何建立这些区域的联结。我们先来简单了解三位一体的大脑的各个层面。

◇ 脑干

几亿年以前，脑干形成了一些人所说的"爬虫类脑"。脑干接收来自身体的输入信号，再将这些信号传回身体，以调节诸如心脏机能、肺部机能等基本过程。除了通过调节心率和呼吸来控制身体的能量水平外，脑干还决定了它上方的大脑区域的能量水平（参见图F-2）。脑干直接控制着我们的唤醒状态，例如决定我们是否觉得饥饿或口渴，是否有性欲或得到了性满足，是醒着还是睡着。

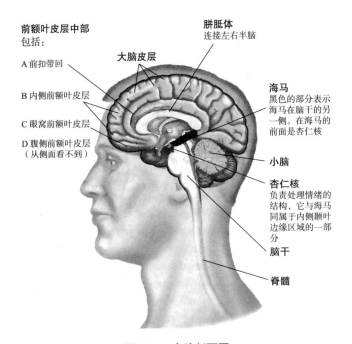

前额叶皮层中部
包括：

A 前扣带回

B 内侧前额叶皮层

C 眼窝前额叶皮层

D 腹侧前额叶皮层
（从侧面看不到）

大脑皮层

胼胝体
连接左右半脑

海马
黑色的部分表示
海马在脑干的另
一侧。在海马的
前面是杏仁核

小脑

杏仁核
负责处理情绪的
结构，它与海马
同属于内侧颞叶
边缘区域的一部
分

脑干

脊髓

图 F-2 人脑剖面图

图中标注了一些主要的大脑区域，其中包括脑干、边缘系统（包括杏仁核、海马）
以及大脑皮层（包括前额叶中部）。看不到的部分是腹侧前额叶皮层。

当出现了某种需要迅速调动能量，分配到全身和大脑的情形时，脑干中的神经元集群也会发挥作用。这种被称为"战斗—逃跑—僵住不动"的反应，在发生危险的时候能有助于我们的生存。在边缘系统以及更上层的大脑皮层部分的评估过程的协助下，脑干决定面对这个威胁，我们是应该调动能量进行战斗或逃跑，还是应该无助地呆住不动，在来势汹汹的威胁面前彻底崩溃。不过，无论选择哪种反应，当处在生死存亡的关头时，反射反应都会使我们很难，甚至完全无法开放地接纳他人传来的信息。因此，发展第七感的一部分过程就包括减少在不必要的情况下的反应。

脑干也是被我们称为"动机体系"的基本部分，它帮助我们满足对食物、住所、繁衍及安全的基本需要。当我们觉得有"驱动力"去以某种方式行事时，很可能是你的脑干正与上一层脑区——边缘系统协同作用，促使你做这样的行为。

◇边缘系统

　　边缘系统位于大脑内部的深处，大约就是手部模型中大拇指所在的地方。大约两亿年前，小型的哺乳动物刚刚出现时，边缘系统开始进化。这种"旧哺乳动物脑"与脑干、躯体密切合作，不仅创造出人类基本的驱动力，还形成了情绪。由于边缘系统会对当下的情境做评判，因此这些情绪状态中充满了意义感。"这是好的还是坏的？"这是边缘系统提出的最基本的问题，使我们趋利避害。通过这种方式，边缘系统产生了引发行动的情绪，这些情绪促使我们根据对当下所发生的事情的意义判断来做行为反应。

　　边缘系统对形成人际关系以及产生情感依恋而言也是至关重要的。如果你养过鱼、青蛙或蜥蜴，便会知道这些非哺乳动物与你、与其他同类之间都缺乏依恋关系。相反，老鼠、猫、狗则具有哺乳动物的边缘系统，因此它们以及我们都会产生依恋。拜哺乳动物的遗传特性所赐，我们天生就具有与他人建立联结的基础。

　　通过海马——内分泌控制中心的主宰，边缘系统发挥着重要的调节作用。经由脑垂体，海马传送并接收全身各处的激素，尤其会影响到我们的性器官、甲状腺和肾上腺。例如，当感到紧张时，我们会分泌激素，刺激肾上腺释放皮质醇，皮质醇会让我们的新陈代谢处于高度警觉状态，从而调动能量，应对挑战。

　　在面对短期压力时，这种反应具有高度的适应性，但在长期压力下，它会成为一个麻烦。如果我们面对的是一种无法应对的压倒性的情况，皮质醇的水平可能会长期提高。创伤性的经历尤其会使边缘系统的反应变得敏感，因此对于受过心理创伤的人来说，即使是很小的压力也会导致皮质醇的迅速上升，使日常生活变得更具挑战性。较高的皮质醇水平还会对发育中的大脑造成损害，干扰神经组织的正常生长与功能。找到方法来平复过度反应的边缘系统，对重新平衡情绪、减少长期压力的有害作用而言是非常重要的。正如我们将看到的，第七感能帮助我们利用较高层的大脑区域，以抵消边缘系统过度反应所造成的高水平的皮质醇。

　　边缘系统还帮助我们产生了几种不同形式的记忆，包括对事实的记忆、对特定经历的记忆，以及对赋予这些经历以色彩和质地的情绪的记忆。研究者深入研究了位于下丘脑和脑垂体两侧的两个特定的神经元集群——杏仁核与海马。研究者发现，杏仁形状的杏仁核在恐惧反应中特别重要。（尽管有些作者把所有的情绪都归因于杏仁核，但最近的研究更多地认为，我们一般性的情绪实际上产生于更广泛的区域，包括边缘系统、脑干以及躯干，而且与大脑皮层的功能也有关系。）

杏仁核能激发即时的求生反应。有一次，我和儿子在内华达山区远足，突然一阵恐惧让我停了下来，并对他大喊："别动！"喊完之后我才意识到为什么，我始终忠于职守的杏仁核在我没有意识到的情况下，抓住了一个视觉知觉——路上有一个盘绕的物体。幸好我儿子的确停了下来（他那时还没进入叛逆的青春期），因而避开了与我们在同一条路上的正准备发动进攻的响尾蛇。在此我们看到，情绪状态可以在没有意识参与的情况下产生，而且我们也可以没有意识地根据情绪做反应。这也许能救我们的命，也许能让我们做一些日后会深深懊悔的事情。为了让我们感知到自己的内在情绪，即有意识地注意并理解它们，我们需要将这些在大脑皮层下产生的情绪状态与大脑皮层联系起来。

最后我们来说一说海马，那是像海马形状的神经元集群，它的功能类似于"拼图大师"，即将分散的脑区，从感知区域到储存事实的记忆库，再到语言中心，联系在一起。这种神经放电模式的整合会将我们每时每刻的经历转化成记忆。我之所以能给你讲述响尾蛇的故事，是因为我的海马将那次经历的各个方面，其中包括我身体的感觉、情绪、想法、事实、反思都联系到一起，并转化成一段对过去的记忆。

在生命早期，海马开始逐渐发展，并在我们的一生中不断生长新的连接，甚至新的神经元。随着我们的成熟，海马将情绪记忆和知觉记忆的基本形式融入事实性质的、自传式的记忆中，这是我之所以能在现在给你讲述很久之前在内华达山区遇到蛇的经历的基础。然而，这种人类特有的讲故事的能力也依赖于大脑最外层的部分——大脑皮层。

◇ 大脑皮层

大脑的外层或所谓的"树皮"就是皮层。它有时被称为"新哺乳动物脑"或新皮层，因为它是随着脊椎动物的出现（尤其是随着人类的出现）而发展的。大脑皮层会产生更复杂的放电模式，它代表着超越了躯体功能和求生反应的三维世界。对于人类而言，复杂的前额部分的皮层使我们能够产生观点和概念，能够发展出洞悉内心世界的第七感地图。前额叶事实上产生了能代表它自己表征的神经放电模式。换句话说就是，它让我们能够思考自己的思考。好消息是，这给予了人类新的思考能力——想象、重组事实和经验、创造。问题是，这些新能力有时会让我们想得太多。据我们所知，没有哪种其他的物种能在脑中描绘自己的神经表征，也许这就是我们有时说自己"神经质"的原因。

大脑皮层折叠成回旋的山岭和峡谷，脑科学家将其分成了不同的区，并称之为"叶"。在手部模型中，大脑皮层后部（back/posterior cortex）从第二个指关节（从指尖算起）延伸到手的背部，包括枕叶、顶叶和颞叶。大脑皮层后部很擅长绘制物质经验的地图，通过五感使我们产生对外部世界的知觉，并通过触觉知觉、运动知觉了解我们身体的位置和移动。如果你曾学会使用某种工具，无论是锤子、棒球棒或是汽车，你也许都会记得最初的笨拙一点点消失的神奇时刻。那是因为大脑皮层后部惊人的适应性知觉功能将那个物体嵌入了你的身体地图。就神经而言，熟练地使用工具就像你身体的延伸。这就是我们能在高速公路上快速行驶、在狭窄的空间里停车，或是精确地使用手术刀的方式。

再来看一看手部模型，大脑皮层的前部或前额叶从指尖延伸到第二个指关节。这个区域是在灵长类的历史中进化出来的，而且人类的前额叶最发达。随着我们从后向前移动，首先遇到的是"运动带"，它控制着我们的随意肌。不同集群的神经元控制着我们的腿、胳膊、手、手指以及面部肌肉。这些神经集群延伸到脊髓，并在那里交叉，从而通过激活左侧的运动区，使我们得以使用右侧的肌肉。［我们的触觉神经也会发生这样的交叉，触觉产生于大脑较远的后部，顶叶中被称为"躯体感觉带"（somatosensory strip）的区域。］现在返回前额叶，并再向前移动一点儿，我们发现了名为"前运动"（premotor）带的区域，它使我们能够计划自己的动作。你能看出来，前额叶的这个部分依然与物质世界有着很深的联系，它使我们能够与外部世界互动。

◇ 前额叶皮层

随着我们在大脑里向外层、向前移动，最终来到了手部模型中第一个指关节到指尖的区域。这里恰好在前额的后面，叫前额叶皮层，只有人类才进化到了这个程度。我们现在已经超出了物质世界和身体运动的神经范畴，进入了神经建构的另一个现实领域。在脑干所关注的身体与生存之外，在边缘系统的评价与情绪功能之外，甚至在大脑皮层后部的知觉过程以及前额叶后部的运动功能之外，我们来到了大脑处理更抽象、更具象征性的信息流的位置，它将我们与其他物种区分开。在这个前额叶区域，我们创造了各种概念，诸如时间、自我感、道德判断的表征。也是在这里，我们创造了第七感地图。

再来看你的手部模型。外侧的两个指尖代表了前额叶皮层的侧面,这里与产生有意识的注意有关。当你把某事"放在心上"时,你便将这个区域的活动与其他脑区的活动,比如来自枕叶的持续的视觉知觉,联系了起来。(即使是根据记忆生成一个图像,枕叶中类似的脑区也会被激活。)当杏仁核在没有意识参与的情况下感知到响尾蛇时,这种知觉"捷径"可能不涉及侧面的前额叶。只有到后来,我大叫着让我儿子停下来,并感到心脏狂跳之后,侧面的前额叶才能参与进来,使我意识到刚才令我恐惧的是蛇。

现在,让我们把关注点放在中间两个手指指甲的位置。这里是前额叶的中部,也就是芭芭拉在事故中受到损伤的部位。正如我在前面的内容中所描述的,这个区域有着重要的调节功能,它通过监督脑干的活动来影响机体过程,使我们在行动前暂停下来,并能够洞察事物,具有共情能力,做出道德判断。是什么使得前额叶中部在实现这些重要的功能上具有如此关键的作用?如果你手指伸开,然后再蜷起来,你就会感觉到这个区域在解剖学上的独特性:它连接着每一个脑区(参见图 F-3)。请用心留意中间两个手指的指尖如何盖在代表边缘系统的大拇指上,并触碰到代表脑干的手掌,同时直接与代表大脑皮层的手指连接在一起。因此,简直可以说前额叶中部就是大脑皮层、边缘系统和脑干中神经元的突触。而且,正如我后面将会探讨的,它甚至还有一些功能通道,使我们能够连接到其他人大脑中的社交世界。

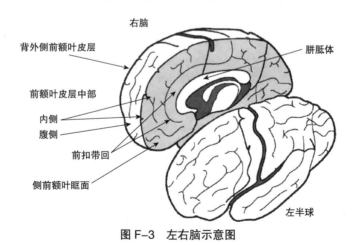

图 F-3　左右脑示意图

该图显示了前额叶皮层中部所在的位置,其中包括左右脑中的前额叶皮层的内侧和腹侧区域,以及左右脑都有的前扣带回。胼胝体连接着左右两侧的大脑。

前额叶的中部连接着以下分布广泛、各自不同的神经区域：大脑皮层、边缘系统、脑干以及分布在全身各处的神经系统。它也连接着来自这些区域的信号，以及我们在社会交往中发送和接收的信号。前额叶皮层的功能就是协调、平衡来自多个区域的神经放电模式，因此它是高度整合的。如果这个整合区域掉线了，将会发生什么？伸开你的手指，想象一下在与其他人互动时，我们是如何变得歇斯底里，采取了不理智的做法的。你可以通过回顾第 2 章的内容来寻找答案。

······大脑剖析 2：神经可塑性 ······

一想到大脑，就很容易让人觉得无从下手。在颅骨包围着的小小空间里，充斥着 1 000 多亿个相互连接的神经元，因此大脑是密集而错综复杂的。而且，似乎这样还不够复杂，每个神经元平均有 10 000 个连接或突触，与其他神经元联系在一起。单是在颅骨内的神经系统中就有几百兆的连接，它们连接各种神经集群，形成蜘蛛网一样的网络。即使我们想数清楚有多少突触连接，我们的寿命也不足以支持我们完成这个任务。

鉴于突触连接的庞大数量，大脑可能的放电模式，即各种潜在的激活状态，被认为可能多达 10 的 100 万次方以上。这个数字可能比宇宙中已知的原子数还要大。我们穷尽一生也体验不完哪怕只是这些放电可能性中的一小部分。正如一位神经科学家所说："大脑如此复杂，连它自己都无法想象。"大脑的复杂性为我们的心理如何运用这些放电模式来创造自身提供了无限的选择。如果陷入某种模式之中，便会限制我们的潜能。

当我们执行某项任务时，大脑扫描仪显示的"亮起来"的部分中就有我们要寻找的神经放电模式。扫描仪测定的通常是血流。神经激活会增加氧气的消耗，某个脑区血流的增加意味着这里的神经元在放电。研究人员研究了可能的神经放电与特定的心理功能，比如集中注意力、回忆往事或感觉疼痛之间的相关性。

我们只能想象当我在可丽饼事件中情绪失控时，我的大脑扫描看起来会是什么样：边缘系统大量放电，被激怒的杏仁核血流增加，伴随着前额叶关闭，其中的血流量减少了。有时，就像那天发生的一样，大脑失去控制的放电驱使着我们的感受、我们对正在发生的事情的感知，以及我们会如何回应。一旦我的前额叶区处于"离线状态"，整个大脑皮层下区域的放电模式就会支配着我的内在经验以及我与孩子们的互动。然而，如果我们没有失去理智，便能利用心理的力量来改变大脑的放电模式，从而改变情绪、感知及反应。

现代神经科学重要的实用性发现之一就是，引导我们注意力的力量在于塑造大脑放电模式的力量，也在于塑造大脑自身结构的力量。

一旦你熟悉了如何用手来做个大脑模型，并了解手的不同部位代表了大脑的哪个组成部分，便能更容易地领会心理如何利用这些不同部分中的放电模式来创造自身。值得重申的是，虽然神经放电的物理特性与我们所说的心理活动的主观体验是相关的，但是没人确切地知道这是如何发生的。不过请一定要记住：心理活动会刺激大脑放电，大脑放电同样会创造心理活动。

当你自愿选择了注意力集中的对象，比如想起去年秋季一个雾天里金门大桥的景致，你的心理就会激活大脑皮层后部的视觉区域。相反，如果你正在接受脑外科手术，医生可能会在大脑皮层后部放置一个电探针，以刺激神经放电，你同样会体验到某种心理影像。大脑与心理之间的箭头是双向的。

以这种方式记忆大脑，就好像知道了如何进行适当的锻炼。做运动时，我们需要协调并平衡不同的肌肉群。与之类似，我们能够通过关注心理来建立特定的大脑"肌肉群"，加强它们的连接，建立新的神经回路，以一种新的、有益的方式将它们连接在一起。当然，大脑中没有肌肉，但存在着功能分化的神经元集群，这些集群形成了所谓的神经核、部分、脑区、回路及大脑半球。就像我们可以通过收缩肌肉来有意识地激活它们一样，也可以通过集中注意力来刺激相应神经元集群放电，从而"收缩"神经回路。运用第七感，以整合这些神经回路的方式来集中注意力，可以被视为"大脑保健"的一种形式。

◇ 一起放电的神经元会相互连接

你以前也许听到过这种说法：一起放电的神经元会连接在一起。现在，让我们来一点一点地分析这种说法。

　　当我们有所体验时，神经元就会被激活。这意味着有离子流流进或流出神经元较长的部分，即轴突的细胞膜，其功能就像电流。在轴突的远端，电流导致化学神经递质被释放进入小的突触空间，这个空间与相邻的放电的神经元，即突触后神经元相连接。化学物质的释放决定了下游的神经元是被激活，还是被关闭。在恰当的情况下，神经元放电能加强突触的连接。这类情况包括重复、情绪唤起、新奇以及集中注意力。加强神经元之间的突触连接，使我们能从经验中学习。我们之所以能保持开放地从经验中学习，原因之一是，从在子宫中开始发育，到童年期、青少年时期，大脑的基本架构始终都在不断发展。

　　在妊娠期，大脑从下向上逐渐形成，首先发育成熟的是脑干。当我们出生时，边缘系统已经部分发育成熟，但大脑皮层神经元之间还缺乏广泛的连接。这种不成熟性，即大脑不同区域内部以及之间缺乏连接的特点，给予我们对经验的开放性，这对学习来说是必需的。

　　在生命的最初几年，突触大量增殖。这些连接会受到基因、机遇以及经验的影响，我们的某些方面可能比其他方面较不容易受到经验的影响。例如，我们的性格就不存在经验上的基础，它在很大程度上是由基因和机遇决定的。比如有些人对新奇的事物充满了好奇，非常喜欢探索新事物；有些人对新情境的反应则是退缩，在克服最初的羞涩之前，他们需要一些"热身活动"。这类神经倾向在出生前就已经确立了，它直接决定了我们如何对世界做出反应，以及他人如何对我们做出反应。

　　然而，从生命最初的几天开始，不成熟的大脑同样被我们与世界的互动，特别是被我们的人际关系所塑造。经历与体验刺激神经元放电，影响着我们刚刚形成的突触连接。通过这种方式，经历与体验改变了大脑本身的结构，甚至会影响我们先天的性格。

　　随着我们的成长，基因、机遇以及经验的影响错综复杂地交织在一起，使我们形成了所谓的"人格"，以及习惯、喜恶和反应模式。如果你曾和狗有过积极的互动，喜欢生活中有狗相伴，那么当邻居家新买的小狗蹦跳着跑向你时，你会觉得愉快而兴奋。然而，如果你曾被狗严重地咬伤过，你的神经元放电模式可能就会让你产生害怕和恐慌的感觉，使你远远地躲开小狗。如果除了之前有过与狗相关的不愉快经历外，你还是个性格害羞的人，那么与狗的相遇可能会让你惊恐万状。不过无论你经历过什么，也不管你的性格是怎样的，都有可能发生蜕变。学会以某种具有治疗作用的方式来集中注意力，能够帮助你克服过去对狗的恐惧。有目的地集中注意力，实际上是一种自我引导经验的形式。它刺激新的神经元放电模式，从而创造新的突触连接。

你也许会想："经验，甚至心理活动，比如引导注意力，如何塑造了大脑的结构呢？"正如我们已经看到的，经验意味着神经元放电。当神经元一起放电时，神经核中的基因，也就是它们的控制中心，会被激活并"表达"自己。基因表达意味着产生某种蛋白质。接下来，这些蛋白质促成了新的突触连接的建立与加强。经验也会刺激髓鞘，即轴突周围的脂肪鞘的产生，从而使神经元内的传导速度增加 100 倍。正如我们现在所知，经验同样会刺激神经干细胞分化成大脑中全新的神经元。随着突触的形成以及髓鞘的生长，这种应答经验的神经发生会持续一生。正如前面探讨过的，大脑发生改变的能力被称为神经可塑性。我们现在发现，有意识地集中注意力是如何通过刺激神经化学物质的释放来增强神经可塑性的。这些神经化学物质能够加速被激活的神经元之间的突触连接的结构性生长。

另一块重要拼图也已显现出来。研究人员发现，早期经验能够通过后成（epigenesis）①过程，改变由神经元核内细胞的基因决定的长期调节功能。例如，如果早期经验是积极的，化学物质就会通过控制特定脑区的基因表达方式，以改变神经系统的调节功能，从而加强情绪复原能力。相反，如果早期经验是消极的，基因控制的改变就会影响对压力的反应，从而降低儿童的复原力，并损害他们未来对应激事件的调节能力。随着科学持续探究经验是如何塑造我们的，我们将来一定会看到"后成论"不断出现在科学报告中。

总之，经验产生了重复的神经元放电，这能引发基因表达、蛋白质的生成、神经

---

① 后成论揭示了早期经验如何直接影响对基因的调控。它指的是经验会引发神经放电，通过改变神经元细胞中细胞核的化学控制，来选择性地让某些基因"开"或者"关"，其产生的直接结果是改变大脑特定区域的神经元生长，并在经验之后造成长期的构造改变。

新近的研究检查了自杀者的大脑结构，并比较了童年时受过虐待和未受过虐待者的大脑结构。研究显示，受虐的经历影响了涉及压力应对的受体的生成。控制这种糖皮质激素受体的基因被发现有所减少，这种改变被认为会减损人们应对压力时的控制力。数量较少的受体会使童年受过虐待的人的内在生命充满压力。这一发现支持了"经历会直接改变基因的表达"的观点，而这一历程也是后成论的重要历程。

元基因调节功能的改变，以及大脑中结构性连接的改变。通过驾驭觉知的力量，策略性地刺激大脑放电，第七感便能使我们自主地改变原先不能自主的放电模式。正如你在整本书中看到的，当我们以某种特定的方式集中注意力时，便会创造出一些神经元放电模式，从而使过去相互分离的脑区产生连接和整合。突触连接得到了加强，大脑变得更加紧密连接，心理的调适能力变得更强。

◇ 身体中的大脑

请牢记，我们所说的"大脑的活动"不只发生在脑袋里。例如，我在第1章中说过，心脏拥有大量的神经网络，负责处理复杂的信息，将数据向上传送到颅骨内的大脑。肠子以及其他主要的身体器官也是如此。神经细胞遍布全身，这种过程从我们在子宫中发育之初便开始了。在子宫中，形成了胚胎外层的细胞，向内折叠形成了最初的脊髓。这些四处游荡的细胞群开始汇聚在脊髓的一端，最终形成了颅腔内的大脑。其他神经组织则错综复杂地交织在肌肉组织、皮肤、心脏、肺及肠子中。一些这样的神经延伸，形成了自主神经系统的一部分，无论我们是醒着还是睡着，它们都会使我们的身体保持平衡。其他神经回路形成了神经系统中自主的部分，它使我们能够按照自己的意愿移动四肢、控制呼吸。外周的感觉神经与脊髓连接，并向上延伸到大脑的不同层面，使外部世界的信号得以传递到大脑皮层，我们在那里可以感知到这些信号。我们通过五感获得这些输入，从而感知外部的物理世界。

神经网络遍布身体内部，包括那些中空的器官（比如肠道和心脏）的四周，它们将复杂的感觉输入传送到大脑。这些数据是形成内心地图的基础，它帮助我们获得"本能的直觉"或"由衷的感觉"。这种来自身体的输入形成了直觉的来源，并有力地影响着我们的推理，以及我们创造生活意义的方式。

另一种身体输入来自被称为荷尔蒙的化学分子。体内的荷尔蒙，连同我们从食物和药物中摄入的化学物质，进入我们的血液，直接影响沿着神经线路传送的信号。而且，免疫系统与神经系统之间也存在互动。很多这样的作用会影响突触中的神经递质。这种化学信使的种类多达上百种，诸如多巴胺和血清素，已经成了家喻户晓的名称，这一部分要感谢药品公司的广告。这些物质对不同区域的神经系统具有特定且复杂的作用。例如，多巴胺涉及大脑的奖赏系统，某些行为或物质由于能刺激多巴胺的释放，因此会上瘾。血清素有助于我们安抚焦虑、抑郁以及情绪的波动。另外一种化学信使是催产素，当我们觉得与他人很亲密的时候，便会释放这种物质。

这本书中，我用"大脑"一词包含了身体与其化学环境，以及头脑中的神经组织密切交织后产生的神奇的复杂性。这个大脑既塑造了心理，又被心理塑造，也正是这个大脑形成了幸福三角形的一个顶点。通过将大脑看成超出颅骨之外的全身性系统，我们才能真正理解大脑、心理以及人际关系之间的亲密共舞，也才能利用神经可塑性来修复损坏的联系，在日常生活中创造新的、更令人满意的模式。

⋯⋯ **大脑剖析 3：驾驭共鸣回路** ⋯⋯

人们通常认为，长期生活在一起的幸福的夫妇会随着岁月的流逝而越长越像。仔细观察那些老照片，你会发现这些夫妇其实并没有相像的鼻子或下巴。相反，他们会非常频繁而准确地模仿对方的表情，以至于与皮肤相连的几百块小肌肉重新塑造了他们的面孔，这样的相似反映出了他们的婚姻关系。这为我们提供了一个窗口，以了解近期有关我们如何"感觉到被他人感觉"的迷人发现。我在此描述的一些内容还只是推测，但它能够解释我们日常生活中体验第七感的最亲密的方式。

◇ 反映心理的神经元

20世纪90年代中期，一群意大利的神经科学家在研究猴子大脑皮层中的运动前区。他们利用植入的电极来监控单个神经元。当猴子吃花生时，某个电极会放电，这个意料之中的反应正是神经科学家期望看到的结果。然而，接下来发生的事情改变了人们看待心理的方法。当猴子看着一名研究人员吃花生时，相同的运动神经元放电了。更令人震惊的是，研究人员发现，只有当被观察的动作是猴子想观察的行为时，这种情况才会发生。他们还发现，只有刻意的行动才能激活相应的神经回路。

后来，研究者在人类身上也找到了这种镜像神经系统，它被认为是共情的基础[①]。

---

① 指对于"功能失调"的镜像神经元在自闭症及相关障碍中所具有的重要而复杂的作用的描述。我们需要注意，"功能失调"从字面上看，暗示着神经元不能正常地发挥功能，导致这种情况的原因可能有好几种。如果小孩发现与他人面对面地互动是不安全的或无趣的，便有可能"关闭"镜像神经元的功能。换句话说就是，镜像神经元系统可能完好无损，但没有参与运作。因此另一种观点认为，患有自闭症及相关障碍的患者，其利用社会感知的奖赏系统的功能减弱了。例如，有研究者发现，患者与奖赏有关的腹侧被盖区的活动减少了，眶额区的放电也减少了，这使患者对社会刺激的反应降低。这项发现也许支持了一项假设，证明镜像神经元有可能完好无损，但进行社交互动的动机性驱动力明显降低。

从对基本行为意图的感知出发，更精密的人类前额叶皮层使人们得以描画出他人的心理。大脑利用感觉信息创造出他人心理的表征，就像大脑利用感官输入来创造物理世界的影像一样。

关键在于，镜像神经元只对有意图的行为以及有可预测的结果或有目的感的行为有反应。如果我随意地举起手挥舞，你的镜像神经元是不会有反应的。然而如果我做一个你能预测的行为，你的镜像神经元就会在我做这个行为之前就"判断出"我打算做什么。当我拿着杯子举起手的时候，你在突触层面会预测出我打算喝杯子里的东西。不仅如此，前额叶皮层运动前区的镜像神经元还会让你为喝水而做好准备。

我们看到一个行为并准备好模仿这个行为，从最简单的层面来说，这就是我们看到别人喝水会觉得口渴，看到别人打哈欠的时候我们也会打哈欠的原因。从最复杂的层面来说，镜像神经元帮助我们理解文化的本质，以及共同的行为如何将我们心连心地团结在一起。镜像神经元创造的内在地图是自动化的，它不需要意识的参与，也不需要付出努力。先天的生物基础决定了我们能够觉察出结果，并在大脑中描绘我们的内在状态，以及他人的意向立场。这种镜像作用是跨通道的，它在各种感官通道中，而不只是在视觉中发挥作用，因此声音、接触、气味都能暗示我们内在的状态以及他人的意图。一旦将他人的心理植入我们自己的放电模式中，镜像神经元就可能为我们提供第七感地图的基础。

现在，让我们采取另一个步骤。基于这些感官输入，我们不仅能反射其他人的行为意图，还能反射他们的情绪状态。换句话说就是，通过这种方式，我们不仅能模仿其他人的行为，还能与他们产生情绪（即他们内在的心理流）的共鸣（参见图F-4）。我们不仅能感知到即将发生的行为，还能感知到潜藏在行为下面的情绪能量。

用发展心理学的术语来解释就是，如果照顾者的行为模式是简单明确的，我们便能比较确定地描绘出顺序，知道接下来会发生什么，并植入友善与关怀的意图。这样，在我们内部形成的第七感镜头就是清晰的。相反，如果父母是让人读不懂、摸不透的，排序神经回路就会形成扭曲的地图。因此在生命的早期，第七感的基本神经回路既有可能建立在牢固的基础上，也有可能建立在不稳固的基础上。

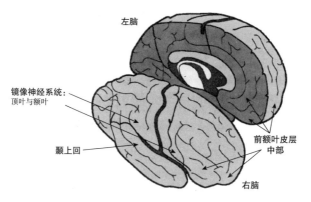

图 F-4 共鸣神经回路

共鸣神经回路包括镜像神经系统、颞上回、岛叶皮层（这幅图中看不见，它将这些区域与边缘系统内部连接在一起），以及前额叶皮层的中部。

◇ 知我，知你

我曾组织过跨领域的研究小组，以探索心理如何运用大脑来感知自身。我们探讨的一个观点是，我们用镜像神经元创造出意图地图，然后将这一信息向下传递到大脑皮层下的区域。岛叶的神经回路似乎是镜像神经元与边缘系统之间的信息高速路，边缘系统接着会将信息传递给脑干以及全身。这就是我们能够与他人产生生理共鸣的方式，甚至连我们的呼吸、血压、心率的波动也会与对方的内在状态保持同步。随后，这些来自身体、脑干和边缘系统的信号会返回前额叶中部的岛叶。我将这种从镜像神经元到大脑皮层下的区域，然后再返回前额叶中部的神经回路称为"共鸣回路"。这是联结我们与他人的通路。

请留意一下，你在参加朋友们的聚会时会发生什么。如果走近一群正在欢笑的人，你也许会发现，即使不知道他们在笑什么，你也会笑。如果你与刚刚失去亲人的人一起吃饭，虽然他们什么也没说，但你也会感觉到胸口的重压，喉咙像是哽住了，眼睛里含着泪水。科学家称这种现象为情绪感染（emotional contagion），指的是他人的内在状态，无论是欢乐、逗趣，还是悲伤、恐惧，都会直接影响我们的心理状态。这种感染甚至会让人们带着特定的偏见去解释无关事件，例

情绪感染

他人的内在状态，无论是欢乐、逗趣，还是悲伤、恐惧，都会直接影响我们的心理状态。

如在与抑郁的人共处了一段时间后，可能会把其他人的严肃解释为悲伤。对于治疗师来说，牢记这种偏见是很重要的。否则前一个治疗也许会严重影响你的内在状态，以至于对下一个需要你产生共鸣的人无法保持开放和接纳的态度。

对其他人心理状态的感知取决于我们是否能很好地了解自己的心理状态。岛叶将我们内在的共鸣状态向上传递到前额叶皮层的中部，从而形成有关自己内心世界的地图。我们其实是通过感知自己的情绪来感知他人的情绪的。在聚会上，我们的内心世界充满了欢笑；在葬礼上，我们的内心世界充满了悲伤。所有的大脑皮层下的数据，比如心率、呼吸、肌肉紧张程度以及边缘系统的情绪，都会上行到岛叶，向大脑皮层通报我们的心理状态。这就是为什么能更好地觉察自己身体的人，具有更强的共情能力的原因。岛叶是关键：当我们能够感知自己的内在状态时，与他人产生共鸣的通路也是畅通的。

在成长过程中，我们首次看到的心理是照顾我们的人的内在状态。我们发出"咕咕"声，他会微笑；我们欢笑时，他也会笑容满面。因此，我们第一次知道自己在别人身上被反映了出来。在我们的研究小组中，探讨过的最有趣的观点是，与他人的共鸣其实早于我们对自己的感知。从发展和进化的角度来看，现代的自我意识回路可能建立在更古老的共鸣回路的基础上，而共鸣回路发源于我们的社交世界。

那么，我们如何区分谁是我以及谁是你呢？研究小组中的科学家认为，我们是通过调整前额叶图像的位置及放电模式，从而感知自己的心理。有关自己身体感觉的登记的增加，以及镜像神经元反应的减少，会帮助我们明白，是我在落泪，而不是你；或者是我在发怒，而不是你。这看起来像是纯粹的哲学问题或理论性的问题，除非你正在和配偶争吵，发现自己纠结于生气的人到底是谁，是你还是你的配偶。作为一名治疗师，如果我区分不开自己与他人，我就会被病人的情绪淹没，失去帮助他人的能力，而且很快便会心力交瘁。

如果共鸣变成了反射，我们混淆了自己与他人，那么客观性也就荡然无存了。共鸣要求我们保持有所区分，知道自己是谁，同时还能与他人建立联结。我们让自己的内在状态可以受到他人的影响，但不会与他们的完全相同。我们需要做更多的研究，才能解释第七感地图做出这种区分的具体方式，但基本的问题是清楚的，那就是，通过共鸣回路，我们感知到的自己及他人的信息流、能量流，从而形成第七感①。

当我思索共鸣回路的时候，有两个领悟特别重要。一个是要对我们的身体状态，包括心脏的感觉、胃部的感觉以及呼吸的节奏，保持开放的态度。它们是感知的重要来源。携带着信息流和能量流的岛叶影响着大脑皮层下的感知，塑造着我们推理和做出决策的方式。对它们保持开放的态度是通往明晰的第七感的必由之路。

另一个领悟是，如果把我们的内心世界比喻成织物，那么人际关系就编织在其中。通过与其他人的互动，我们渐渐认识了自己的心理。镜像神经元的感知以及由此产生的共鸣通常很迅速，而且发生在觉知之外。第七感使我们能够将这些关于心理生活的、快速而自动化的资源引入觉知。当我们接纳了联结我们彼此的人际生活中的神经层面现实，我们便能够以崭新的、清晰的视角去看待我们是谁，什么塑造了我们，以及我们如何能够塑造生活。

---

① 亚科博尼（Iacoboni）在《发现镜像神经元》（*Mirroring People*）一书中描述了被称为"超级镜像神经元"（super mirror neurons）的一组神经元，它们决定了镜像神经元何时放电。这类神经元大部分位于前额叶中部（以及相连接的运动前区），而这些神经元与来自身体的、经由楔前叶（precuneus）输入到大脑的信息一起，让我们知道，我们感知的心理是我们自己的，而不是其他人的。科学家假设的这些超级神经元还能在他人的行为或感觉不恰当时，防止我们去模仿他人或与他人产生共鸣。根据亚科博尼的观点，这些神经元可能是帮助我们区别自我与他人的基础。或许这些超级神经元在冷漠的心理状态中会过度活跃，阻止我们与他人产生共鸣，让我们觉得缺乏联结而麻木。这个问题需要进一步地探究。

m**i**nds**i**ght 致 谢

　　我用了大半生的时间来完成这本书，有很多人与我分享了他们获得第七感的过程。从上医学院的第一天起，来访者便是我发展第七感背后的原理的主要动力。作为医生，我非常荣幸能被邀请进入他们的生活，分享他们进行抗争时的痛苦与困惑，以及取得胜利后的喜悦与顿悟。由于有机会参与到他们理解、改变生活的努力中，并能与他们一起从痛苦绝望中一路跋涉到达观自主的境地，因此在个人和职业方面，我以连做梦都想不到的方式获得了一些洞见。这些洞见是我写这本书的直接动力来源。这本书汇集了我的来访者在抗争中领悟到的智慧，体现了第七感的理念。

　　我真诚地感谢在精神科临床及研究训练中给予我指导的老师们，以及我做住院医生时曾帮助过我的人。

　　从我开始接受医学训练起至今的 30 多年里，临床实践中的同事们给予了我很多支持，在此表示感谢！第七感研究所中的学生和同事，与我就新兴的人际神经生物学进行过充满活力的探讨，其中很多人阅读过本书的手稿，我感谢他们这些年来提出的建议和问题。

全球人际神经生物学研究协会（Global Association for Interpersonal Neurobiology Studies）汇集了很多志同道合的人们，他们都相信心理能够改善我们个人的以及集体的生活。在我学术生涯的最开始，很高兴在作为临床医生的同时，还可以在加州大学洛杉矶分校文化、大脑及发展研究中心的心理与文化研究基金会（Foundation for Psychocultural Research/UCLA Center for Culture, Brain, and Development）以及正念觉知研究中心（Mindful Awareness Research Center）进行学术研究。这两个研究中心的研究者为综合各种针对主观世界的心理疗法的人们提供了理论根基。我们应该不断为他们提出更多的问题挑战，并激励他们进行更多更严密的思考。

我的两个孩子也给了我无价的支持，他们的幽默、充满活力的争论让我始终保持警觉，不会把任何事情当成是理所当然的。家里有青春期孩子的人都知道，在十几岁孩子的坦诚面前，任何人都骄傲不起来。

我的妻子卡罗琳·韦尔奇，是我生命中智慧与激励的源泉。卡罗琳阅读过本书的每一稿，她的付出构成了本书的重要组成部分。我对我们的婚姻心存由衷的感激。

m1nds1ght 译者后记

  这是一本奇妙的书，它就像是由两种材质巧妙拼接而成的服装，有些部分有着金属的质感，有些部分像丝绸一样细腻润滑。它是作者介绍的左脑模式和右脑模式的完美结合，既有理性、逻辑的神经科学知识，又有感性的、触及心灵的案例分析。同时，这本书所介绍的疗愈之法，更是东西方科学与文明的交融。作者从神经科学的角度，解释了为什么东方古老的冥想、正念、瑜伽等修行方法会塑造出健康的心理。

  作者对大脑的剖析非常生动，你完全感觉不到神经科学是普通人无法理解的高深学问。在翻译这些内容时，我仿佛变得很小很小，进入了大脑之中，此时的大脑就像是浩瀚的宇宙，神经元就像宇宙中的行星、恒星、卫星……由各种神经元集群构成的边缘系统、脑干、大脑皮层，就像星系。我仿佛飘浮在漆黑的夜空中，眼前是宇宙神秘与异常美丽的景象，耳边回响着作者的描述："在颅骨包围着的小小空间里，充斥着 1 000 多亿个相互连接的神经元……"这是多么奇妙的大脑之旅。

作者对案例的选择与描述也十分用心。每个案例都有不同的侧重点，每位读者都能从这些案例中多多少少看到自己的影子。虽然绝大多数人的心理不会像案例中的人物那样偏离正轨那么远，但他们的问题可能反映出我们的困惑，读起来也许会有感同身受的感觉。"哦，我小时候也有这样的经历。""原来他的愤怒是有原因的。""我竟然可以从这个角度来理解我的困扰。"从而更加理解、接纳自己和他人的内心。

翻译这本书既是自我成长的过程，也是耗费心力的工作。作为译者，当然会尽力为读者提供完美的译著，如有翻译欠妥之处，恳请读者批评指正。在此，我要特别感谢重庆三峡学院的王友富老师，承担了第 7 ～ 12 章的翻译工作，还要感谢黄宁、王鹏、巩樱、崔凯、范文斌以及曲晓东给予我的支持和帮助。希望您阅读愉快，有所收获。

未来，属于终身学习者

我们正在亲历前所未有的变革——互联网改变了信息传递的方式，指数级技术快速发展并颠覆商业世界，人工智能正在侵占越来越多的人类领地。

面对这些变化，我们需要问自己：未来需要什么样的人才？

答案是，成为终身学习者。终身学习意味着具备全面的知识结构、强大的逻辑思考能力和敏锐的感知力。这是一套能够在不断变化中随时重建、更新认知体系的能力。阅读，无疑是帮助我们整合这些能力的最佳途径。

在充满不确定性的时代，答案并不总是简单地出现在书本之中。"读万卷书"不仅要亲自阅读、广泛阅读，也需要我们深入探索好书的内部世界，让知识不再局限于书本之中。

湛庐阅读 App: 与最聪明的人共同进化

我们现在推出全新的湛庐阅读 App，它将成为您在书本之外，践行终身学习的场所。

- 不用考虑"读什么"。这里汇集了湛庐所有纸质书、电子书、有声书和各种阅读服务。
- 可以学习"怎么读"。我们提供包括课程、精读班和讲书在内的全方位阅读解决方案。
- 谁来领读？您能最先了解到作者、译者、专家等大咖的前沿洞见，他们是高质量思想的源泉。
- 与谁共读？您将加入优秀的读者和终身学习者的行列，他们对阅读和学习具有持久的热情和源源不断的动力。

在湛庐阅读 App 首页，编辑为您精选了经典书目和优质音视频内容，每天早、中、晚更新，满足您不间断的阅读需求。

【特别专题】【主题书单】【人物特写】等原创专栏，提供专业、深度的解读和选书参考，回应社会议题，是您了解湛庐近千位重要作者思想的独家渠道。

在每本图书的详情页，您将通过深度导读栏目【专家视点】【深度访谈】和【书评】读懂、读透一本好书。

通过这个不设限的学习平台，您在任何时间、任何地点都能获得有价值的思想，并通过阅读实现终身学习。我们邀您共建一个与最聪明的人共同进化的社区，使其成为先进思想交汇的聚集地，这正是我们的使命和价值所在。

CHEERS

湛庐阅读 App
使用指南

读什么

· 纸质书
· 电子书
· 有声书

与谁共读

· 主题书单
· 特别专题
· 人物特写
· 日更专栏
· 编辑推荐

怎么读

· 课程
· 精读班
· 讲书
· 测一测
· 参考文献
· 图片资料

谁来领读

· 专家视点
· 深度访谈
· 书评
· 精彩视频

HERE COMES EVERYBODY

下载湛庐阅读 App
一站获取阅读服务

Mindsight：The New Science of Personal Transformation by Daniel J. Siegel, M. D.
Copyright © 2010 by Mind Your Brain,Inc.
This translation published by arrangement with Bantam Books, an imprint of The Random House Publishing Group, a division of Random House, Inc.
All rights reserved.

浙江省版权局图字：11-2023-284

本书中文简体字版经授权在中华人民共和国境内独家出版发行。未经出版者书面许可，不得以任何方式抄袭、复制或节录本书中的任何部分。

图书在版编目（CIP）数据

第七感 /（美）丹尼尔·西格尔著；黄珏苹，王友富译 . — 杭州：浙江科学技术出版社，2023.10
ISBN 978-7-5739-0842-1

Ⅰ. ①第…　Ⅱ. ①丹…　②黄…　③王…　Ⅲ. ①心理学—通俗读物　Ⅳ. ① B84-49

中国国家版本馆 CIP 数据核字（2023）第 163996 号

书　　名	第七感
著　　者	[美] 丹尼尔·西格尔
译　　者	黄珏苹　王友富

出版发行　**浙江科学技术出版社**
　　　　　地址：杭州市体育场路 347 号　　邮政编码：310006
　　　　　办公室电话：0571-85176593
　　　　　销售部电话：0571-85062597
　　　　　E-mail:zkpress@zkpress.com
印　　刷　天津中印联印务有限公司

开　本	710mm×965mm　1/16	印　张	17
字　数	246 千字		
版　次	2023 年 10 月第 1 版	印　次	2023 年 10 月第 1 次印刷
书　号	ISBN 978-7-5739-0842-1	定　价	89.90 元

责任编辑	陈　岚	责任美编	金　晖
责任校对	张　宇	责任印务	田　文